觉知

通向身心合一的心智成长

Aware

The Science and Practice of Presence

The Groundbreaking Meditation Practice

[美] 丹尼尔· J. 西格尔（Daniel J. Siegel）著

祝卓宏 邓竹箐 李雨心 译

Daniel J. Siegel.Aware：The Science and Practice of Presence：The Groundbreaking Meditation Practice.

Copyright © 2018 by the TarcherPerigee.

Simplified Chinese Translation Copyright © 2025 by China Machine Press.

Simplified Chinese translation rights arranged with the TarcherPerigee（an imprint of Penguin Publishing Group，a division of Penguin Random House LLC.）through Bardon-Chinese Media Agency. This edition is authorized for sale in the Chinese mainland（excluding Hong Kong SAR，Macao SAR and Taiwan）.

No part of this book may be reproduced or transmitted in any form or by any means，electronic or mechanical，including photocopying，recording or any information storage and retrieval system，without permission，in writing，from the publisher.

All rights reserved.

本书中文简体字版由 the TarcherPerigee 通过 Bardon-Chinese Media Agency 授权机械工业出版社在中国大陆地区（不包括香港、澳门特别行政区及台湾地区）独家出版发行。未经出版者书面许可，不得以任何方式抄袭、复制或节录本书中的任何部分。

北京市版权局著作权合同登记　图字：01-2023-1489 号。

图书在版编目（CIP）数据

觉知：通向身心合一的心智成长 /（美）丹尼尔·J. 西格尔（Daniel J. Siegel）著；祝卓宏，邓竹箐，李雨心译 . —北京：机械工业出版社，2024.5

书名原文：Aware：The Science and Practice of Presence：The Groundbreaking Meditation Practice

ISBN 978-7-111-75655-2

Ⅰ . ①觉…　Ⅱ . ①丹… ②祝… ③邓… ④李…　Ⅲ . ①心理学 – 通俗读物　Ⅳ . ① B84-49

中国国家版本馆 CIP 数据核字（2024）第 079843 号

机械工业出版社（北京市百万庄大街 22 号　邮政编码 100037）

策划编辑：胡晓阳　　责任编辑：胡晓阳　欧阳智

责任校对：肖　琳　李　杉　　责任印制：常天培

北京科信印刷有限公司印刷

2025 年 2 月第 1 版第 1 次印刷

170mm×230mm・20.75 印张・3 插页・262 千字

标准书号：ISBN 978-7-111-75655-2

定价：119.00 元

电话服务　　网络服务

客服电话：010-88361066　　机　工　官　网：www.cmpbook.com

010-88379833　　机　工　官　博：weibo.com/cmp1952

010-68326294　　金　　书　　网：www.golden-book.com

封底无防伪标均为盗版　　机工教育服务网：www.cmpedu.com

赞誉

丹尼尔·西格尔是我认识的最善于觉知的人之一，现在他向我们分享了一个巧妙、实用的工具，让我们都能提高自己的觉知力。

——丹尼尔·戈尔曼（Daniel Goleman）
《新情商》（*Altered Traits*：*Science Reveals How Meditation Changes Your Mind*，*Brain*，*and Body*）的作者

科学研究证明，在我们的生活中培养强大的心智可以带来更多的幸福感、更高的情商和更广泛、深刻的社会联结。丹尼尔·西格尔的这一新方法——觉知之轮为我们提供了一个强大的工具，使用它可以为我们的生活注入更多的健康、韧性和关怀。

——戈尔迪·霍恩（Goldie Hawn）
《正念10分钟》（*Ten Mindful Minutes*）的作者

觉知能让你成功地探索自己的内心以培养幸福感，并用一种令人兴奋的新冥想方法加深对心智的理解。“觉知之轮”提供了一种全面、基于科学

的方法来培养集中的注意、开放的觉知和善良的意图。研究表明，这有助于将健康和韧性带入你的生活。

——陈一鸣（Chade-Meng Tan）

《纽约时报》畅销书

《随叫随到》（*Joy on Demand*）和

《硅谷最受欢迎的情商课》（*Search Inside Yourself*）的作者

在《觉知：通向身心合一的心智成长》中，西格尔将一系列传统实践中的见解融入一种独创的正念练习方法—— 一种完全整合了心智和具身经验并引导我们走向健康和幸福的方法。以觉知之轮的研究实践为基础，西格尔博士揭示了多感官和整合觉知实践是如何在不同的群体中带来稳固的临在感、和谐与平和的生活的。阅读本书能够收获一种崭新的视角——让我们意识到在我们的生活和社区中具有无限可能性（关于存在和爱），因而不妨拥抱我们的差异，快乐地从“小我”走向“大我”。

——朗达 • V. 马吉（Rhonda V. Magee）

旧金山大学法学教授

丹尼尔 • 西格尔博士有一个非凡的天赋：描述模式，并以一种强有力的方式让人们了解对幸福和觉醒至关重要的见解和实践。在《觉知：通向身心合一的心智成长》一书中，他向我们介绍了当下的力量。利用科学和心理学，他向我们展示了他的觉知之轮——一种感知和处理心智的方式，既实用又灵活。

——琼 • 哈利法克斯（Joan Halifax）

博士，乌帕亚禅修中心住持

丹尼尔 • 西格尔用一种崭新的面貌和创造性的想象力，为我们提供了一幅心智地图，使正念实践更加适用于日常生活。《觉知：通向身心合一的心智成长》为读者提供了一种提高自我觉知、自我监控和自我调节能力的方法，这最终将提升我们获得快乐、繁荣与平和的能力。

——罗纳德·艾普斯坦（Ronald Epstein）

医学博士，家庭医学、精神病学、肿瘤学和医学教授

《照顾：医学、正念和人性》（*Attending*）的作者

我们对数十亿光年之外的宇宙了解甚多，但对我们现在头脑里发生的事情却了解甚少。我们知道暗物质，但不太了解灰质，我认为，灰质最重要。丹尼尔·西格尔最终让我们洞悉了我们是谁，我们如何工作，最重要的是，如何重新训练和改变我们的心智。对我来说，几乎每句话都是一个“啊哈”的顿悟时刻。终于，西格尔博士向我们描述了什么是健康的心智，以及如果你尚未拥有它，该如何得到它。

——鲁比·怀克丝（Ruby Wax）

《精神问题有什么可笑的》（*Sane New World*）的作者

丹尼尔·西格尔真是了不起。他非常高超地将严肃的神经科学与训练心智的通俗技巧融合在了一起。任何想在生活中少分心、多专注的人都可以读这本书。

——安迪·普迪科姆（Andy Puddicombe）

《十分钟冥想》（*The Headspace Guide to Meditation and Mindfulness*）作者

丹尼尔·西格尔是一位才华横溢、富有同情心的临床医生，也是研究复杂课题的翻译大师，他为觉知之轮练习提供了这本智慧而实用的指南。西格尔的灵感来自科学和数十年的临床和教学经验，结合他的独特见解，《觉知：通向身心合一的心智成长》为我们的心智开启了一种变革性的精神实践，它可以作为一种宝贵的资源，帮助我们拥抱生活中的变化无常。

——苏珊·鲍尔－吴（Susan Bauer-Wu）

《叶子轻轻飘落》（*Leaves Falling Gently*）的作者

这是我第一次看到三个核心冥想实践（集中的注意、开放的觉知、善良的意图）被整合进一个科学理论……同时本书将自我探究与我们对社区的需求联系起来。从佛教到量子理论，西格尔将我们对心智的理解提升到了一个新的高度。

——杰弗里·C. 沃克（Jeffrey C. Walker）

时任摩根大通公司副总裁

西格尔博士以热情和人道的态度，为我们总结了一系列令人着迷、有时令人瞠目结舌、总是非常有用的新的心智科学。这是尖端神经科学、深刻的沉思洞察力和脚踏实地的经验实践的美妙结合，犹如一位大师在这一领域的巡回演出。

——里克·汉森（Rick Hanson）博士

《大脑幸福密码》（*Hardwiring Happiness*）的作者

Aware:
The Science and Practice of Presence

译者序

心智成长之旅

在当今乌卡时代，世界处于百年未有之大变局，特别是三年新冠疫情、俄乌冲突、巴以冲突等给这个世界带来了世界治理格局的重整和全球经济下滑的威胁。与此同时，人工智能、大数据的迅猛发展也给人们的生活带来了巨大的冲击。生活在这样的时代，几乎人人都有压力感、脆弱感、焦虑感，影响着人们的心理健康。世界卫生组织在2022年6月所做的《世界精神卫生报告》中指出“2019年，全球大约10亿人患有精神健康疾病；在新冠疫情暴发的2020年，全球抑郁和焦虑患病率暴增了25%”。联合国秘书长古特雷斯警告说“我们正在经历一场全球性精神卫生危机”。该报告提出全球的精神卫生要向所有人享有精神卫生服务转型，这是一个重要的转向，也是一个严峻的挑战。

如何才能让更多人免除精神障碍之苦？如何才能促进大家的心理健康？我们不能只向外求，仅仅靠研发“神奇药物”“AI咨询师”或“数字疗法”来解决供给问题，这些还是属于精神卫生领域下游的“治病”策略，我们需要在心理健康促进方面寻找人人可以学习的心理保健方法，这就需要向内求，做好上游的“正本清源”。自2000年开始逐渐兴起的“正念”就是一剂心理健康领域的良药，越来越多的学生、老师、商人等群体开始练习正念。本书介绍了一种基于科学循证、没有任何宗教色彩的促进心理健康的方法，即“觉知之轮”训练，这一方法为本书作者丹尼尔·西格尔博士所原创。

我是2005年通过阅读和翻译其《心智成长之谜》一书对丹尼尔·西格尔开始有所了解的，我非常认同他提出的关于“心智”的人际神经生物学理论，该理论将“心智”（mind）这一概念从个体大脑的功能扩展为人际互动的产物，他认为人际关系塑造了大脑的内在神经连接，同时人际关系本身和大脑内的神经连接共同形成了人类的心智。而且，心智是调节大脑信息流、能量流的主体。他强调第七感的重要性，第七感是一种向内觉知的能力，它不仅使我们关注自己的内心，也使我们体悟他人的感受，从而在彼此间建立情感联结。当能量及信息在心理、大脑以及人际关系之间流动时，第七感发挥着整合作用。我也非常认同他关于心理健康的概念，强调了心理健康是大脑整合、身心整合、人际整合的动态平衡状态。他基于人际神经生物学理论出版了一系列著作，包括《去情绪化管教》《心智的本质》《全脑教养法》《第七感》等。

2020年初，我受机械工业出版社邀请翻译丹尼尔·西格尔的这本新著，感到非常高兴和荣幸。翻译这本书是一场神奇的心智成长之旅，书中既有生动的案例故事，也有清晰的理论思考。这本书可以说是丹尼尔·西格尔近年来思想和实践集大成的专著，他在书中强调人类的心智可以改变身体健康水平并延缓衰老，而且在书里提出了崭新的训练心智觉知能力的“觉知之轮”的模型和训练方法。这一方法有利于我们发展集中的注意、开放的觉知和善良的意图这三种提升心智的核心能力。当我们的心智觉知能力提升时，自身的免疫功能将会增强，有助于战胜感染；有助于修复和保护染色体端粒，帮助我们保持年轻、高功能和健康；有利于降低心血管危险因素，改善胆固醇水平、血压和心脏功能；能够增加大脑的神经整合，在神经系统内部促进功能和结构连接层面更高的协调性和平衡性，优化大脑功能，这些都是提高幸福健康水平的核心能力。希望读者在阅读本书的过程中，能够学习和实践这一方法，将之融入生活，从而促进身体、心智和关系方面的幸福和健康。

翻译此书是一次艰难的穿越中英两种语言、多个理论疆域的长征。丹尼尔·西格尔在本书中试图用量子物理学理论、能量的概率理论来解释意识的不同水平的活动和“觉知之轮”的心理操作过程，他在书中第二部分使用了大量的神经科学、量子物理学、能量学概念来解释心理现象，而他的行文风格又以一层层逻辑嵌套的超长句子为特点，这使得整个翻译过程充满了艰辛和挑战。

翻译此书正值疫情期间，大家都待在家里不能外出，我便组织了邓竹箐博士、李雨心老师、刘扬弃博士一起翻译，遗憾的是这期间刘扬弃博士出于身体原因中途退出。翻译结束后，我仍感忐忑，又对全书译稿进行反复多遍通读、审校，前后花费了四年多周末和夜晚的时间，可以说是我最近几年翻译书籍花费精力最多的一本专业著作。尽管如此，我们的翻译仍然存在不少艰涩难懂的专有名词，仍然难免有不少疏漏和错误，真诚期待读者朋友能够批评指正，不吝赐教。在此书即将付印之际，我也非常感谢机械工业出版社华章分社的编辑团队对本书译稿提出的修改意见和用心的策划。如今，疫情已过，而疫情后的各种压力仍在持续，期待此书能够为广大读者朋友提供有效的压力应对和心智成长的方法，促进身心健康、人际和谐和生活幸福。

中国科学院心理研究所教授　祝卓宏

于中关村人才苑

2024 年 7 月 31 日

一个领会了某种新思想的心智永远不会

回到它原来的维度。

——奥利弗·温德尔·霍姆斯（Oliver Wendell Holmes）

Aware:
The Science and Practice of Presence

目录

第三部分 应用觉知之轮发生转变的故事

第四部分　当下的力量

第一部分

觉知之轮的理念与实践

第 1 章

一份邀约

古语有云：意识犹如容水之器。倘若你的容器很小，只有一个意大利浓缩咖啡杯那么大，当你把一勺盐投入其中时，尝起来就会很咸；假如你的容器要大得多，盛放了很多很多水，那同样一勺盐放进去，味道可能就会很清淡。同样是水，同样的盐，仅是因为二者的比例不同，味道就会迥异。

人类的意识（consciousness）亦同此理。当我们学习去培育觉知（aware）的能力时，我们的生活质量和心智能力都会得到提升。

本书教授的技能其实非常简单：你将学习如何提升心智的觉知容量，从而能够调节觉知体验本身（水）和觉知对象（盐）这二者之间的比例。

这样做既是在培育觉知能力，也是在增强心智功能。研究显示，这一过程也是在对大脑进行整合——增强不同脑区间的联结，强化大脑对情绪、注意、想法和行为的调控能力，并学习如何更加灵活自在地生活。

学会将觉知本身从觉知对象中区分出来，能够帮助你扩展觉知的容器，从而能品味更多，而不再仅限于一杯咸咸的水。你将能够允许自己全然沉浸在任何升起的体验之中，无论生活在你的意识容器中撒下了多少勺盐。

为促使这些能力真正融入你的生活，本书将会教授一种由我开发的练习方法，名为“觉知之轮”（Wheel of Awareness）。当你能越来越娴熟地使用这一工具时，你会逐渐发现自己也越来越能安度生命中那些充满疾风暴雨的时光，能够更加全然充分地生活，对此刻升起的任何体验保持如其所是的开放，不管它们是积极的还是消极的。经由扩展觉知容量去培育觉知能力，就好像是将意大利浓缩咖啡杯替换为容量更大的器皿，这不仅有助于你更好地享受人生，而且也会让你在日常生活的经验中拥有一份更加深刻的联结感和意义感，甚至让你更健康。

培养注意、觉知和意图以培育幸福

本书将深入探索经由学习可以掌握的三种技能，严谨的科学研究表明它们确实有助于培育幸福感。研究揭示，当我们培养集中的注意（focused attention）、开放的觉知（open awareness）和善良的意图（kind intention）时，我们将会获得以下好处。

1. 提升免疫功能，有助于对抗感染。
2. 端粒酶水平得到最优化，有助于修复和保护染色体端粒，保护细胞就等于帮助人们保持年轻、功能良好和健康状态。

3. 加强基因的“表观遗传”调控，有助于预防威胁生命的严重感染。
4. 调整心血管危险因素，改善胆固醇水平、血压和心脏功能。
5. 增强大脑的神经整合度，在神经系统内部促进功能层面和结构联结层面更高水平的协调和平衡，优化大脑功能，包括在自我调节、问题解决和发展适应性行为等方面都得到优化，而这些正是拥有幸福生活的核心能力。

简而言之，现有科学研究表明：人类的心智可以改善身体健康水平并延缓衰老。

除上述证据确凿的研究结论外，还有更多客观有力的发现也同样表明：从集中的注意、开放的觉知、引导善良和关怀的意图这些方面入手去培育心智，能够增加幸福感，稳固人际联结（以更加共情和慈悲的方式），并收获情绪上的平衡，同时也会提升人们在面对挑战时的复原力（resilience）。研究揭示，经由这些特定的练习，人们会获得更多的意义感和使命感，会感觉到一种浑然天成的轻松自如与平静安然。

以上这些利好，就是通过扩展觉知的容器而令心智能力得到强化的结果。

单词 eudaimonia（幸福）源自希腊语，它极其优美地描绘出那种经由联结他人和世界，过着与意义为伴的生活所带来的一种深刻的幸福、平和及喜悦。那么，培育幸福感是否就像在工作清单中添加一条待办事项一样呢？其实，如果你在日常生活中已经体验到这种存在的品质（quality of being），那么对注意、觉知和意图的这些训练将会强化和放大你原本拥有的一切，这当然是锦上添花。而如果你感觉这些幸福的特征对你而言遥远且陌生，那么，很可能你需要在日常生活中更多地亲近它们，阅读本书就恰逢其时。

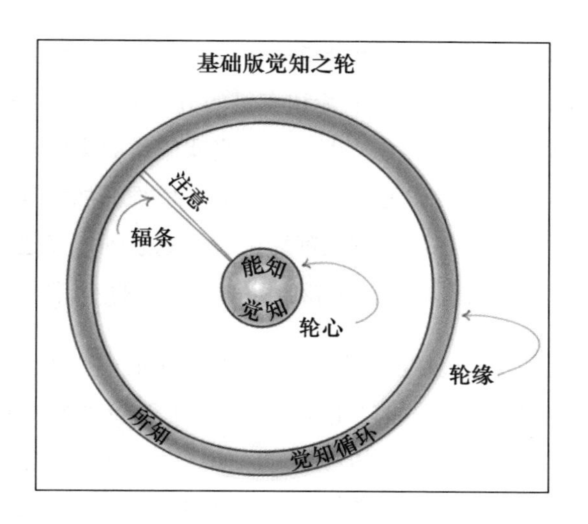

一种实用的工具

为帮助人们扩展觉知的容器，在过去多年的实践中，我逐渐开发出“觉知之轮”这种非常好用的工具。

目前，我已在世界范围内向成千上万的人教授觉知之轮练习，事实表明，这个练习确实能够帮助人们在内在和人际层面都发展出更高的幸福感。该练习包括几个简明的步骤，十分便于学习和应用于日常生活。

就人类心智的运作方式而言，轮子是一种很形象的比喻。某天，当我在办公室里俯视一张圆桌时，突然灵机一动，闪现出轮子的理念。圆桌表面包含一个清晰的玻璃中心和围绕它的木制外缘。受其启发，我觉得可以将我们的觉知也看成是处在圆心位置——轮心，只要我们想，就可以在任何时刻从这个位置出发，将注意投注到包围轮心的轮缘处的种种想法、意象、情绪和身体感觉之上。换言之，那些被觉知的对象就相当于圆桌的木制外缘，而那份能够去觉知的体验本身，则位于圆桌的玻璃中心。

如果我邀请人们更加自由、全然地接近轮心处的觉知，以此来教授他们扩展意识的容器，那么他们就能够去改变自身体验生活之盐的方式，甚至还可能学会如何以一种更加平衡和丰富的方式来自主调整生活的甜度，哪怕被生活一次性投放了很多盐也无妨。当我俯瞰圆桌时，我发现轮心处玻璃的澄澈可能代表着我们能够对生活中的一切添油加醋都富有觉知，从想法到身体感觉等各式各样的体验都能被我们觉察到，而这些被觉察到的对象可以一目了然地被看成是位于轮缘处——圆桌的木制外缘。

圆桌（也就是我们现在所说的“觉知之轮”）的中心表示那个正在觉知的体验，表示我们“知道”自己正在探索生活中那些“能被知道”的对象。轮缘则表示那些“能被知道”的对象。例如，此刻你正在觉知自己正在阅读这一页上的文字，现在，或许你就已经对你和这些字词之间的关系变得更加富有觉知了——浮现在脑海中的意象或是回忆。

意识可以被简单地定义为让我们“能知”的那个主体——就好像你能觉察到现在我正写下一个单词“你好”。本书采用的视角是：意识包括“能知”（knowing）和“所知”（the known）这两个部分。你能知道我写下“你好”，这个“能知”，就是觉知力（awareness），而“你好”则是你所知道的内容，即“所知”。“能知”位于轮心，“所知”位于轮缘。我们说扩展意识的容器，其实就是在说要加强那个“能知”的体验，增益我们能去开放觉知的能力。

现在可以想象，以轮心为起点，将注意指向位于轮缘处各式各样的“所知”，聚焦一处或其他——比如某个想法、某种感觉或是某种情绪，生活中任何一种“所知”都栖息于轮缘处。将轮子的比喻进行延伸，还可以想象那些集中注意的时刻就好像是转动车轮的辐条一般。

正是注意的辐条，将轮心的“能知”和轮缘的“所知”联结起来。

在实践中，我会引导患者或学生集中注意，开始想象他们的心智正如“觉知之轮”一般。我们设想将轮缘分成四个分区，每个分区都对应着特定的“所知”类别。

第一分区是我们能够运用基本的“五种感觉”去获得的“所知”类别，即能听到、看到、闻到、尝到和触到的事物；第二分区是另一类“所知”，包括来自身体内部的信号，比如肌肉感觉，或是肺部感觉等；第三分区是我们的心理活动，包括情绪、想法和回忆等；第四分区是我们和他人以及大自然产生的联结感，也就是关系感觉这一类。

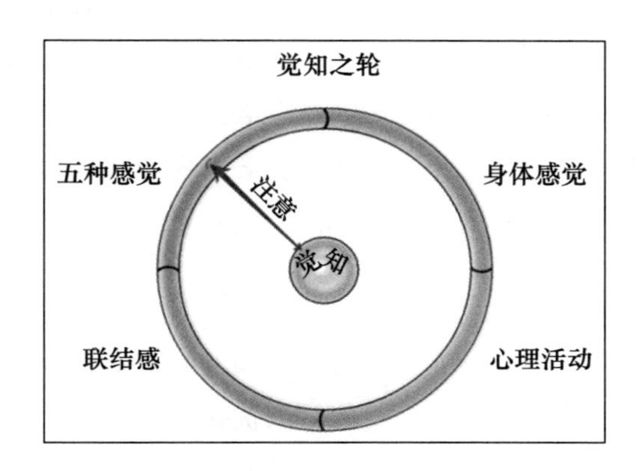

我们缓慢地移动从轮心出发的注意辐条，逐一将“所知”带入注意的焦点，先是带入一个分区的全部要素，然后，继续移动注意辐条到下一个分区，同样去观照这一分区内的所有要素。通过这种方式，就能够系统地将轮缘处的要素渐次涉及，移动注意辐条扫过轮缘处所有的“所知”。伴随各个分区练习的逐渐展开，以及个体持续而规律的实践，练习者通常会反馈说感觉到了更多的清晰和平静，那是一种十分深刻的稳定感，可能还会令人感到充满活力，而且，这些感觉并不仅仅是在练习时出现，在练习之外的生活中也能体验到。

“觉知之轮”练习是开放觉知并培育更为宏大和开阔的意识容器的一种方法，在练习开始以后，参与者的心智能力看起来都得到了提升。

觉知之轮练习的设计是为了让人们能够通过整合意识经验来平衡生活。

具体如何实现呢？正是通过将位于轮缘处的各式各样的“所知”和位于轮心处的“能知”进行区分，从而分辨出意识的不同成分。然后，经由系统地移动注意辐条将轮缘的“所知”和轮心的“能知”进行联结，即将意识的不同成分予以联结，通过这种分化（differentiating）和联结（linking），“觉知之轮”就对意识进行了整合。

这个复杂系统在实践中具有一个基本而自发的属性，称为“自组织”（self-organization）。这个术语听起来似乎是心理学或商业领域的概念，但其实它是一个数学名词。一个复杂系统的展开方式或运行状态正是由“自组织”这种本具自发的属性决定的。这个展开过程可能是最优化的，也可能是受限的。当它并非最优化时，系统就会滑向混乱或僵化；当它是最优化时，系统就会走向和谐，并具有灵活性、适应性、连贯性和稳定性。

考虑到我从患者身上（以及我的朋友和我自己遭遇不顺时）观察到的僵化和混乱的体验，我开始非常好奇，人类的心智在某种程度上是否也是一个“自组织”过程？强大的心智能够最优化这一过程，并且创造出和谐的生活体验；而受损的心智则会倾向于从和谐滑向混乱或僵化。如果确实如此，那么培育强大心智的关键或许就是探索如何才能使“自组织”实现最优化。现在，这个问题已经有了一个答案。

一个复杂系统中各个分化部分的联结过程正是“自组织”系统随时间推移对自身的展开形态进行调控的关键，即它如何进行自我组织——朝功能的最优化方向发展。换言之，整合（integration，我们以分化和联结之间的平衡来定义它）会创造最优化的“自组织”系统，使得该系统的功能运作具有灵活性和适应性。

“觉知之轮”的精髓就是扩展意识的容器，从而平衡意识体验本身。平衡这个词通俗易懂，它能够让我们科学地理解那个被称为整合过程的结果—— 一方面接纳事物间的差异和界限，另一方面又将它们联结起来。当我们进行分化和联结时，就是在创造整合。当我们创造整合时，就会给生活注入更多的平衡和协调性。很多科学定理可能会使用其他术语来描述这件事，但其概念的内涵是完全一致的。整合（分化和联结之间的平衡过程）是最优化调节的基础，它使得我们能够在混乱和僵化之中流动起来，它是让我们蓬勃发展和茁壮成长的核心过程。健康源自整合。它如此简明，又如此重要。

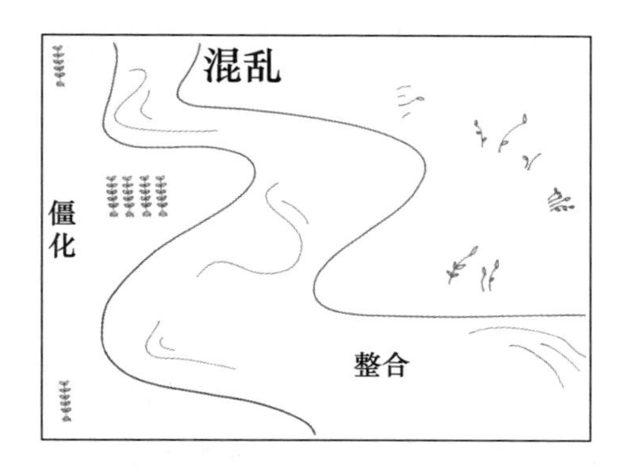

一个整合的系统会拥有一种流动的和谐。就好像是一个合唱团，虽然每位歌者的声音都与他人不同，但他们的声音同时却又能彼此联结，整合为优美的和声。关键是，这种联结并不是以消弭差异作为前提，也并非简单的混合，而是在彼此联结时保持每份差异的独特贡献。整合更像是一盘水果沙拉而不是一杯奶昔。正因为如此，整合将创造出一个最佳的、协同的整体，它远胜于各个部分的简单叠加。同理，整合所具有的协同性意味着，我们生活中的方方面面就好像是轮缘处的众多散点，每个点都可以既忠诚于自身的独特性又同时被融入整体的和谐之中。

就作为治疗师的经历而言，我自己是以一个跨学科的框架来展开工作的，它被称为“人际神经生物学”（interpersonal neurobiology）。在这个领域，心智被视为是以一种“自组织”的方式来调节能量流和信息流的，这对我的启发在于，我会尝试和开发一些策略，帮助来访者在生活中创造出更多的整合，从而促进他们的身体健康和人际幸福。我曾撰写和再版的很多书也都是以整合作为核心的。

当我们使用“觉知之轮”对意识加以整合时，人们的生活都得到了改善。

很多人会发现，“觉知之轮”练习能够以诸多深刻的方式给予他们力量，改变他们体验内在世界（情绪、想法和回忆）的方式，促使他们采用更加开放和崭新的人际互动模式，并且他们在生活中的联结感及意义感也得到了扩展。

心智导游指南

通过阅读本书，我希望你不仅将“觉知之轮”作为一种理念，同时也将其作为一种实践方式融入你的生活，从而促进你在身体、心智和关系层面的幸福和健康。尽管这一实践方法已经得到了科学研究的支持，也获得了成千上万名练习者的积极反馈，但我们仍然需要明确的是，世界上的每个人都拥有属于自己的过往、好恶和生活风格，每个人都是独特的。因此，虽然我们会探讨一些普遍规律，但是每个人在运用这些资源时的体验过程，都将是独一无二的。

和其他医疗健康领域的专业人士一样，我会尽力将自己的实践构筑在科学数据和普遍规律的基础之上，并且会在针对具体人士应用时保持审慎和开放的态度。我特别看重开放性——我会去寻求、汲取和回应那些来自正在探索和实践这一理念的人士的反馈。作为医生，我们无法向任何特定患者或来访者确保治疗效果，能做的只是在科学和先验的基础上提供更大概率有帮助的方法。从这个视角来看，我们的方法是：尽我们所能提供最好的，并对个体的不同反应保持开放的态度。

需要说明的是，这仅仅是一本书，而并非心理治疗，更不是工作坊。

我们和书中文字的联结并不是鲜活的、当下的、互动的关系，难以做到直接和即时的反馈和交流，但是我邀请作为读者的你和自己随时进行持续的自我对话。你可以汲取这些理念并将其付诸生活实践，来探索它们对你而言是否有益。而身为作者，我能做的只是简明地分享我个人的经验和视角，单向输出一些语言，很难真正给你针对性的反馈，不过是尽可能提供一些帮助而已。从这个角度来说，你可以将本书看作一本导游指南，它会涉及你备选行程的种种细节。指南的作者当然有责任提供参考意见，而作为旅行者本人，你需要去斟酌这些意见，然后负责任地开启属于你自己的旅程。我很乐于扮演一个协助你旅行的夏尔巴人[⊖]的角色，而真正需要迈开脚步并在沿途做出必要调整的人，始终是你自己。

在创设"觉知之轮"的过程中以及在建构本书理念及实操方面，我始终将读者的主观体验看得最重要。没有任何给予能确保必有收益，但是我仍然非常希望读者能将本书视作一本有用且易懂的导游指南，它将可能会为你的生活带来巨大的好处。

本书并非科学研究的结项报告，不能详尽地呈现相关领域所有的奇妙发现，但它将是一本科学的、实用的心智健康导游指南，能为你的独特旅程提供一些结构化的理念和实践参考。

在现有出版物中可以找到关于某些实践方法能够培育幸福感的一些综述文章，它们会很有帮助，其中包括一本由丹尼尔·戈尔曼（Daniel Goleman）和里奇·戴维森（Richie Davidson）合著的《新情商》（*Altered Traits*），该书对冥想科学做出了一些很容易理解的探索。另一本书是《端粒》（*The Telomere Effect*），由诺贝尔奖获得者伊丽莎白·布莱克本（Elizabeth Blackburn）和同事艾丽莎·伊帕尔（Elissa Epel）合著，她们非常严谨地得出科学结论，并且十分仔细地概述了实践应用的要点。

⊖ Sherpa，居住在喜马拉雅山脉的一个部族，常充当山中向导或搬运工等。——译者注

鉴于之前我在已出版的多本图书中，比如在《心智成长之谜》（*The Developing Mind*）和《心智的本质》（*Mind*）这两本著作中，曾阐述了和这门学科相关的诸多参考信息，因此在这本书中，我将直接切入已经获得科学研究支持的相关理念和实践，去探索和提供一种潜在的途径，从而令人们能够在生活中培育更多的复原力和幸福感。

接下来，我们将踏上探索并提升心智能力的旅程，时而玩玩海底深潜，时而享受徒步于幽深小径。我会一直陪伴你走好每一步。

第 2 章

应用觉知之轮的故事

觉知之轮作为一种理念和实践工具，到底是如何在很多人的生活中发挥作用的呢？接下来，我会提供一些具体的例子来加以说明。首先，我会向你介绍一些具体的人，以及他们是如何运用觉知之轮增强心智和改善他们的生活的。本书第一部分将开启你个人对觉知之轮的探索旅程；第二部分会基于你的个人实践来深化你对心智运行机制的理解；第三部分会再次回到那些具体的人的故事中，运用这些崭新的观点来扩展你对觉知之轮如何助人以及心智如何运作的理解；第四部分将会强化这些有关心智运作和觉知之轮的崭新见解，与之相伴的是持续探索如何将这些理念和实践工具应用于个人生活。或许，你会逐渐发现，正如我和其他一些伙伴已经发现的，以这些崭新洞见来理解心智运行，理解一种扩展的觉知力究竟意味着什么。同时，你也会直接体验到觉知之轮练习是如何整合意识、强化心智并在你的生活中培育出更多的幸福感的。

比利：返回轮心

比利是一个 5 岁的小男孩，不久前，他被所在的幼儿园开除了，原因是他在操场上打了其他小朋友。后来，他转到了一所新的小学，进入了史密斯女士的班级。这位老师曾经在我的书中学过觉知之轮。在她的课堂上，她请学生们画出一个轮子的形状，包括外缘的圆圈和里面一个更小一些的圆圈，两个圆圈之间用一根线连接起来，用它来表示辐条。然后，她给学生们描述说，轮心代表你们的觉知力，轮缘代表被觉察的各种各样的对象，辐条代表你们可以决定将自己的注意安放于何处。通过这种简笔画的形式学习觉知之轮几天后，比利跑到她面前说了一番话，后来被她引用到写给我的邮件中："史密斯老师，我想我需要暂停一下——每当乔伊把我的东西扔到操场上时，我就想上去揍他，我被卡在了觉知之轮的轮缘，我需要返回我的轮心！"比利花了足够的时间让自己可以和想要打人的冲动拉开距离（毫无疑问，这份冲动早些时候是一种僵化的自动反应，会让他把一切搞砸），而通过运用觉知之轮，他能够清晰地表达自己的需要，并且发展出可供选择的更具有整合性的回应方式。他能够尊重其他孩子的行为，同时承认自己的冲动，但是他选择不去跟随冲动做出反应。数周之后，史密斯女士给我回邮件说，比利在她班里已经成了非常受欢迎的学生。

乔纳森：起伏不定的情绪得以缓解

再来看看史密斯女士教授比利应用觉知之轮的例子，她不仅将其作为一种视觉隐喻形式的理念，还将其作为一种实践，来提供一种可以转化注意、觉知和意图的体验。如果你曾读过我的书《第七感》（*Mindsight*），你可能会回忆起一位名叫乔纳森的16岁的年轻患者，他运用觉知之轮练习去处理那些由生活中巨大痛苦引发的严重情绪波动。通过练习觉知之轮，有意创造一种特殊的状态，乔纳森能够在生活中培育出一种新的情绪平衡的特质。用他自己的话来说："我只是不再把所有的情绪和想法都那么当真——它们也就不再会对我有那么深远的影响了。"觉知之轮的理念和实践确实对乔纳森很有帮助，让他能够有意识地运用所学到的理念和自己开发的技能来规律地培育一种心智状态，而这种状态涉及一整套大脑放电过程。然后，这种重复的功能性神经激活模式可以成为结构性神经元联结中的一个变化。这个例子非常具体，能够让我们看到如何将一种有意创造出的状态转化为生命中的一种健康特质。

莫娜：被轮心所庇护

莫娜是一位40岁的妈妈，有三个不到10岁的孩子，她经常感到精疲力竭。在养育孩子的过程中，并没有多少亲朋好友可以帮忙，她逐渐变得很容易被孩子们激怒，继而又会因为自己的应对方式感到气恼。

莫娜来参加我的一个工作坊，开始有规律地练习觉知之轮。她发现，随着时间的推移，她接近轮心的能力能够让她体验到对行为的自主选择权，在日复一日养育三个孩子的挑战中，她拥有了更多的复原力。对意识进行整合，转变了她对孩子们的教养方式，从重复性的反应模式转变成接纳模式。在反应模式中，她的内在生活和外显行为会变得混乱或僵化；经由接纳，她能够以一种非常灵活的方式在和孩子们相处的过程中创造出一种更加整合的状态，在独处时亦然。现在，莫娜能够更加临在并更关心她的孩子，也能够更加善良和更关心自己。

特蕾莎：以觉知之轮整合疗愈创伤

术语“发展性创伤”（developmental trauma）被我们用来形容发生在生命早期的巨大压力事件。例如，儿童虐待或忽视。有些人会用另一个相关短语来概括这一系列来自生命早期的挑战：童年期不良经历（adverse childhood experiences），缩写是 ACEs。这些发展性创伤所带来的总体影响，以及那些可能并不是那么极端有害的童年经历，都可能会损伤大脑的整合性生长——幸运的是，这种影响通常可以被疗愈。大脑中的整合，我们称为神经整合，对于保持生活中的平衡是必要的，具体形式包括一系列执行功能，它们可以用来调节情绪和情感、思维和注意，甚至还包括调节关系和行为等。特蕾莎恰恰就是因为在这些方面都遇到了挑战，才过来寻求我的帮助。25 年来，她的人生都是在和童年创伤余波的斗争中度过的，她的案例证实了一点，关系中的混乱或僵化会导致神经整合的退化。在和我慢慢建立起联结和信任后，她能够更加开放地展现出作为一个孩子的脆弱，毕竟那个孩子有着像她那样惯于虐待儿童的父母。我向她介绍了觉知之轮的理念和方法。

对于很多经历过极其严重和可怕事件的人来说，尤其是当这些伤害来自那些本应保护和照顾他们的人时，尝试将觉知（位于轮心）和觉知对象（位于轮缘）进行区分的这种体验起初不仅很新鲜，而且是很有颠覆性的（可能会令人感到心烦意乱和苦恼）。为什么会这样呢？一个原因可能是，当我们处于觉察那些觉知对象的状态时，即当我们位于觉知之轮隐喻中的轮心之际，我们会体验到一种开放和存在更多可能性的状态，而这和那种只是觉察到轮缘处的“所知”带来的确定感截然不同。极具讽刺意味的是，在轮缘处“迷失于熟悉之乡”（即便这些感觉、想法或情绪是源自创伤且未经疗愈）仍然能够给人带来更多的安全感，尤其相对于不确定并自由的状态而言，也就是在轮心处的体验。在这种模式下，我们被拉扯进饱受虐待的心智状态，因为那些重复性的轮缘要素很可能包含一种受害者的被动立场，或者对另一些人来说可能是一种愤怒、战斗和反击的主动立场。这些状态揭示出我们如何在面临威胁时变得那么具有“反应性”。对特蕾莎来说，她的反应性模式是：有时进入惊恐万分的心智状态，有时则进入从挑战中隔离的心智状态，另一些时刻则进入战斗状态，即便她正面对的是那些原本希望和她联结并予以支持的人。特蕾莎需要从“反应状态”切换到“接纳状态”，能够保持开放，愿意建立联结，这样才能不再陷入被动模式之中。但是，对于一个饱受创伤的人而言，这么做就好像是缴械投降，或是意味着要去承担被伤害和失望的更大风险。在“觉知之轮”的语境里，特蕾莎的反应模式可以被视为一整套熟悉的“所知”，包括战斗、逃跑、僵住，甚至晕倒，这种源自她的童年时代的重复的反应模式，现在已经演变为她成年后的一种特质，或者说是自动化倾向。

这是一个重要的普适原则：那些被重复练习的内容会强化大脑的神经元放电集群或模式。经由重复练习，神经结构会被真正改变。故而，重复的状态变成了稳定存在的特质。

或许你已经注意到，上面的每个例子都共同揭示出了一个简明且科学的事实，我将这一关于心智整合的基本原则总结如下：

“注意所到之处，神经放电流动，神经联结增长。”

对特蕾莎（和很多其他人）来说，觉知之轮提供了一个机会，让她可以从自动导航的反应模式中解脱出来，并且让她意识到存在（being）和行动（doing）的新的可能性。当心智处于觉醒状态时，意味着我们可以去运用心理过程，比如注意、觉知和意图，去激活新的心智状态，经由反复练习，就能够有意地在生活中塑造某些特质。如果这个特质就是更加整合的心智，那就意味着我们能够从毫无选择的自动反应模式，转变到自主选择的反应模式，并因此体验到自由。这正是对意识进行整合能够使特蕾莎的生活发生转变的原理：经由反复练习，她就能够运用其注意、觉知和意图，去创造一种更加整合的生活方式——而这正是幸福的根基。

轮心代表着“能知”，同时也是接纳性意识的源头，它能够保持开放，去联结位于轮缘处的事物，而不是迷失或被困在轮缘里，即被生活中的“所知”吞噬。对特蕾莎来说，觉知之轮隐喻不仅是一种理念，也是一种容易上手的练习，能够帮助她更好地觉知到，自己一直被困在过往经验编织出的大脑的牢笼之中。如果过往经验教会她以一种深囚于牢笼的方式活着，那么有意图的和重复的整合体验（如觉知之轮练习）就可能教会她如何跳出牢笼。

理念十分美妙，但实践更加重要。我们需要通过练习来体验新的存在和行为方式，并且将这些解放性的理念深植于自身，在日复一日的生活中切实活出其意义。

在首次探索觉知之轮的轮心练习时，特蕾莎经历了一次惊恐发作，这点稍后会讨论。当时，我们专门花时间停下来，去反观那种恐惧的体验到底是些什么。在和很多经历过各种创伤的人士工作时，一开始就把注意放在身体、情绪或是轮心上，可能会加剧双方的痛苦。针对那些令人烦恼的体验，如果将耐心和支持注入其间，就好像是直接“把谷物投入磨粉机里”般的感觉，令人很不舒服，的确如此，但与此同时，这也是一份邀约，邀请你在更深层次探索可能正在发生的事情。每一种富含挑战的情绪或意象，都可能成为一个学习和成长的契机。最终，这会成为觉知之轮提供给我们的一份启示，会增强心智能力，并将我们从“过往之笼”中解救出来。

经由反复练习，特蕾莎从她的体验中学到了很多。其中一点就是，起初究竟是什么制造了焦虑，比如当她将注意聚焦在曾经被她父母伤害过的身体部位时，她就会感到焦虑，然后，那种感觉会逐渐消退，她会变得越来越轻松。还记得吗？将注意安放于何处，神经元放电和神经元联结就趋向于何处。现在，特蕾莎可以更加灵活地移动她的注意，聚焦于某个或者其他轮缘元素。和之前总是反应性地聚焦于轮缘处那些痛点或是启动回避策略迥然不同，现在，她发展出了一种基于轮心处的、更具接纳性且整合度更高的状态。那些对过往的回忆以及之前的反应性特质，都可以被简单地体验为轮缘上的点，与此同时，轮心则成为一个能去反观、觉知、选择和最终做出改变的源泉。

特蕾莎还学到一点，她发现栖居于轮心是这样一种感觉：对正在发生的事情不加控制。从她最初带着恐惧去凝视轮心那一刻开始，伴随着持续的练习，那份恐惧开始变成一种相对更加温和的警觉姿态，继而变成可以带着好奇心从轮心处看向轮缘的一个点——这给她带来了真正的解脱。经年累月，她都在防御本自具有的那份接纳性觉知，而放下这份防御后，解脱之感尤甚。在过往生活里，特蕾莎从未被允许只是简单地栖居于活在当下的宽广中，并对任何出现的事物保持开放。反之，她就像是一个时刻警觉于父母突袭和恐吓的孩子。当她开始享受这种崭新的临在状态时，她能够对各种可能出现的状况都保持开放的心态，并且感受到越来越多的平静和喜悦。

特蕾莎的变化给我们带来的启示是：在生活中寻求发展、成长和转变，永远都不嫌太晚。经由觉知之轮以及其他一些冥想和正念练习，我们很有可能发展出一种接纳性的临在状态，而这是获得深层健康、幸福并与他人建立慈悲性联结的基础。遗憾的是，大多数人只学会了提防他人，甚至对自己的内在世界严阵以待。为了适应生存，给自己设下藩篱，自行制造出一种信念，即我们无力做出任何改变。相反，如果我们能活在当下，我们就会敞开心扉，与他人建立深度联结，并且去联结自身的内在体验。特蕾莎那份让自己沉浸于觉知之轮理念和实践的勇气，最终帮助她发展出一种内在力量和复原力，而这些将与她终身为友。

扎卡里：发现意义、联结并从痛苦中解脱

扎卡里在他哥哥的邀请下来参加觉知之轮工作坊。他的工作十分忙碌，家庭生活也安排得很充实。只是，在他 55 岁时，他感觉到有些东西不对劲儿，似乎是遗落了一些说不清道不明可还挺重要的东西。在进行觉知之轮练习时，他说在他的臀部有个地方很疼，断续有十多年时间，可是现在疼痛感不知为何好像在消失。于是，我们在周末时多重复练习了几次。每一次他都注意到了那个疼痛的位置，感觉到之前一直非常尖锐和明显的痛感日益减轻了。在那个周末进行了第五次和第六次（也是最后一次）练习后，他感觉到臀部的疼痛仿佛只是众多感觉中的一种，他既可以让自己沉浸其中，也可以允许它们自由来去。

在上次会面中，扎卡里以一种十分欣喜和胸有成竹的态度向我描述了他从躯体疼痛中解脱出来的那份轻松。我邀请他和我保持邮件联系，以便告诉我工作坊结束后的进展。之后的一年，我只收到过一次他的消息，是个好消息：经过持续练习，他臀部的疼痛已经彻底消失了。

令人惊喜的是，类似这种慢性疼痛得到缓解的例子在世界各地的觉知之轮工作坊中都屡见不鲜。有关冥想干预的研究已经证明：通过集中注意、开放觉知、培育善良意图等方式来训练心智，会给我们带来很多好处。其中，不仅包括减轻对疼痛的主观体验，而且有客观证据表明，负责疼痛的相应脑区的活跃度也在逐渐下降。

一种有助于理解这一现象的视角，就是回到那个将意识视为盛水容器的比喻上。以扎卡里为例，躯体疼痛可以看作盐，若把盐投放于容量太小的水容器中，喝起来就会很咸，甚至根本难以下咽。如果把水的量从一茶杯增加到一百加仑[㊀]，那么这款扩大后的新容器就可以冲淡那一茶匙的盐，大量的水会稀释盐分，因此现在水尝起来就会很清

㊀ 1 加仑约为 3.785 升。

爽。心智训练，就相当于扩展觉知之轮隐喻中的轮心，增加觉知、意识的接纳性“能知”的容量。有了这个扩容后的容器和增容版的轮心，那同样一汤匙痛苦（轮缘处某个孤立的点）就被稀释成了整个轮缘处“所知”的无数点中的一个。于是，我们可以从之前只关注疼痛的状态中解脱出来。用觉知之轮的术语来说，扎卡里的练习旨在让他从被过度分化并占据轮心的某个轮缘点中解脱出来。如果从有关冥想的大脑研究来看，我们会发现，在他大脑中代表痛苦及感知痛苦的脑区的神经元放电程度有所降低。水盐容器的比喻对于解释觉知之轮的功效很有帮助，无论是用于解读形象的觉知之轮视图，还是理解觉知之轮的理念和实践。而且，可能还有助于解释各种心智训练在减轻慢性疼痛方面的起效原理。

除有助于减轻躯体疼痛外，体验觉知之轮还会让你变得更加接纳变化。此后的一年，我很惊喜还能有机会和扎卡里共进午餐（同一组织邀请我再次去主持一个为期三天的觉知之轮工作坊）。在那次工作坊开始前的一个小组聚会中，扎卡里和我说，除了身体疼痛的减轻，他还体验到了另外一种释然的感觉。上次觉知之轮工作坊的体验已经促使他的心智踏上了探索人生意义的旅程，让他感觉到能够和自己、他人及周围的更大世界拥有更加丰富的联结。除了对减轻身体疼痛深怀感恩，他还对生活的意义和目标有了新的认识。他在午餐时分享了将注意辐条聚焦于轮心处觉知时的练习体验，这是一种高级觉知之轮的练习体验。他说，当他第一次将注意辐条弯曲并返回轮心时，那种更加宽阔且充满爱和喜悦的感觉令他觉得自己在“真实而生动”地活着，这份体验逐渐改变了他的生活，也改变了他的职业方向和个人道路。他说，这些正是曾被遗落而又无法言表的事物—— 一种意义、使命和联结感。他的哥哥也在午餐时和我开玩笑说，扎卡里的太太将会给我发送一个账单，要求我为他现在参加的冥想训练项目买单。扎卡里则接话道：“是啊，就是你的错——我现在拥有一种生动而鲜活的感觉，我特别想要学习如何和他人分享，而不是自己私藏着。”他说他甚至考虑成为一位他所信奉的宗教体系内的牧师，或者是一位心理健康领域的从业者。扎卡里最终选择了离开之前的行业，进入这些崭新的领域，这让他有一种回归家园的感觉：现在，他最想做的就是去发展个人心智，并学习和探索如何能够服务于他人。

第 3 章

邀请心智为觉知之轮做准备

在亲身体验觉知之轮练习之前，我们需要先探索一些基础练习和基本理念，这些将有助于你的心智系统为接下来要进行的觉知之轮练习做好准备。正如我所提到的，在觉知之轮练习中，你将会学习很多基本技能，以整合意识并增强心智能力。整合，就是在不同要素之间建立起联结——觉知之轮支持这种整合，经由区分轮缘要素，将在轮缘处意识到的各种“所知”和轮心处的“能知”区分开来，并通过移动注意辐条将轮心和轮缘要素逐一进行联结。通过这种练习，你不仅能够丰富你的注意技能，而且会令你的意识经验和心智本身都得到充实和扩展。

培养心智的调节能力

心智可以被看作一个决定我们生活中的能量流和信息流如何流动的调节过程。用“过程”这个词来描述是为表明：它是一种动态的演变和呈现，更接近是一个动词而非一个名词。调节（regulation）包括两个方面：一是监控（monitoring），二是修正（modifying）。类似觉知之轮这种增强心智功能的练习可以帮助你培养心智的调节能力，并把这一能力发挥到极致。在接下来真正体验觉知之轮之前，我们可以首先从稳定心智的监控能力开始，从练习集中注意（专注）的技巧起步——这是心智训练的第一根支柱。

在骑自行车时，你会留意自己正在行进，感觉车子的平衡，对眼前的交通状况也有掌握。你是在以注视、感觉和倾听的方式浸润在对各种能量形式的觉知当中。所有这些就是“监控”。接下来，你会通过蹬自行车脚踏板，操纵车把和刹车等方式做出“修正”。你就是这样通过改变能量流去改变自行车的位置和运动状态（方向）并让自行车在道路上移动的。为了成为更加熟练和胜任的骑行者，你会打磨自己的监控和修正技能。和提高骑车技能同理，你也可以培育一个更加强健的心智，具体而言就是磨炼监控和修正能量和信息流的技能——这是心智系统的本质。

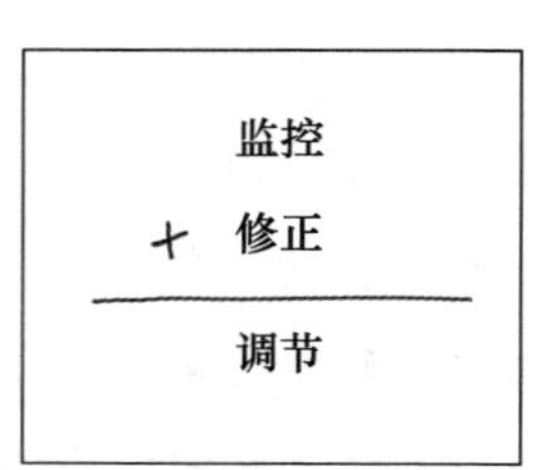

强化监控能量流的一种方法就是稳固我们用以感觉能量流的那些透镜。有一个稳定注意的练习，教我们将注意看成手电筒的光束，练习聚焦于一个选择的焦点。就此而言，世界上很多不同的文化传统中都共享着一个极为常用的焦点：呼吸。当我们进行基础的呼吸觉知练习时，我们就在增强心智的监控能力，这样做能够稳定我们的注意。伴随之后进行更多复杂而深入的觉知之轮练习，我们很快就会发现，我们将进一步稳定注意，也会从其他方面增强心智对能量流的监控和修正能力。

我们将学习如何稳定监控能力，以便能够更加聚焦、深刻、明晰和细微地感知能量流和信息流。一旦你能够稳固心智的监控功能，就可以学习如何朝向更加整合的方向进行修正。

起步小贴士

在正式进行觉知之轮练习之前，首先需要获得一些稳定注意的体验。如果你曾经做过很多反观练习，或是“冥想”练习（即那些以多种形式展开的心智训练），那么你很可能已经拥有了一些呼吸觉知的体验，此时你可以选择跳过这个起步阶段，直接进入下一部分基础版觉知之轮的练习。而如果你还没有进行足够充分的反观练习，那么可以先进行下面的呼吸练习来稳定注意。例如，我们在加利福尼亚大学洛杉矶分校正念觉知研究中心（Mindful Awareness Research Center）进行了一项探索性研究，名为“正念觉知练习”（mindful awareness practice，MAP），旨在探索聚焦呼吸的正念练习能否对注意不集中或注意保持困难的成人和青少年有所帮助。前期研究揭示，相比那些定期接受注意缺陷治疗的人来说，这些参与者在练习正念之后，注意技能都获得了一些改善。[一]

接下来，为大家提供几个在开始阶段可能会很有帮助的理念。

小贴士 1： 请尽量保持清醒。当你向内进行反观时，比如留意呼吸在身体上产生的感觉，你正在让注意直接转向内在世界。对有些人来说，

[一] 关于 Lidia Zylowska 对这项研究的总结详见 *The Mindful Prescription for Adult ADHD*。

这种向内注意和通常的向外注意很不同，令人感觉陌生和尴尬，或极为不适。有些人会觉得这种向内聚焦给人的感觉是沉闷而乏味的，因此也就很容易失去注意的焦点，变得缺乏警觉性，会犯困甚至睡着。对于练习者来说，打个盹倒也无伤大雅，问题是这个练习的意图和能够从中获益的部分恰恰就在于要保持清醒。保持清醒，就是在学习如何强化心智的专注力，具体表现为，对自己越来越摇摆不定的状态能有所觉察，然后把自己唤醒。监控自身的警醒状态，就是学习如何监控能量流和信息流的一个部分。现在，你可以利用关于你困倦这一信息来调节能量，让自己保持清醒，甚至变得更加警觉。

举例来说，假设你本来是闭着眼睛的，此时你就可以稍微睁开些，让光线透进来，对大脑形成刺激。你还可以在整个练习过程中都睁着眼睛。如果那样还不能保持清醒，可以试着坐起来，而不是躺着。假设你本来就坐着，那可以试着站起来。如果你本来就站着，那可以试试四周走动一下。你总是可以做点什么来改变能量流，让心智活跃起来，以稳定注意。关键在于，去监控自身的能量状态并采取针对性措施。如果你真的需要小憩，就别再练习了，去好好休息一下吧！

小贴士 2： 如果你是在一个小组中练习，那么小组成员之间建立一些需要共同遵守的契约或许会很有帮助。假设有人睡着了，而且开始打呼噜，那其他成员就有权利把他叫醒。毕竟对他人来说，忽略呼声是很难做到的。不如事先约定好，可以以一种尊重而轻柔的方式唤醒那个睡着的人。

小贴士 3： 放松（relaxation）和反观（reflection）存在差异。那些放松技巧会很有助于我们获得平静，但和正念冥想练习的效果明显不同。你可能会从反观呼吸的练习中感到放松，或者从稍后的觉知练习中感到放松，也可能完全没有感到任何放松，这些都没问题。放松和反观是不同的——无论是在操作层面还是在结果层面。反观更像是要变得稳定和明晰，即使是被很多外在和内在的混乱包围着。正念觉知的状态是稳定地监控此刻升起的一切体验，这就是被我们称为当下的那份接纳性觉知。经由反观练习而培育的这份明晰，能够允许事物如实呈现，并单纯地在觉知中即轮心处被我们体验到。

小贴士 4： 观察（observing）和感觉（sensing）是有区别的。当我们向自身的感觉保持开放，比如呼吸的感觉，我们就成了一个管道，将一些东西的流动导入了觉知。例如，让呼吸在鼻子那里的感觉进入意识。这种情形下的注意就很像是一根软管，让水可以流过，而不是把水冻结并凝成冰块。当我们在观察某物时，会有一种存在的品质，就好像是一位见证者正在建构一种认知，而非一根管道正在引导一股水流。而且，我们会发现，站在观察者的立场去见证和叙事时，就是在建构一个关于某事某物的故事（即便是关于呼吸的），而不只是单纯去感觉在软管中流动的那个感觉流。如果能量流像是肥皂水，那么心智就好像弯弯曲曲的管路，能够简单地让气泡出现或是把它们塑造成符号。

通过观察，我们成为一位见证者，然后成为某种体验的叙述者。如果你也像我一样喜欢用首字母缩写的方式，那么你就是这样“拥有”（OWN）一种体验的：观察（observe）、见证（witness）和叙述（narrate）。这些都是建构的形式，其中包括一位观察者、一位见证者和一位叙述者，每一位都对当时当刻那种体验的建构做出了贡献。这种建构（construction）的过程，和单纯作为感觉流的经验软管之间存在着明显的差异，我们把后者称为传导的过程。

这个呼吸觉知的反观性练习的关键在于，让呼吸的感觉成为你注意的焦点，让呼吸充满觉知。这和被邀请去观察、见证，或是叙述那种呼吸的体验（“我现在正在呼吸”）完全不同。听起来似乎区别不大，但你很快就会发现，将“感觉”和“观察”予以区分是整合体验、为心智赋能的一个基础部分。

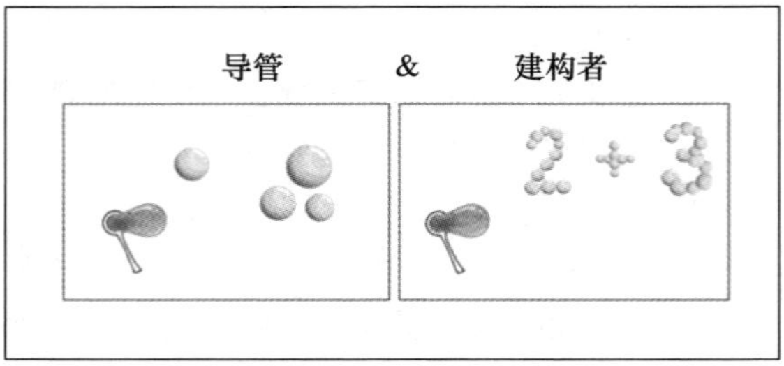

导管 & 建构者

小贴士 5： 善待自己。这些练习或许很简单，但未必很容易。在很多情况下，向内反观构成人类面临的最大挑战之一。正如法国数学家布莱斯·帕斯卡（Blaise Pascal）所言："人类的所有问题都来自我们无法独自安静地坐在屋中。"事实上，反观能力存在于我们的情感内核和社交智能之中，而很多人还没有掌握这些技能。这些工具将会为你赋能，支持你去认识你的内在心智，并且去联结他人的内在心理世界。

我们早就习惯将注意放在外部世界，以至于对很多人来说这种反观练习是全新的。静坐一段时间，会令某些人感到难以忍受。我们实在是太热衷于被一些外在刺激所吸引，或者随便说些什么，来填充生活中那些空隙。因此，非常重要的一点就是，对自己温柔以待，认识到生命中太多时光都被用于外部世界，被外物填充和输入——来自他人，来自像手机这样的小玩意儿，或是来自周围环境中的一些东西。现在，经由学习反观自身的内在世界，你将丰富自己的生命之旅。

起初，在进行反观练习时，你可能会感到不适和沮丧。这时候，我邀请你再一次对自己保持善良。这份工作很艰难，无法一蹴而就。请记住，你的心智有它自己的心智。你的部分任务就是去了解能量和信息只是单纯地流动着。有时，你通过引导注意，就能很好地指挥它们；有时，它们就是自行其是，注意也会不知所踪。要做的就是对发生的一切保持开放，这是第一步。而且，在引导注意的过程中，需要始终对自己保持善良，这很有帮助。

> 心智训练的核心就是学习集中注意。现代心理学之父威廉·詹姆斯（William James）曾说："训练注意可以让一个人成为自己的主人。人类主动地把处于漫游状态的注意一次又一次地带回来，这正是评判、性格和意志的来源，没有它们，人无法成为自己的主人，教育应该去提高这些能力，这才是最卓越的教育，不过界定理想的教育颇为容易，而真正难得的是提供一些帮助人们把注意带回来的实践指导。"[㊀]

显然，詹姆斯并不熟悉我们在接下来要涉及的内容，那些训练专注力（集中的注意）的冥想练习，一个简单的正念呼吸练习就可以帮助我们成为自己心智的主人。在我们的研究中心，一项前期研究已经发现：一次基础性冥想练习就能极大改善集中注意的品质，并且能够帮助人们更好地掌控自己的生活。冥想是行动中的心智训练。

第七感透镜

第七感（mindsight），关涉我们如何看待自己的心智和他人的心智，以及去联结他人并尊重双方的不同特质的能力。也就是说，第七感关乎洞察、共情和整合。用第七感的监控技能去感觉能量流和信息流，就好像是在用认知透镜去聚焦那些进入觉知场域的"流"，从而让我们能够在感觉内在心智和他人心智的过程中更加清晰地聚焦。为便于记忆，第七感透镜可以被看成一个三脚架，三只脚代表三个O：开放（openness）、观察（observation）和客观（objectivity）。在实践中花时间发展这三项技能，就能强化你清晰监控当下发生的事情的能力。

㊀ William James，*The Principles of Psychology*，Vol. 1（Cambridge，MA：Harvard University Press，1890），463.

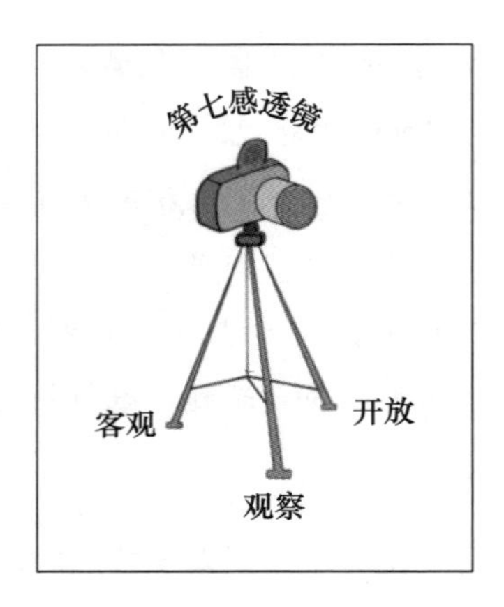

对出现的一切保持**“开放”**，意味着放下期待，对此刻真正发生的事情更加接纳。既然知觉都是由期待塑造的，那么变得更加开放，放下评判和预期，就能扩展我们对人生百态的觉知。

“观察”是一种将我们自己从某种体验中拉开距离的能力，留意所有正在展开的事物而不被其淹没。相对纯粹感觉在其间流动的导管功能而言，这是一种更具有建构性的感知形式。通过观察，当我们迷失在一个想法、情绪或身体感觉中时，我们就可避免耽溺于自动导航模式。放下观察也很重要，这样才能去充分感觉那个感觉流，但在另外一些时候，只有通过观察者这一更为宽广的视角，我们才能获得一种更为宽广的认知。这两种能力都很好，只是不同而已。观察，能够鼓励我们变得更加富有觉知，并且在生活中启动观察者视角——这样就能更加集中注意于轮心处的“能知”，不容易被轮缘处那些“所知”淹没，它们有时可能会限制我们获得更加整合的觉知体验。

“客观”则是将上述观察能力推进一步，当感觉到我们体验的那些“所知”只是心智的目标对象，而非我们身份的全部或绝对现实时，就能保持一种客观立场，去感觉和感知那些“所知”作为体验元素在觉知的场域中来来去去，这就是客观。

“开放”“观察”和“客观”稳固地支撑着第七感透镜，支持我们更加清晰、深刻和细微地感觉能量流和信息流。用以培养心智的三脚架的三条腿是在实践中发展起来的，现在我们开始进一步了解它们。学习如何在不同情境中运用第七感透镜中的3O，是学习过一种充实而整合的生活的技能之一。

以“呼吸觉知”稳定注意

让我们从世界范围内广为应用的“呼吸觉知”练习开始。如果可以，请找一个安静的地方，花点时间找个舒服的姿势——你可以坐着、躺着或是站着。关掉任何可能干扰你进行5分钟练习的电子设备。如果你有计时器，可以将它设置成在5分钟后发出温和的提示音。如果是坐在椅子上，请不要跷起二郎腿，保持背部挺直但舒适的姿势，双脚平放在地板上。如果是坐在地板上，可以双腿盘坐，保持背部挺直，让身体处于一个舒适的姿势，就这样保持几分钟。如果你也像我一样有时会感到背痛，那也可以躺下练习。但你需要了解，这样可能很容易睡着。为了避免睡着，你可以在躺着时举起一侧的小臂，把手肘放在地板上，手举向天花板。这样一旦你睡着了，胳膊就会掉下来（你也可能醒过来）。

如果愿意的话，可以全程睁开眼睛，也可以半睁半闭，对环境保持一种温和的注意。有些人喜欢把眼睛完全闭上，以便去除光线对感官的干扰。在你闭上眼睛之前，请先尝试以下四个步骤：

1. 请把你的视觉注意投向房间的中央位置。
2. 现在，请把你的注意投向远处的墙壁（如果你是躺着的，可将注意投向天花板）。
3. 接下来，请把你的注意带回到房间的中央位置。
4. 最后，请把视觉注意集中在眼前一段距离处，大约是阅读一本书时书的位置。

花些时间留意你是如何控制注意的方向的，经由视觉注意，你可以轻而易举地将光的能量带入觉知。

我邀请你阅读下面的引导语，你可以将它作为练习指导语。

以下是引导语。

当你读完这些练习的每个部分时，可以找个安静的地方进行尝试。

请将注意聚焦于呼吸上，从感觉空气从鼻孔的进出开始。让吸气和呼气的感觉都充满觉知。驰骋在呼吸的波浪上，让空气自由进出。

现在，请将你的注意集中在胸部，让胸部的起伏充满觉知。空气进进出出，驰骋在呼吸的波浪上。

现在，请将你的注意转移到腹部。如果你从未做过“腹式呼吸”，那么可以将一只手放在腹部，让腹部起伏的感觉充满觉知。当空气充满肺部时，深层的膈肌向后推，使得腹部鼓起；当空气离开肺部时，膈肌松弛下来，腹部得以收缩。驰骋在呼吸进出的波浪上，让腹部变化的感觉充满觉知。

现在，请用注意寻找到那些正在呼吸的感觉，无论它们对你而言是多么自然，它们可能是腹部中的空气进进出出的感觉，可能是胸部起起伏伏的感觉，可能是鼻孔吸入和呼出空气的感觉，或者是整个身体都在呼吸的感觉，空气进进出出。无论你在身体哪个部位感觉到呼吸带来的感觉最为明显，都可以将其作为注意的焦点。

现在，请让你呼吸的感觉充满觉知。让空气进来，出去，驰骋在呼吸的波浪上。在某些时刻，呼吸之外的东西可能会进入觉知，当你意识到觉知已经偏离呼吸时，请将你的注意再次转移到呼吸的感觉上。

继续把注意集中在一呼一吸的循环上，当注意从呼吸上跑开时，及时将其带回来，再次把注意集中在呼吸上，并去看看这一切是如何发生的。如果你在练习时正在阅读这些说明，那么不妨在继续阅读之前，先闭上眼睛练习几次完整的呼吸。

吸气，呼气，驰骋在呼吸的波浪之上，吸气，呼气。

做完这些练习后，你的感觉如何？现在，请花点时间来反观到目前为止你做呼吸练习时的体验。

现在，让我们再加一个部分。对有些人来说，找到一个能够代表把注意从呼吸上转移开的干扰物的概括性词语会很有帮助。如果将注意从呼吸中带走的是一个想法，特别是那种反复出现的想法，那么，你可以尝试在内心平静地对自己说："想法，想法，想法。"对有些人来说，这样去给干扰物命名会有助于它们自然离开，而且比较容易再次把注意带回到对呼吸感觉的觉知上。同样地，如果将呼吸带离觉知之域的是一份回忆，就可以对自己说："一份回忆取代了意识，取代了呼吸，回忆，回忆，回忆。"这样就可以帮助我们把注意从回忆再次带回到对呼吸的感觉上。对另外一些人来说，这个命名过程本身就可能导致注意的过度分散，因而不能带来真正的帮助，此时他们就可以直接去觉知分心的发生，而不去命名干扰物，然后，将注意再次带回到呼吸的感觉上。

标记或留意干扰物——然后回到呼吸，同时，尽量在这个体验过程中保持善良。可以将呼吸练习视为在健身运动时进行的肌肉收缩和放松。专注于呼吸就好像是收缩肌肉，不可避免的分心则像是放松肌肉。不需要人为制造干扰——分心会自然而然地发生，因为心智有它自己的心智！但是，当分心不期而至时，你可以有意地创设一种友善的态度，对任何出现的事物保持开放，观察分心发生的过程，认识到它是心智的客观活动，然后，将注意焦点再次带回到呼吸上——请以一种温和的、非评判的态度来让这整个过程浸润在善良之中，这样一来，你就是在运用第七感三脚架的开放、观察和客观来体现一种善良的态度。

如果你只是简单地沉浸于正在流经感觉管道的一切感觉之中，那么，迷失于分心也只不过是一份感觉流动的体验。当分心发生时，你需要做的就是运用第七感透镜的“开放”，首先去稳定注意，让自己沉浸在呼吸的感觉流中——对管道中的感觉流动保持开放；然后可以运用“观察”和“客观”这两种建构工具，留意是哪些新的想法或是回忆构成了分心的对象，而我们选择不去跟随；最后，可以建构集中注意的过程，邀请注意回到呼吸的感觉上。以上就是一个整合过程，稳定注意，就是在对开放、观察和客观进行分化和联结。

接下来，我们再次进行呼吸觉知的基本练习。这一次，我邀请你对干扰物进行标记，或者只是简单留意分心的发生，然后，请一次又一次善良地将自己带回到呼吸上。

如果你是自行练习，而且是第一次进行这种专注呼吸的练习，那么，你可以设置一个三分钟的定时器。可以考虑为定时器设定一种不同于早上叫你起床的铃声类型。如果你之前经常做这个练习，那么可以定时五分钟或更长时间。设置好后，可以让自己感觉呼吸，每当注意分散时，即注意被呼吸以外的东西占据时，请重新集中注意，然后继续感觉呼吸的起伏和进出，直到定时器提醒你停下来。在为任何反观练习设置定时器之前，首先要做的就是找到一个舒适的地方，保持背部挺直，确保自己在练习期间不被打扰。

准备好了吗？请享受这一旅程！

在定时器的提示音结束后，你可能会感到平静、精力充沛、神清气爽，也可能感到疲惫不堪。如果你正处于一个充满挑战的人生阶段，也可能会感到更加焦虑或紧张，毕竟投入时间沉浸于内在世界很可能令我们觉知到自己面临的更多困难。但是，请别忘记这是一项运动。做运动的意思就是，不能确保在运动后必然产生某种特定的感觉，也不意味着每次尝试都会获得同样的感觉。之所以将这项练习视为一种运动，是因为在这个过程中，你正在增强自己集中注意的能力，留意那些和当前任务无关的干扰［一位注意科学家将这种能力称为“显著性监控”（salience monitoring)］，然后，有意调整注意的方向。注意的各个方面（注意的保持、集中和转向）对应了不同的大脑回路，而你正在训练它们。

请牢记基本原则：注意所到之处，神经放电流动，神经联结增长。即便是短短几分钟的练习，也能激活大脑的几个重要部分！

在觉知之轮的其他一些反观练习中，我们将去探索和扩展开放觉知的能力，即开放监控的能力——允许事情单纯出现，保持开放和接纳的状态。伴随练习的深入，这种开放的觉知，以及注意的基本要素（注意的保持、集中和转向）的每一个方面都会得到增强。

如果你以前从未做过反观练习，那么在开始觉知之轮练习前，在接下来一段时间里每天重复（如果条件允许）进行这种呼吸练习会很有帮助。

在进行一周或更长时间的呼吸练习后，有些人准备好了去尝试基础版觉知之轮，而另一些人则会迫不及待地想去深入体验。你可以将这种呼吸觉知练习带入生活中的各种情境，比如排队、居家休闲或是清晨醒来的时刻，它很简单，但很强大。随着时间的推移，你的注意会得到增强，心智会更加稳定，并且能够在持续的觉知体验中创造出更多的明晰感。

呼吸觉知能够帮助我们创造某种特定的内在一致感，这很可能是由于吸气和呼气的重复模式，因为如果这种预料之内的事真的发生了，会给人带来深深的满足感、踏实感。对很多人来说，专注于呼吸能够在生理层面平衡心脏功能，在心理层面让心智更加明晰，这些效应即使在练习结束后也能持续很长时间。关注呼吸并且在分心时将注意带回到呼吸上的这个练习，可以作为我们日常反观练习的一部分，让它成为我们持续赠予自己的礼物。

在投入后面章节中谈到的觉知之轮练习前，我们先来继续探索心智的一些相关方面，随着呼吸觉知这种很有力量的练习持续进行，它们会逐渐浮出水面。

心智是什么

关于心智（mind）是什么，我们需要从头说起，其实关于这个词语并没有一个达成共识的定义——简而言之，心智是大脑活动的同义词。我们会对心智活动进行一些描述，包括情绪、想法、回忆和注意等，但是对于这些心理活动到底是什么，其实并没有十分清晰的定义。

在某些语境下，心智这个词会被用来指代想法而不是情绪——就好像心智仅仅在头脑里而不是在心里。我在工作中通常不这么用。在教学和写作这本书的过程中，我使用“心智”这一词语，主要是指人们生命体验的核心，从情绪、直觉、思考、记忆、注意、觉知，到意图和行为的启动。一些科学家专注于对心智的神经基础进行研究，其他一些则专注于人类精神生活在社会层面的属性。但是，什么样的心智系统能够同时囊括其自身的具身属性和关系属性呢？

大体而言，关系可以被视为能量流和信息流的共享。从人类学家、社会学家或是语言学家的视角来看，我们的精神生活发生在人际之间。大脑可被视作一种能量流和信息流的具身机制。这样一来，我们以皮肤为限的体内颅腔里存在一个大脑——可以简单称之为“具身大脑”（embodied brain）。同时，我们还有一个发生在人际关系中的“人际心智”（between-minds）。这二者也可以被分别称为“内在心智”（inner minds）和“交互心智”（inter minds），它们是我们自我（以及关于我们是谁）的内在和外在起源。换言之，心智在个体内部和人际中产生。

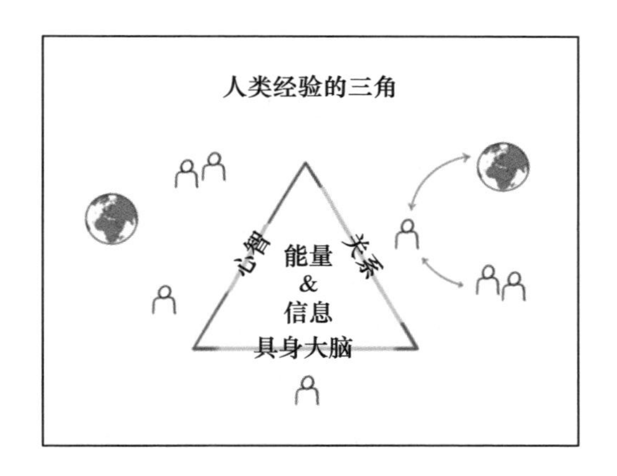

我知道这样去看待心智，把它看成能够超越颅腔甚至身体皮肤的边界——对很多人来说是全新的视角，和以往观念十分不同。但是，确实有非常充足的科学推理和研究证据支持这个观点：心智是具身的，同时是关系的。

心智系统的共享成分是能量流和信息流，其流动并不受到大脑和皮肤的限制。

如果这么去看心智，那么经由觉知之轮练习至少可以改善心智基本的四个方面，从而提高你生活中的幸福感。这四个方面的每一个，都是我们构筑一条基于科学的切实可行的道路的基石，这是一条通往前方幸福生活的道路。

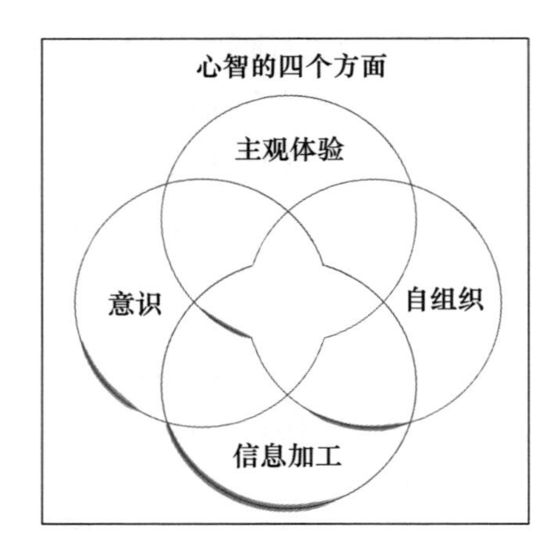

1. 意识（consciousness）既是觉知的主观体验，也是在最具体的意义上，我们实际上能觉知到的一切。例如，此刻你正在阅读这一页的文字，你正在意识到它们的存在和其特定的含义。换言之，意识由“能知”和“所知”这两部分构成。轮缘在隐喻中代表“所知”，而轮心则代表“能知”。在引导能量流和信息流时，我们使用的是注意，即觉知之轮的辐条。

2. 主观体验（subjective experience）是所感知的鲜活生命的质感。发展对自身主观体验的丰富觉知，向自己表达这些体验（比如写日记），并和他人分享你的这些主观体验（比如和他人进行反观性对话，关注心智在互动过程中呈现的内在本质），能够强化幸福感的诸多方面。主观的，或者有时被称作“第一人称”的经验，可以被称为现实的基本要素，这意味着它们无法被还原为自身之外的任何东西。正如我们很快就会发现的，这种“基础性”可能来自关于我们现实的某些机制，而既然是“基础性”，这种涌现特性（emergent property）就不能被还原成产生它的元素。基础性是指我们能够从现实中获得的那些最基本的体验。在此，我们提出一个理念：主观体验来自生活，浮现于我们内在和人际之间的能量流动之中。

3. 信息加工（information processing）是关于如何在大脑中、在身体中，以及在我们的关系中去处理能量流，并建构出意义。信息是具有符号价值的一种能量模式，它可以代表的东西超出能量模式本身。信息加工有时发生在觉知中，不过心智大部分能量流和信息流的发生都并不需要觉知的参与。

例如，当我写下“ Golden Gate Bridge”（金门大桥）这个短语时，这本身是一种光的模式（如果你和这个词语的联结是读出它，那这就是一种声音模式），它正在以一种具有符号意义的能量模式呈现在你面前。这个短语代表某物——它是某物的象征，但这个短语本身并非某物。“ bridge”（桥）这个单词，并不是组成它的那一串字母或是声波，而是在代表桥这个事物。它以一种语言指代的方式对真正的桥进行了“符号化”或者说是“再现化”的工作。我们认为，这种符号化是一个“能量塑形”（energy in-formation）过程，因为其塑造出了符号化的指代物，我们内在和人际生活中的那些共享内容被称为信息（information）。考虑到信息作为一种能量模式，时刻在变化，我们可以用加工（processing）和流动（flow）这两个术语来描述这种运动和转化。

现在，我们来看看心智的第四个方面。

4. 自组织（self-organization）会调节能量和信息的流动。它是复杂系统的一种涌现特性。对这一调节过程进行整体关注，或许会对阐明心智的第四个方面很有帮助。以一种非常违反人类直觉的方式，这种涌现特性来自一个复杂系统的各个要素的流动，会随之返回到它的源头，并对其进行塑造。这不是有些奇怪？其实，复杂系统的数学根基是相当明晰的：在我们的宇宙中，复杂系统具有自组织的涌现特性。这一过程能够从原点进行递归调节，自行塑造其变化，并形成它自身的自然属性。确实很奇怪，可这就是我们现实的一部分。

自组织，正是天上云朵并不以有序直线或是随机方式排列的原因。自组织，正是通过分化和联结展开对系统的优化过程。复杂系统这种涌现特性背后的数学原理相当复杂，但是不妨这样去直观理解：分化和联结使得系统的流动获得最大的可能性——这种复杂性的最大化会促使系统的自身形态更加强大和稳固。

所以，如果我们通过终止分化或（和）联结来阻止这个自发过程，系统就难以继续和谐运转，很快就会走向混乱或僵化。但是当你把这些障碍释放到自组织中时，一个复杂系统的自然动力就可以带来整体的和谐。这或许就是觉知之轮帮助我们在生活中提升幸福感的基本机制。

我们认为，在觉知、主观体验和信息加工之外，心智还包括其自身的定义："调节能量流和信息流的一个具身层面和人际层面的自组织涌现过程。"我们很快就会发现，这个视角有助于看清什么是健康的心智，进而明确如何有步骤地培育一个能够在内在和人际之间实现整合的健康心智。

一种整合的流动会创造出和谐。用数学术语来说就是，我们已经发现这种最优化自组织流动所具有的五个特征，其首字母正好可以拼成FACES这个单词：灵活性（flexibility）、适应性（adaptability）、一致性（coherence，长期运转良好）、活力性（energy，一种有活力的感觉）和稳定性（stability）。

有关幸福的研究发现，拥有一个整合的大脑是能否过上幸福生活的最佳预测指标，研究人员将之称为"互联的联结体"（interconnected connectome）。这意味着，联结大脑中分化的区域，这个过程会促进大脑作为一个整体获得协调和平衡，也是能够实现最优化调节的作用机制——关乎人们如何去调节注意、情绪、想法、行为。同样地，相关的冥想研究也发现，幸福感的提高和大脑各分区（前额叶皮层、胼胝体、海马体和联结体）整合性的增加有关。

我们已经了解到，在一个调节过程中起作用的是两个方面：监控调节的内容；修正调节的内容——这就好像你在骑自行车或是开车时的情形。通过把心智的第四个方面设置为自组织的调节过程，我们能看到一个自然应用过程如何稳定监控能力并且学习朝向整合进行修正的。那么，被监控并进行修正的对象又是什么呢？正是能量流和信息流。它发生在哪里？正是发生在我们身体内部、自己和他人的身体之间，以及自己和周围世界、和这个星球之间。

觉知之轮的理念和方法正是受到以上心智观点的启发而来。为培育一个健康的心智，我们需要稳定监控内外部能量流和信息流的能力。一旦这种监控能力得到加强，就可以学习通过对此时浮现的那个清晰的感觉流进行分化和联结来调整能量流和信息流，使之朝着整合的方向发展。

总之，心智的第四个方面定义了心智从某种意义上来说就是一种调节过程。因此，加强心智能力可以简单从以下有关调节的两个步骤入手。

1. 稳定监控能力，从而让你能够更深入、清晰和细微地去感觉。
2. 朝向整合进行修正，从而让你能够通过分化和联结去塑造。

从这个视角来看，我们能发现训练一个更健康的心智实际可能包含哪些基本要素。

心智训练的三大支柱

对心智训练相关研究的回顾表明，我们讨论的三个要素（集中的注意、开放的觉知和善良的意图）正是创造幸福生活的三个核心要素。未来或许还会讨论到通过促进心智成长来建设美好生活的一些其他核心要素。

目前，已获得研究证据支持的心智训练要素包括以下三个。

1. 集中的注意（focused attention）：是一种个体保持注意集中，当分心出现时选择忽视或任其来去，并再次将注意集中在意图中的注意目标的能力。
2. 开放的觉知（open awareness）：是心智处在当下的体验，是一种接纳觉知对象而不被其吸引或迷失其中的持续状态。
3. 善良的意图（kind intention）：是一种拥有积极关注和慈悲的心智状态，以及爱自己（通常称为自我关怀，我们称为“内在关怀”）和爱他人（有时称作对他人的关怀，我们称为“人际关怀”）的能力。

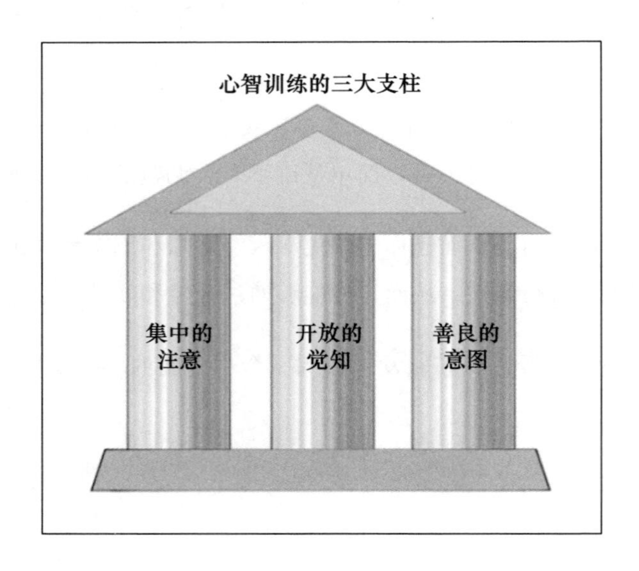

有关集中的注意、开放的觉知和善良的意图的训练表明：这三者之间彼此互补，共同支持身体、大脑、自我关系、人际关系，以及精神生活中的注意、情绪、想法和记忆，一并朝向幸福健康的方向发展。

整体来看，这些心智训练的结果或许可以印证我们之前描述的机制——注意所到之处，神经放电流动，神经联结增长。

规律练习能够让我们在生活中发展出更多的临在感（present），在日复一日的生活中变得更加正念，以便有能力如其所是地觉知到正在发生的事，也能够以一种开放的觉知去培育善良的关心，以上三种方式相互依存，共同贯穿于心智训练的全程。这种对心智的训练有时也被称为冥想。当我们学习增强集中的注意时，就是在从根本上强化注意辐条在轮缘处不同点之间进行转向的能力。我们学习引导和保持注意，侦测注意焦点的偏离，并将其再次带回。带着开放的觉知，学习加强我们和轮心之间的通路，将“能知”的觉知和轮缘处的“所知”区分开来。经由开放的监控，我们能够实现情绪平衡，一旦知道自己被卷入轮缘，就可以练习增强回到轮心的平衡能力。此外，对善良意图的训练，是发展共情和慈悲的根基，即一种对他人和我们自己的深切关心。

正念（mindfulness）这个词经常被用在正念冥想这个术语中，对于练习者和研究者来说，它实际上并没有一个单一的、固定的定义。这个术语所指的关键在于：当事情正在发生时，保持对其正在发生的觉知，而不被卷入预期的心理活动中，如评判、想法、回忆或是情绪，这就是一种对正念觉知的描述。我们在加利福尼亚大学洛杉矶分校的研究中心会开设名为 MAPs 的训练，或是正念觉知训练，这些训练都是已经被科学研究证实能够促进身体、心智和关系层面的健康的练习方法。MAPs 包括静坐冥想、行走冥想、瑜伽、太极拳和聚精会神的祈祷，等等。这些方式都可以增强心智，从而让我们拥有更加健康的生活。

在我看来，MAPs 的这些练习具有一些共同之处。毫无疑问，这些练习都会涉及对觉知的训练，但远比保持觉知更加丰富，它们还涉及留意自身的意图、发展对觉知体验本身更加充分和丰富的觉知。其中绝大部分练习都包含善良的关注，这是一种指向自己或他人的关怀。我的心理学家同事特鲁迪·古德曼·康菲尔德（Trudy Goodman Kornfield）、杰克·康菲尔德（Jack Kornfield）和拉姆·达斯（Ram Dass），共同将其命名为“爱意觉知”（loving awareness），而肖娜·夏皮罗（Shauna Shapiro）和她的同事们则称之为“善良的关注”（kind attention）。雪莉·赫里尔（Shelly Herrell）会用“满怀深情”（soulfulness）这种说法，以让不同文化背景的人都能更容易理解它，相对于“保持正念”这样的说法，人们对“满怀深情”这样的概念或许会更容易产生共鸣。而其他一些心理学家，如保罗·吉尔伯特（Paul Gilbert），关注的焦点则更多放在关怀上，克里斯汀·内夫（Kristin Neff）和克里斯托弗·杰默（Christopher Germer）将关怀的成分从正念中区分出来，特别命名为“自我关怀”（self-compassion），并开展了专门的研究。

临在（presence）是一个常见词，有时用来指在觉知中的呈现过程以及对正在发生的一切保持接纳。临在蕴含着心智状态千变万化的感觉，即便身体一直处于同样一种体验中。我们可以培育接纳性觉知，对正在发生的一切保持如其所是的觉知，然后，我们会说我们正在“保持正念”。或者，也很可能分心，特别是当心智游移到别处时，无论我们多么努力想要一直集中注意，或是无论此刻的身体正在做些什么。当我们的心智开始随意游移时，我们就已经脱离了当下，也就不再处在接纳性觉知中，我们也就中止了正念。而且，研究指出，这样就会和快乐渐行渐远——即便只是去做些令人兴奋的白日梦。心理上的临在是一种完全清醒并能接受正在发生的事情的状态，无论这些事情是发生于我们内在，还是发生在我们周围。临在孕育幸福。

我曾使用首字母缩写组合而成的单词 COAL 来提示临在状态所具有的特征。我深信，接纳性觉知，以及保持被称作正念或心流、灵活、善良状态的核心，其实都涉及以下这些特质：好奇（curiosity）、开放（openness）、接纳（acceptance）和爱（love）。当心智处在 COAL 状态时，我们才算活在当下。

虽然“正念”这个术语涉及一系列临床医生和研究人员使用的广泛变量，但近年来“保持正念”十分流行，尽管人们还缺乏对于它到底是什么的确切了解。对我来说，越来越多的人对正念表示好奇，这很令人兴奋，人们似乎开始对在生活中培育更多临在感以促进健康快乐，并且善待自己和他人，表现出越来越多的兴趣。这些方面均可视为感受心智本身的方式，也有很多说法来描述这一过程，我会用“第七感”这个词。第七感使我们拥有洞察力、同理心和整合性。

令人惊奇的是，通过集中注意，我们就能够让心智的这些重要能力得到发展。你或许已经发现，在第一次练习呼吸觉知时，心智焦点就会经常从意图焦点上跑开。接下来，让我们一起来探索一下，在像专注于呼吸感觉这样简单的练习中注意的这些不同特征可能有哪些。

集中的注意和分散的注意

一种区分不同形式的注意的重要方式是确定注意正在聚焦的能量流是否能进入觉知。如果注意的聚焦是有意识的，就称之为集中的注意（focal attention）；如果不是，就称之为分散的注意（non-focal attention）。为了更好理解二者的区别，不妨花些时间来尝试以下的简短练习：可以只是在你住的房间里走来走去，同时留意那些进入你觉知的感觉，观察映入眼帘的事物，去感受你脚的感觉或手的感觉。如果你是坐在轮椅上移动，那么也可以在四处移动时去感受拐杖或是手的感觉。尽可能从外部环境中接收更多信号，并且将它们安放在你意识的觉知之中，即正在进行觉知的那份“能知”当中，而“所知”则是你正在觉知的对象。换言之，尽可能觉察在这个环境中你所能觉察到的一切。将“注意的探照灯”，就好像将手电筒的光束照向黑暗甬道一般，照向你在房间里移动时遇到的一切。

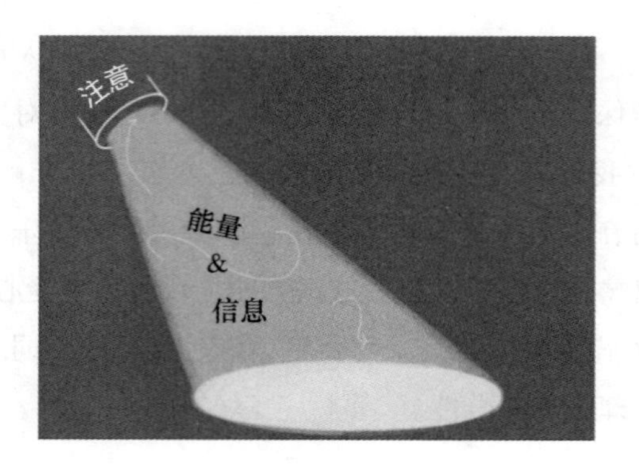

将注意探照灯的光束聚焦，其目的在于将个人的心理能力聚焦在能量流上，并让其进入觉知，这就是“集中的注意”。当你在房间里移动时，你会意识到正在发生一些特定的体验。同时，研究发现，你的心智也会集中在一个更为宽广的注意探照范围，注意之光会照向那些你正在体验的诸多方面，尽管你并没有觉知到这个过程。我们将这种注意称为“分散的注意”。例如，当你在房间里走动时，你就正在以分散的注意去保持身体的平衡，不会摔倒，因为你留意着周围空间的情况，不会在四处走动时撞到什么东西。在这个练习中，你可能会被某些想法或是回忆吸引。此时此刻，你的集中的注意就会跑到这些心理过程上，而不是集中在周围环境上。但你还是没有摔倒或是撞到什么东西，这是因为你的分散的注意依然在留意那些潜在的危险和障碍，并且确保你的安全——即便你对此毫无觉知。我们的无意识心智会深刻影响我们如何去行动，以及如何去感受和思考，即使我们完全意识不到分散的注意对自身精神生活的影响。

对这个练习进行反思，可以推而广之到其他一些情境，即那些对我们来说既能觉知又未能觉知的情境。例如，假设你正行走在一条登山小径之上，你可能会注意到前方路面上的石头，而不会特别注意到那些甩在身后的石头。注意有助于我们生存，并协助我们导航。如果你丝毫没有注意，没有使用集中的注意或是分散的注意，那么就很可能被绊倒或是跌倒。如果你能多加注意，则更可能保证生存并获得发展。

注意，无论是集中的还是分散的（包含觉知的还是不包含觉知的），都有助于我们在一个充满能量的世界中巡航。

经由将重要的能量模式带入觉知，我们就能理解它们的意义，并且去创造和诠释那个“能量塑形”的过程。如此，便能拆解眼前的信息，并判定它对我们后面的（未来）旅程的意义。我们已经了解到，信息是一种具有符号价值的单纯的能量模式。当某个信息进入觉知时，我们可以解读它的含义，并且选择如何对它做出反应。正是通过这种方式，意识赋予了我们选择权，让我们有能力去创造，从而令改变发生。有了这种意识，我们就能够选择如何开展、从何处起步、在何处避让，以及要去向何方——这些选择既发生在物理空间，也发生在情感层面。我们可以先暂停，思考比较各种选择方案，然后再去选择最适合自身处境和偏好的选项。

意识赋予了我们选择和改变的机会。

通过运用这种集中的注意将能量流和信息流导入觉知，我们就有了进行反观的机会，并做出符合自身意图且周全的决策。这样一来，我们就是在进行更加深入和清晰的监控，也就能够更有意图和效率地进行修正。

这正是为何带着觉知的注意（集中的注意）是如此重要！还记得吗？之前曾说过集中的注意是已经被研究证明能够创造幸福生活的三大支柱之一——另外两个是开放的觉知和善良的意图。我们会在接下来的章节里进行更多的深入探索。

关于分散的注意，心智同样也会留意那些正在发生的事情，会以一种并不进入意识的方式引导能量流和信息流。在这种情况下，你可能就处于自动导航模式，比如，你正走在一条山间小路上，可能会同时和朋友聊天，也可能是漫游在自己的想象中，但你却并不会撞到什么东西或是摔倒。这是因为，跌倒这事儿可不怎么美妙，所以你的无意识心智会非常重视帮你避开诸如石头、危险的动物等沿途障碍，确保你在闲逛时不受到伤害。这个无意识心智会无时无刻地监控路况，即便你的有意识心智和觉知都并没有去关注。你可能会错过转弯，但不大会被沿途的石头或树枝绊倒，因为，其实你一直都在运用分散的注意观照路况。你的无意识心智正在留心于你的旅途。分散的注意会调控我们的行为，以防跌倒，它甚至还会决定我们可能被什么东西吸引，什么东西会进入觉知。比如，在我们练习呼吸觉知并尽量保持专注时，什么东西更可能让我们分心。

因此，富含觉知的“集中的注意”和不含觉知的“分散的注意”，这二者都涉及一个评估过程，当能量模式及其信息价值一刻接着一刻被呈现时，这个评估过程赋予了它们意义和重要性。留意沿途可能出现的树枝和蛇，对生存来说至关重要，而且，我们会将这种突出的事件同时记录在有意识和无意识的注意中。对于所出现的事物，大脑中负责注意和负责评估其重要性的不同区域，彼此间在结构和功能层面是交互联结的。注意过程会直接被这个评估过程所影响，被生活中的事物的突出性或相关性所影响。

监控注意和觉知

在我们的生活中，充满了有意“被引导的”（guided）和随意“被带走的”（pulled）这两种形式的注意，这二者是混合在一起的。有时，是我们自主选择要去注意什么；有时，则是周围环境将注意带走。在这两种情况下，注意的光束都会指向某些目标。有趣的是，我们同时需要有意“被引导的”和随意“被带走的”注意，也同时需要“集中的”和“分散的”注意。请再次设想那条荆棘遍布的登山小径，我们既需要有意图地引导注意关注路途本身，以防被石头绊倒或是摔倒。然而，如果前方突然蹿出来一头熊，我们也需要有能力允许注意被带到这个新的经验上来

（而且是极其迅速地）。当我们在这个世界上航行时，我们必须灵活地调用被引导的注意和被带走的注意。它们构成了我们日复一日的生活体验，换言之，即使前方路途没有熊出没，我们也会持续进行显著性监控，去评估出现的哪些事物对我们来说需要引起足够重视，需要持续予以注意，而我们其实根本意识不到这些过程在发生，评估过程是在无意识心智中进行的。

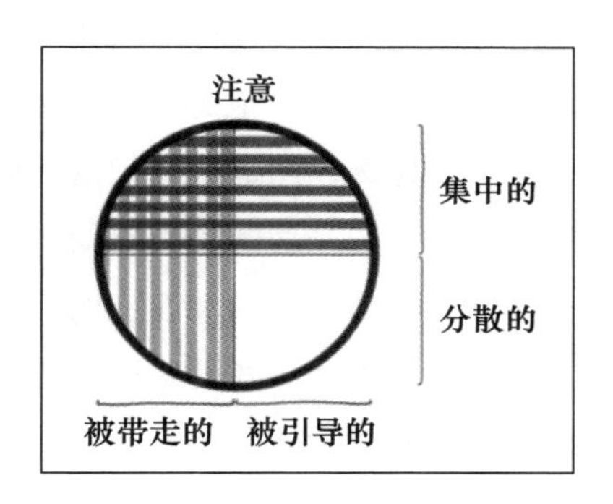

下面举例说明这个重要的区别。请想象，你正在全神贯注于上周和某位朋友发生不快对话的情境。你甚至都未发现，在对话时升起的悲伤或是愤怒情绪能够在这一刻被轻易触发。这是因为，显著性监控非常支持你去重视那些在直觉上感到和那次不快对话有关的任何情境。现在，这些情绪变得更加相关、容易被激活或是被优先触发，而这正是因为你之前和朋友发生了那次口角——即便在当时你并没有觉察到这些情绪。

以上这个朋友间发生口角的例子，对我们弄清楚觉知和注意之间的区别很有帮助。我们时时刻刻都在运用分散的注意，这正是心智处理和追踪那些重要事项的方式，也并不需要占用相对有限的觉知空间。这个“能知”的心理空间，即正在进行觉知的这个主观体验，每次只能加工若干信息——就好像一块心智小黑板，有时也被称为“工作记忆”，在这里，我们能够有意识地加工信息并创造新的组合。可是，很多信息加工过程其实并不需要意识参与，通过无意识心智中的想象和计算就能得到问题的解决方案，不必使用这个有限的工作记忆空间。为了避免这一有限空间被淹没，我们会使用分散的注意来引导能量流和信息流，不去调用觉知。而且，那个信息加工的方向始终都处在心智的掌控之中，只不过并不作为我们“能知”和“觉察”的一部分而已。

好消息就是，我们可以学习感觉注意的这些不同方面，无论是被我们引导的注意，还是不受引导而被外物带走的注意，或者是富含觉知的集中的注意，抑或不含觉知的分散的注意。这种能量流和信息流的引导过程就是“注意”。觉知，则是在意识中的“能知”的主观体验。我们“知道”周围环境和自己内在正在发生什么，知道这个词语在此处并不是指那些事实性知识，而是一种对当下展开的一切的主观感受。我们可以去培育一种更加开放的觉知体验，这种有意识的选择和改变的能力，会赋予我们的生活灵活性和导向一种更为整合的生活方式的意图。心智训练的本质就是去建构注意、觉知和意图这些方面的技能。

之前我们曾讨论过反观练习，它能够强化大脑、增强心智能力、改善人际关系，并且全方位提升身体健康状况（减少炎症以及优化心血管功能、免疫系统、表观遗传和端粒酶功能），其中关键在于，有意图地培育那种被创造的、被引导的、集中的注意，同时将能量流和信息流带入觉知。这些练习会从很多方面增强心智的监控能力，这恰恰是提升临在能力的首要一步。心理上的临在，正是释放心智自然地创造整合的能力的途径。

然而，我们的注意总有被带走的时刻，这些练习其实就是在以行动将注意带回到一份被引导的体验中。当然，你也会无意识地用分散的注意来帮助处理正在发生的事情，但集中的注意（你如何将事物导入觉知中）才是我们的工作重点。好在你并不需要去担心那些被带走的、分散的注意，你需要做的只是将目标设定在如何充分利用和强化那些被引导的、集中的注意。具体如何去做？运用你的意图和觉知。

随着我们继续前行，我们现在已经弄明白了一些概念，可以享受并深化我们的体验。注意是引导能量和信息的过程。觉知是我们对感官接收到的信息的主观体验。那么，意图又是什么呢？

意图是你设置动机以某种方式投入某项活动的方式。例如，带着意图觉知正在发生的事情，就能够让被引导的、集中的注意更加投入其中。类似地，你还可以对自己抱着善良的意图，当注意被带走，已经不在被引导的状态时，带着这份善良的意图，你就能够立刻发现它，游移正是心智的本性——不需要去评判或是恼怒于心智的游移，或是对自己不满。假如你的心智溜走了，注意跑开了，这只能说明一件事：你是一个人。带着一份善良，你就可以简单地意识到你的注意被一些东西带往别处了，而你现在可以带着意图，引导注意回到预期中的焦点。而且，如果某些吸引人的事情反复占据觉知，而你留意到了这种模式，这就会提示你，你的分散的注意通常会将手电筒的光束照向何方，是什么事情更容易侵入你的意识。当你能够对出现的任何事物都保持开放时，在心智练习中出现的这些干扰物，就可以被单纯地视为你对无意识心智的短暂一瞥。例如，如果你正在做的练习是有意图地投入此刻，那么就可以只是留意分心的发生，然后再次将注意带回到呼吸上。

好消息是，你这么做就是在稳固你的被引导的、集中的注意。这些技能还会培育出一种更加强大和宽广的容纳能力，让你能够在事情发生时对其更加富有觉知。容纳能力更加强大，意味着你能够保持关注、监控觉知和留意那些显著的突发状况，然后重新让集中的注意充满觉知地转向预期的焦点。容纳能力更加宽广，意味着你能够以更为丰富、开阔、聚焦、深刻而细微的感受能力去感知觉知对象的各种维度。这样一来，你将构筑第七感透镜的三条腿：开放、观察和客观。不要被你认为应该发生的事情淹没，你可以学习对正在发生的一切保持临在的技能。以这种方式培育意识觉知能力，将成为你提升生活质量的起点，在你的意识体验中创造一种充满活力和充实的感觉，这会令人感到非常兴奋。

可以用我们曾简要提及的一个概念来展望这一点，那就是：临在。当你对正在发生的事情保持开放时，你便做到了在当下安住于这一份体验。众多研究表明：临在是预测良好生活状态的最佳指标，这种状态包括生理指标、关系满意度和幸福感等变量。

相关研究人员认为，有些人可能天生具有某种我们称为正念特质的临在能力，而其他一些人想要获得这些特质，就需要去有意地训练心智，以此来增强集中的注意、开放的觉知，并培育善良的意图。无论是哪种情形，我们都能够从对集中注意的规律练习中获益，这就好像是通过运动来维持身体健康，或是通过口腔护理来保持牙齿和肠胃健康一样。某些人可能天生就比另外一些人拥有更加强健的身体或是牙齿，但是我们中的绝大多数人还是能够从运动或口腔护理中获益——如果你想要获益，就需要经常做运动或口腔护理，而不是每年一次或者每月一次。如果你每个月只刷一次牙，你会有什么感觉？或许每天练习才是理想的频率，不过也可以退而求其次，为自己设定适合的练习节律。如果不能每天练习也无妨——尽量找到能够规律进行心智保健的方式，并让自己投入实践即可。对很多人来说，每天练习更容易让自己习惯成自然。当你开始练习接下来即将深入探讨的觉知之轮时，你就等同于在把集中的注意、开放的觉知和善良的意图这三根支柱运用于你的日常生活。

第 4 章

基础版觉知之轮

地图、隐喻和机制

当我们为任何一次旅程做准备时，我们可以通过全面了解自己要去的地方和到达那里的路线来熟悉即将到来的旅行。地图是一种非常有用的工具，它可以直观地展示我们在旅途中可能遇到的地形——山脉和山谷，河流和湖泊，以及高速公路和普通车道。地图就是这样通过对地理空间的可视化描绘来服务于我们的。觉知之轮则提供了一种“轮子”的说法，用以描绘精神生活的各个方面，以及和我们大脑中的特定空间位置或其他身体结构并不一定对应的心智过程。它只是一种视觉隐喻，尝试为我们提供一幅有关心理世界的地图。或许，我们的心智更像是一个动词（一个过程），而不是一个类似于空间位置的名词。

不过，用诸如“轮子”这样的隐喻来可视化一个空间构架，对于引导我们踏上心智旅程会非常有帮助。因此，有必要记住这个“轮子”（和地图)，即符号化的知识。所有这些皆非真实疆域。如果将地图看成疆域本身，前路就会有诸多困惑和挫折。例如，假设你正在从加利福尼亚州去往亚利桑那州大峡谷的路上，启程前，你在一张彩色地图上看到了迷人的充满春日气息的照片，如果完全奉之为向导，那么当你到达那里发现取而代之的是被大雪覆盖的悬崖峭壁时，或许你就会感到十分失望！因为，正逢大峡谷的 12 月，在此情境下，如果过于依附地图上的照片，你就可能无法欣赏真实的大峡谷的壮丽景观。

运用地图的另外一个潜在风险是，你可能会在出发前就锁定好终极目的地，因此错失真实旅程本身所提供的丰富多彩的体验。

运用觉知之轮这种视觉隐喻（一份地图）来体验心智，同样存在这些潜在的缺点。是否能够善用地图并从中获益，这取决于你将如何使用它。在利用觉知之轮这一工具踏上个人转化的旅程之际，与其盯着那些想象的重点或是理想的目的地，不如让我们更多地享受和体验这趟旅程本身。这点非常关键，我们需要以一种建设性和自由的方式来使用觉知之轮。也就是说，我们可以先看一眼地图上的各个部分，然后再来看看它们在我们的生活中可能是什么意思。

之前讨论过，轮心代表着觉知体验，即意识的“能知”，轮缘代表觉知的对象，即意识的“所知”。觉知之轮的图像，表示轮心能知和轮缘所知是经由代表注意的辐条联结起来的。觉知之轮上的单根辐条（相对很多真实轮子上的那些辐条来说)，象征着集中的注意，是能量流和信息流的精准流动，我们在任何特定时刻都能够引导它们进入觉知。

整体思路是：通过将觉知进行区分，进而联结能量流和信息流，以整合意识、强化心智。心智的调节过程包括监控和修正，觉知之轮就是通过稳定我们追踪、转化能量流和信息流的方式来强化心智的。我们就是这样用觉知之轮来对生活进行整合的。

当你去探索觉知之轮的理念和实践时，请记住，这种关于心智的视觉隐喻会成为探索你的精神生活的一个强大而有力的助手。但是，一旦你启程去往大峡谷，特别是在抵达那里以后，就完全可以把地图揣进口袋里，尽情享受旅程本身。让地图成为你的助手，而非你的牢笼。去探索和享受你的心智之旅吧！

基础版觉知之轮和完整版觉知之轮

在开始基础版觉知之轮（basic wheel of awareness）练习前，我想把前方旅程的全景预览一番，之后再提供每部分练习的详细指导，此处先来看看整体步骤。基础版觉知之轮会引导你去经历觉知之轮隐喻中的重要体验，从而弄清楚意识及其自身不同部分的特征，包括表示“能知”的轮心、表示“所知”的轮缘，以及表示注意的辐条（基础版觉知之轮包含四个分区，完整版觉知之轮包含六个分区）。完整版觉知之轮会在此基础上进行扩展，意在培育对于觉知的觉察，具体做法是通过将注意辐条反过来转向“能知”（轮心）的中心（第五分区），然后再继续聚焦轮缘第四分区，这个过程会附带对于积极和善良意图的陈述，不仅用于促进对自身内在的关怀和关注，也向人际间及大我（MWe）提供关怀和关注（第七分区）。

如果你是刚开始进行觉知之轮练习，我建议从最基础的步骤开始，从第一分区到第六分区，先搁置第五分区。如果你在其他反观练习中已经获得了相当丰富的经验，或者说你就是感觉自己可以开始完整版觉知之轮的练习，那你可以尝试从第一分区到第七分区的所有步骤。以呼吸练习为例，可以记下练习步骤，然后凭记忆投入练习，也可以请朋友把引导语读给你听，来帮助你进行基础版觉知之轮或是完整版觉知之轮的练习。

完整版觉知之轮练习

完整版觉知之轮练习要点如下：

1. **呼吸：** 从呼吸开始，将其作为注意之锚，为觉知之轮练习做好准备。
2. **轮缘第一分区的初始五感：** 以呼吸作为注意的焦点，然后开始将注意集中在轮缘第一分区——初始的五种感觉之上，每次留意一种感觉：听觉、视觉、嗅觉、味觉和触觉。
3. **轮缘第二分区的内感受：** 进行一次深呼吸，将辐条转向轮缘第二分区，这里代表身体的内部信号。围绕身体去系统地移动表示注意的辐条，从肌肉、骨骼到皮肤表面，持续移动注意，每次关注一个部位，头部、颈部、肩膀、胳膊、上背部、胸部、下背部和腹部的肌肉、臀部、腿部、骨盆区域。现在，继续将注意移动到生殖器、肠道、呼吸系统、心脏，以及整个身体。
4. **轮缘第三分区的心理活动：** 进行一次深呼吸，将注意辐条转向轮缘第三分区，这里代表心理活动。第一部分：邀请所有心理活动（情绪、想法、记忆，什么都可以）进入觉知。可能会发生很多事情，也可能什么都没有发生，这些都没问题。第二部分：再一次，邀请一切进入觉知，但这一次，要特别留意那些心理活动是如何在最初浮现、在此刻停留并随即淡出觉知的。如果某个心理活动并不是立刻被另一个所取代，那么，在旧去新来之间的空隙，你会有什么样的感觉？
5. **经由对觉知的觉察进入轮心的中心：** 在将注意辐条转向轮缘第四分区之前，我们首先要对轮心进行一番探索。换言之，现在是去强化我们对觉知的觉察能力。可以想象将注意辐条弯曲，使其指向轮心自身，也可以想象让注意辐条稍微回撤一下，或者简单地让注意辐条待在觉知的中心。对你来说，哪一种描述或是视觉意象更好用，就用它来完成这个对觉知本身进行觉察的练习即可（花一分钟或更长时间）。然后，再次回到呼吸上，驰骋在呼吸的波浪上，吸气，呼气……现在，你已经准备好了，可以将辐条伸展到轮缘第四分区，即最后一个分区——关系感觉之上。

6. **轮缘第四分区的关系感觉：**在轮缘最后一个分区，我们将会探索，在与生俱来的身体之外，我们和其他人或事物相联结的感觉。可以从现在在物理空间中距离你最近的人或事物开始。向你和朋友、家人的联结保持开放……向你和同事的联结保持开放……向你和邻居、社区居民的联结保持开放……向你和同城、同地区居民的联结保持开放……现在，向你和地球村所有居民的联结保持开放……现在，看看能否向你和地球上一切生命的联结保持开放……
7. **善良意图的陈述：**现在，请你知悉科学研究已经揭示出的那些广为流传的智慧传承——培育善良、关爱、共情和善良的意图，确实能够为我们的内在世界和人际世界带来积极的变化。然后，我邀请你在心中默默复述这些句子。可以从最简短、基础的善意陈述开始，而后再去尝试那些稍微复杂些的句式，后者也同样是在陈述善良的意图。

愿众生……快乐。
愿众生……健康。
愿众生……安全。
愿众生……繁荣发展。

现在，进行一次深呼吸，我们要用稍长些的句式，将同样的祝愿发送给一种关于我是谁的内在感觉，发送给我（Me 或 I）。

愿我……快乐，过着有意义、有联结、平和的生活，有一颗有趣、感恩和喜悦的心灵。

愿我……健康，拥有能够带给我能量、灵活性、力量和稳定性的身体。

愿我……安全，免于各种各样内在的和外在的伤害。

愿我……繁荣发展，过着幸福、安逸的生活。

现在，请再次深吸一口气，我们将用稍长的句式把同样的祝愿，发送给关于我们是谁的一种整合的感觉。将内在的“我”（Me）和关系中的“我们”（We）结合在一起，继续向这个“大我”（MWe）进行善良意图的陈述。

愿我们……快乐，过着有意义、有联结、平和的生活，有一颗有趣、感恩和喜悦的心灵。

愿我们……健康，拥有能够带给我们能量、灵活性、力量和稳定性的身体。

愿我们……安全，免于各种各样的内在和外在的伤害。

愿我们……繁荣发展，过着幸福、安逸的生活。

现在，我邀请你再次找回呼吸上，驰骋在呼吸的波浪上，吸气，呼气……现在，请睁开你的眼睛，如果你之前是闭着的话，我们将暂时结束这次的觉知之轮练习。

一份关于基础版觉知之轮的地图

在花时间潜入觉知之轮练习之前，首先让我们回顾一下我们的地图。在觉知之轮中，轮缘可以分成四个区。第一分区包括我们初始的五种感觉：听觉、视觉、嗅觉、味觉和触觉。第二分区包括我们的内感受——那些来自肌肉和骨骼的信号，那些来自身体内部的组织和器官的感觉，比如肠道、肺部和心脏。科学术语是本体感觉（内感受），用以形容我们对体内的感知，也称为第六感。轮缘第三分区代表我们的心理活动，比如情绪、想法和记忆，被称为第七感——我们对于心理活动的觉知。轮缘第四分区是我们和身外之物的联结——和他人、宠物、地球、自然，或是任何身体之外及延伸的万物的联结，这被称为“关系感觉”，即第八感。

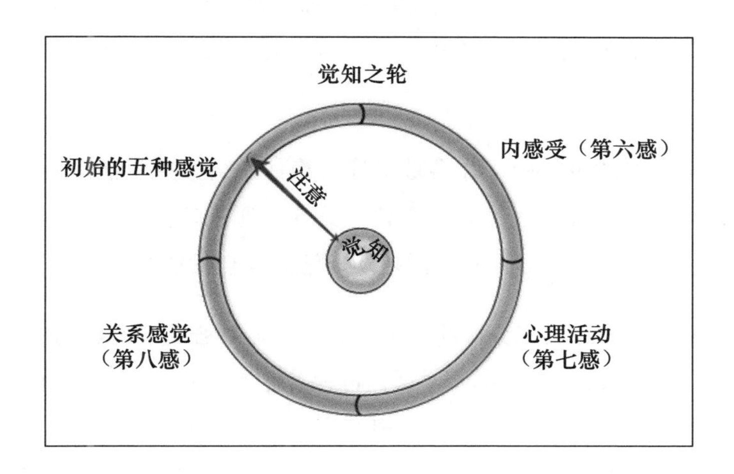

以上每种感觉，都是能量流和信息流的一种形式，能量的每一个特定方面都会随着 CLIFF 特征的变化而不断变化，CLIFF 包含轮廓（contour）、定位（location）、强度（intensity）、频率（frequency）和形式（form）。“感知能量流”，意思就是对这些变量以及它们如何在你的体验中形成各种能量模式和转化保持开放。

经由注意的辐条，我们可以系统地指导这些能量模式进入轮心处的觉知，也就是进入能知的体验。在实践中，你可以指挥注意，引导辐条一个分区接一个分区地绕过整个轮缘区域。你的心智可以“有它自己的心智”，而且注意也会发生变化，从被你引导的状态跑到计划之外的方向。正如我们在呼吸觉知练习中发现的，这正是心智的工作方式。因此，如果可以的话，请记得善待自己，保持开放、耐心和宽容的心态。别忘了，分心只能说明你本来就是人类一分子。

当注意将能量转化为觉知时，它就是集中的注意。有时你会有被引导的、集中的注意，有时是被带走的、集中的注意。练习中的某些时刻，你就是在用心打磨集中的注意，比如轮缘前两个分区的练习。你带着意图去指挥注意经过初始五感，然后是第六感。不过，在练习觉知之轮时，分心会自然而然地出现，可以像在呼吸练习时那样处理，只是简单留意到分心的发生，任其来去，然后将注意带回此时此刻需要去关注的轮缘某处即可。

在这个练习的过程中，你会被引导转换注意，去接受能量流和信息流的新方面，一个轮缘分区接着一个轮缘分区，通过这样的练习，你将强化自己引导注意的能力，以及有意图地切换注意焦点的能力。

当我们进入轮缘第三分区时，就是在开发心智强化训练的另一个方面，即开放的觉知（open awareness）这一过程。相对于在第一、二分区带着意图以集中的注意聚焦于轮缘某处，现在将要去尝试的是开放监控，这是一个不同的过程。现在，请让流经此刻的所有体验充满觉知，也许没有什么感觉，也许诸般体验蜂拥而至。无论出现的是什么，都是意识之中的。我们之后会详细讨论，强化开放觉知的能力和强化集中的注意是同等重要的，因为它能够让我们将正在觉知（轮心处的能知）的体验和所觉知到的（轮缘处的所知）那些点进行区分。这个将能知从所知中、将轮心从轮缘处区分出来的能力，是我们在生活中获得精神自由的一种源泉。这种意识的整合，可以让我们避免将自己认定为只是大脑中不断变化的轮缘内容。当我们“迷失在轮缘”时，我们可能经常会卷入那些心理活动中。开放的觉知，致使觉知之轮的轮心成为一处清澈澄明的避难所，保护我们免受轮缘处纷繁不休的心理活动的叨扰。整合意识的明晰（对轮缘和轮心进行分化和联结）能够让我们在实践中达成一种整合的心智状态，从而能够在日常生活中享有一份平静和复原力的品质。

接下来，我们将从开放的觉知这一轮缘第三分区转向去探索轮缘第四分区：和他人进行联结的感觉，以及和身外之物进行联结的感觉。这种觉知关系感觉的练习，会涉及将注意集中在那些特定的感觉上，这等同于在继续强化心智的监控能力。这一分区会带来一种互联感和善良关怀的感觉，从而扩展我们对“我们是谁”的体验（即使尚未进入完整版觉知之轮练习，也并未涉及善良意图的陈述），这样一来，回顾轮缘第四分区能够帮助我们加固心智训练实践中的第三根支柱，帮助培育善良的意图，进而发展我们的关怀之心和与这个世界的联结。

觉知之轮练习让我们有机会在某次静坐时系统地观察我们每天精神生活中的海量体验。通过这种方式，我们能够磨炼自己的能力，在反观练习之外，以一种更专注、更冷静、更慈悲的方式来处理我们通常更琐碎、更忙碌的生活。

那么，你准备好了吗？

练习基础版觉知之轮

请找到一个你可以坐着、躺着或是站上半个小时的安静的地方，确保自己不被打扰，关掉电子设备。再去看一眼觉知之轮的图示，大体了解一下觉知之轮的结构就行，并不是必须将其视为一张地图。请记得，轮心表示能知的觉知力，轮缘表示那些“所知”，辐条表示集中的注意。（慢慢地，或许你会发现，在练习之前通读整个指导语会很有帮助，然后可以在练习过程中根据回忆来自我引导。）可以从基础版觉知之轮开始练习，而后去探索更高级的完整版觉知之轮。

让我们从把注意集中到呼吸的感觉上开始，单纯地邀请呼吸的感觉进入觉知。现在，请将你的注意从呼吸上移开。想象你正位于觉知之轮的轮心，也就是能知并且正在觉知的轮心所在之处。想象轮心处的能知向轮缘第一分区发送一根注意的辐条。现在，将注意放在听觉上，让声音充满觉知……（一般而言，让每一种感觉在觉知中停留 15 ～ 30 秒会比较有帮助）。

现在，离开你的听觉，想象将注意辐条稍微挪动一下，指向第一分区中的视觉，让光的感觉充满觉知……

现在，请继续移动注意辐条，离开视觉，移到嗅觉上，让芳香充满觉知。

现在，继续移动注意辐条，朝向味觉，让味道充满你的觉知。

现在，继续移动注意辐条到触觉上，让你的觉知被皮肤和皮肤的接触（手碰着手）、皮肤触碰衣服、皮肤触碰地板……的感觉充满。

进行一次深长的呼吸，想象将注意辐条移动到轮缘下一分区，那里代表身体内部的感觉——肌肉、骨骼还有体内器官的感觉。（花在每个身体部位的时间有所不同，从几秒到十五秒不等。）让我们从面部区域开始，现在，请让脸部的肌肉和骨骼的感觉充满觉知……将注意转向前额和头顶，现在，从头骨下方到耳朵，再到喉咙和脖子的肌肉和骨骼。现在，请将注意继续移动到肩膀区域，然后移动到两边的手臂，再到手臂尽头的手指……现在，将注意移动到上背和前胸……现在，将注意移动到下背和腹部的肌肉和胸腔的下半部分……现在，把注意转移到双腿，再到双脚的脚趾头。

接下来，请将注意集中在骨盆区域。对生殖器区域的感觉保持开放的觉知……现在，将注意集中在肠道感觉上，从腹部最深处最低端的肠道开始……现在，将注意向上移动到腹部顶部的胃部区域……现在，顺着肠道的感觉从胃移动到胸腔中部，把注意朝向连接胃、喉咙以及口腔联结起来的食道那里的感觉。现在，将注意移动到呼吸系统，从颧骨下边鼻窦处的感觉开始……然后是鼻子……然后是嘴巴……然后向下移动到喉咙的前方，再到气管，那里是对于生命而言不可或缺的部分，空气从那里下行进入肺部的管道，将注意带入胸腔深处……感受两侧的肺在扩张和收缩……现在，请将注意的焦点转移到心脏区域，让心脏的感觉充满觉知。

现在，让身体内部从头到脚的所有感觉都充满觉知。科学研究已经揭示了智慧传承也深谙已久的一些观点：对身体感觉保持开放的觉知是一种关乎智慧和直觉的强有力的资源。现在，我邀请你进行一次深长的呼吸，要知道，你随时都可以返回到对内感受即第六感的探索之上。而现在，请准备将注意辐条移动到轮缘的下一分区。

现在，我们将要指挥注意辐条集中到轮缘的第三分区，这里代表情绪、想法、记忆、信念、意图、希望和梦想等心理活动。我鼓励你邀请所有心理活动（想法、情绪、记忆）进入"能知"的轮心。只是对从轮缘处升起的一切保持开放，没有什么出现也没关系。只是单纯地去对任何可能从轮缘处升起的心理活动保持开放的觉知。现在，我们就开始这个练习……（大约持续半分钟或一分钟。）

接下来，再次邀请所有心理活动进入能知的轮心，我邀请你特别留意一项心理活动，比如一个想法，从它最开始在觉知中升起时就去留意它。它是突然出现的，还是逐渐出现的？一旦它在觉知中出现，它是如何停留在当下一刻的？它是坚实的？还是在摇摆不定？还有，这个心理活动，即这个想法、回忆或是情感，是如何离开了觉知？它是从"某处"离开，还是从另外一处离开？它是逐渐离开，还是突然走掉？它是不是只是被另外一种心理活动取代了，比如某个想法、情绪或是回忆？假如它不是立刻被其他心理活动取代，那么，从一个心理活动到下一个心理活动之间的空隙，会是什么样的感觉？在这里，我邀请你成为一位探索心理世界中各种结构的学生，去探查那些心理活动从开始出现到进入觉知、停驻当下、然后离开觉知的过程。现在，就让我们开始练习……（持续一分半钟。）

（说明：假如你是进行完整版觉知之轮练习，那么这时就可以开始进入轮心中心的练习部分，即弯曲或缩回注意辐条，这部分会在下一章详细描述。）

现在，我邀请你进行一次深长的呼吸。现在，想象将注意辐条移动到轮缘第四分区即最后一个分区。这里代表我们的关系感觉，我们和这个世界上除自己以外的人、事、物进行联结的感觉。

请将注意的辐条指向轮缘第四分区，让你和现在就在你身边的人联结的感觉充满觉知，现在，向你和此刻并不在身边的家人、朋友的联结感保持开放。现在，请让你和同事们的联结感充满觉知。现在，请向你和邻居们的联结感保持开放……向和同一社区的居民的联结感保持开放……向和同城居民的联结感保持开放……现在，请向和你同一省市地区居民的联结感保持开放……现在，请向和你同一个国家居民的联结感保持开放……现在，来看看，你是否能够向和这个珍稀星球上的所有人的联结感保持开放。

然后，来看一看，你是否能够将这种联结感扩展到地球上的所有生命……

（在完整版觉知之轮练习中，此处可以加上善良意图的陈述。）

现在，我邀请你再一次回到呼吸，驰骋在呼吸的波浪之上，吸气、呼气……现在，请进行一次更富有意图且更加深长的呼吸。如果之前你是闭着眼睛的，现在，我邀请你准备把眼睛睁开。接下来，我们将进一步走近觉知之轮练习。

反观心智：基础版觉知之轮的个人体验

刚刚，你已经完成了基础版觉知之轮的练习。感觉如何？对你来说，在依次进行轮缘各分区练习时始终保持专注是不是很有挑战？每当觉知被分心接管时，就将注意带回来，这是一种怎样的感觉？这个练习在各个方面让你感觉如何？现在，我们会一个分区接一个分区地对这些体验进行回顾。从这一小节开始，准备一本专用本子来记录这些练习体验会很有帮助，也方便我们在继续探索和培育心智的旅程上能够随时折返并进行回顾。

关于初始五感的轮缘第一分区，那些声音听起来像是什么？当你在那一刻将声音作为注意的单一焦点时，是否留意到你听到的声音有一些振动的质感？当你将注意聚焦在视觉上时，光线给你的感觉如何？图像的颜色和对比度看起来是什么感觉？它们和其他感觉是否有区别？在觉知中将嗅觉作为注意的焦点，芳香的味道闻起来是怎样的？它和目前为止的其他感觉相比，是更容易还是更难被感觉到？接下来，把注意移到味觉上，会有什么感觉？你是否留意到自己的嘴或舌头正在活动，以增加对味道的感觉？继续，留意皮肤对于碰触是什么样的感觉，你能否对触感更加富有觉知？某些区域是否比其他一些区域让你更加敏感？

对很多人来说，利用这个练习时间来区分五种感觉，会让每一种感觉流的觉知体验都更加凸显。通过练习，这种更加澄明和细微的感觉能力，会增加我们在日常生活中的愉悦感，让我们感到更为深刻和喜悦，体验到更加充沛的活力。

对于聚焦轮缘第二分区，这个注意的转换过程会带来什么样的感觉？当你接受邀请，将注意放在肌肉和骨骼之上时，是什么样的感觉？你是否对于之前缺乏觉知的事物变得更富有觉知了？感觉的存在可以独立于觉知，而一旦当我们运用集中的注意、被引导的注意或是被带走的注意，将感觉作为我们主观体验的一个部分并将其带入意识之中，感觉就能进入我们的觉知。当注意在身体的肌肉和骨骼中移动时，你会有什么样的感觉？把注意引导到这些感觉上是什么感觉？有没有哪些部位相对其他部位来说，让你感觉起来更有挑战？

当我们把注意移动到身体器官的部分时，可以从生殖器区域开始，那是怎样的感觉？各式各样的感觉很可能会激发不同的情绪，以及和过去相关的回忆，同时也可能在此刻出现一些身体信号。对这些信号保持开放，特别是对生殖器部位的感觉保持开放，在某些特定文化中，讨论这个话题可能会引发不适。或许，这个部分曾经有过性创伤的体验，这会让觉知之轮练习在进入第三分区时变得相当有挑战。如果你发现那些信号很少出现，或者你完全被它们淹没了，那么对你来说，这些可能是僵化或混乱曾存在于那片身体区域中的表现。如果确实如此，那么在今后的练习中，请你考虑花些时间特别聚焦在那片区域上，假如那处的体验过于强烈，你也可以记下来，或是寻求专业支持，这些都会很有帮助。

如果觉知之轮练习的某些部分让你体验到了强烈的感觉，你完全可以做些调整，以方便自己去监控正在发生什么，并对接下来要做些什么进行修正，从而能够去适应那些当时出现的让你难以承受的任何不适。请回想一下，我们之前提到过特蕾莎的觉知之轮体验，穿越练习中的某些部分成功地帮助她转化了之前悬而未决的创伤。你也可以去选择回到轮缘处某个让你感觉有困难的分区，从而帮助自己将那份体验整合到你的生活中。在第一遍练习时感觉到不适的地方，经过练习，你将会更加深刻地理解这些感觉，当你理解那些感觉在你的生活中到底意味着什么（在现在和过去意味着什么）时。我们每个人都是独一无二的，从踏上这趟旅程之日起，尊重你自己的特殊体验非常重要。

当我们将注意移动到肠道时，你有什么样的感觉？肠道区域包含大量的、广泛的神经网络和神经递质，请带着觉知对它们发送的信号保持进一步的开放，这样即可开启一扇了解直觉智慧（gut feelings）的重要窗口。并非每一次的直觉都会很精准，但是，对这些信号保持开放，能让我们有效地借助这种非理性的信息加工方式。

当你把注意从位于下腹部的肠道转移到上面的胃的区域时，你有什么样的感觉？将觉知向食道区域的感觉开放，这是一种怎样的感觉？很多人会觉得这份体验相当新鲜。接下来，转向嘴里的感觉，这里的很多信号可能会和之前的各种经验相互联结。或许你会发现，当向这些不同的躯体感觉去扩展觉知时，通常升起的这个感觉，是当前正在发生的和来自过往的一些成分的混合体。

当我们将注意转移并集中到呼吸系统时，将集中的注意引导到鼻窦区域，这是一种怎样的感觉？然后，将注意继续引导到喉咙上端，是一种怎样的感觉？有时，我们会在这一区域存储一些焦虑，而这一点也能被感觉到。将注意继续往下移动到气管的位置，然后进入肺部，可能会发现我们很难抓住呼吸。请保持对身体各种感觉的善良态度，当下来自身体任何部位的凸显出的感觉信号，对于我们的内感受或内在的身体觉知来说，都是非常重要的一部分。

当我们将注意移动到心脏区域时，感觉如何？把注意集中在心脏区域（即使你并不能真正觉知到心脏跳动的感觉），相关研究表明这样有助于平心静气，因为，这样做会协调大脑对自主神经系统的控制。同样真实的是，这样做也会让我们变得对呼吸更加富有觉知。这些对身体觉知层面的研究，揭示出我们将更有能力在大脑的“油门”和“刹车”之间获取平衡，这样一来，我们就学会了“开车”，以一种更为顺畅、协调的方式来驾驶身体之车。开车时，你会同时踩住刹车和油门吗？恐怕不会——你想要的是去协调对减速和加速这两种装置的控制能力。而将注意聚焦在心脏区域或者呼吸之上，就能够给身体带来协调和平衡，并帮助你稳定心智。

当我们把身体的内部作为一个整体来觉察时，在逐一感受每个系统之后，有时会感到不知所措。被邀请变得具有接纳性是怎样的一种感觉？对整体身体的觉知，其理念在于单纯地为你的日常生活设定舞台。例如，假如我正在和某人进行一段充满火药味的互动，我就会提醒自己在做出回应之前先去察看一下我的身体。在那一刻，我的心脏可能会给我发送一些明显的信号，或者肠道可能会来吸引我的注意。我可能会感觉到手臂肌肉紧张，或是下巴紧缩。能够简单地询问整个身体的感觉，并将这些带入觉知，这其实就是在寻觅一种方式，以邀请此刻升起的所有特别的、相关的信号来到意识中。这样，我们就可以去尊重和检视它们，进而将其整合到对此刻发生的一切都富有意义的觉知当中。研究表明，拥有更高自我接纳水平的人，也会拥有更强的洞察能力和共情能力，同时拥有更强的情绪平衡能力和直觉力。因此，建构身体觉知（body-awareness）的这些技能正是我们获取和内在自我及人际生活的深层联结的一条直接途径。

在轮缘第三分区，我们将注意转移到心理活动上，即第七感，从感觉和留意身体内部的信号，转向注意诸如情绪、想法、回忆和意图这些心理活动，这是一种怎样的感觉？这种转换本身，将轮缘第一、二分区上某些特定的点（声音、景物、身体某部位的感觉）的集中的注意转换为开放的觉知，即邀请出现的一切事物进入觉知，和练习第二分区时与整个身体工作是很类似的——单纯向可能出现的任何丰富多样的感觉保持开放。当你邀请所有事物进入觉知时，出现了什么？有些人可能会被情绪或意象所淹没。对于心智，这是一种很自然的方式，会促使它变得对脑海中发生的很多事情更加具有接纳性。

相反，对其他人来说，这种体验带来了一种平和而开放、清晰而宁静的感觉，这让他们感到讽刺，因为他们在邀请一切事物都进入觉知时，什么都没有出现。有这种反应的人通常会说他们从来没有体验过这样的宁静，他们更熟悉每天都在唠叨日常烦恼的“猴子大脑”、忙碌和那种持续被情绪、回忆、想法等淹没的感觉。允许心智向出现的一切开放，可以使它变得清晰和接纳。

接下来，进入下一个分区即第七感的视角，当你专注于动态心理活动时，会是一种怎样的感觉？这些心理活动是如何升起、停驻和离开意识的？这些练习对于很多人来说颇有挑战，因为它似乎既需要个体对任何升起的事物保持开放（就像第一分区的练习那样），又要求个体特别关注这一切来来去去的事物的本质。对某些人来说，这个心理活动之间的空隙，即二者之间的那个空间，会尤其引发好奇心。例如两个想法、两份回忆或是两种情绪之间的空隙，会有一种特别不同寻常的质感，这对于很多突然间提高觉知的人来说，可能是全新的体验。对很多人来说，特别是对之前从未进行过冥想或是像觉知之轮这种觉知练习的人士来说，感知自身心理活动的细枝末节，可能是相当具有颠覆性的体验。一般来说，之前体验到的可能主要是觉知被一个心理活动接着一个心理活动所占据，心智活动川流不息，想法一直喋喋不休，我们都不曾真正有机会体验到一个事实：我们不仅仅是心智的喋喋不休。通过对轮缘前三个分区进行开放觉知的练习，我们会获得一种全新的体验：轮心更多地将其自身和轮缘要素区分开来。对于很多人来说，这种全新的觉知可以改变生活，严谨地说，可以改变心智（尽管令人难以置信）。这正是能够更充分地将能知从所知中区分出来的起点。

我曾教授过一个妈妈和她青春期的女儿做这一练习，这个妈妈告诉我："我才知道我不等于我的想法和情绪，我可以容纳更多东西。"对她来说，区分轮心和轮缘是一种颠覆性的体验，让她能够以一种更丰富、更细致的方式投身生活。

当我们把注意转向轮缘第四分区，即关系感觉（第八感）时，这是一种怎样的感觉？将注意从心理活动中离开，转向留意自己和他人之间的联结，这对你来说是一种怎样的感觉？关系感觉，即第八感，可能会令有些人觉得困惑，特别是当他们还不是很确定到底要将注意安放在何处时。对另外一些人来说，一种深刻的爱、平和、善意和联结感油然而生，并因为充满了喜悦和感恩而热泪盈眶。无论体验到什么，那都是你的体验。每一次练习的体验可能都不同。接下来，我们会加入对仁慈和关爱的直接陈述，用以建构这些人际联结体验的过程。研究表明，这样做会在我们内在和人际层面给生活带来积极的转变。

第 5 章

善良的意图

本章要在前面训练集中的注意和开放的觉知的基础上，从轮缘前面三个分区的练习进一步进行深化和扩展，并把焦点放在第四分区培育善良的意图上。为什么说这是一种扩展，而没有说是引入一种善良的状态呢？因为你已经被邀请当分心发生时对自己保持善良，已经在练习对自身体验温柔以待，对不可避免的分心保持开放，并同时拥有一份内在的慈悲。在觉知之轮第四分区，你将促进注意、觉知和意图的整合，因为它们在你的生活中通过反复练习实现了彼此强化。现在，我们就可以将特定的、集中的注意直接安放于我们彼此联结的状态上，同时，给予他人和自己的内在自我以善良的关注。

将善良、共情与关怀融入你的生活

觉知之轮作为一种工具，能够帮助我们在生活中对能量和信息进行分化和联结。在轮缘第一分区的沉浸式练习中，经由五种感官，我们向外部世界的能量流开放觉知。在轮缘第二分区的练习中，我们关注到自己栖息于一副躯体当中这个现实，这个身体自我能够和他人或者其他生命区分开来。这是我们对于自我的内在体验的一部分——在与生俱来的这副身躯之内的能量流和信息流，身体是具身智慧的本源，也是塑造生活方式的源头。沉浸在轮缘第三分区即内在世界的练习中，会揭露内在自我的另一个来源，其中充满了关于情绪和想法、回忆和信念的主观体验，每一种都塑造了我们的生命故事。经由第三分区的练习，邀请任何出现的事物进入觉知，这就是从前两个分区对集中注意的训练转换到在这一分区对开放觉知的训练。

在觉知之轮的第四分区，我们深化集中的注意、开放的觉知的技能，学习有关内在生命感觉和心理活动的知识，具体方法就是，更加密切地留意我们被分化的方式，同时进一步意识到，实际上我们是彼此联结的具身的生命体。我们每个人都有内在自我意识，产生于心智的内在空间。我们可以学习对内在的自我意识更加富有觉知，同时也能培育对于人际自我（一种我们和他人以及推而广之到我们所居住的地球之间的联结感）的感知能力。这就是交互心智，是我们主观体验的延伸——对于在和他人及地球的关系中产生的那个“我们是谁”所具有的情感和觉知。通过运用关系感觉即第八感向这些交互联结保持开放，我们就能够对关系中的心智更加富有觉知。

那么，这些关系性的交互联结到底是由什么构成的呢？我们会说，我们和他人彼此相联（和其他的人，和大自然），反正是通过某种方式彼此联结在一起的，但是，将我们彼此联结起来的到底是什么？宽泛而言，从一种科学视角来看：我们是一个交互联结的系统的一部分，该系统的基本要素是能量和信息。我们曾讨论过复杂系统如何通过涌现特性（源自要素之间的相互作用）来发挥功能，就好像大海中的水和盐，或是我们的交互联结和心智本质中的能量流和信息流。关系以及我们的“关系性自我”，可以被想成是关于我们如何去分享能量流和信息流。各个学科的科学家们（从物理学家、生物学家、社会学家、语言学家到人类学家）都在以各式各样的方式来描述这些联结。有些人称其为我们的交互联结；另一些人称其为我们的相互依赖；还有些人把它叫作我们共享的文化意义；其他人则干脆说它是一个生命之网。不同的人在以不同的方式研究我们的联结，其中每一种都可以视为在揭示能量流和信息流的领域，有时它们是肉眼不可见的，或是如此细微，以至于我们无法在觉知中侦测到这些流动模式，但它们仍然可以被科学地确定为我们关系现实（我们的交互联结）的真实方面。并非每件真实存在的事物都能被我们的五种感官轻易捕捉——因此，第八感（关系感觉）可能会利用另外一种方式来监控能量流和信息流的共享或联结。

我们并非仅仅去想象这些联结，现实情况更可能是，我们正在真切地以某种尚未确定的方式感知这些通常不能被侦测到的能量场域。一种可能性是，我们感觉到了这些能量的联合；另一种可能性是，我们在五种感官所能观察到的基础上去单纯地想象它们——所以，我们创造或是建构了一个关于我们彼此联结的观点或故事。这种建构出来的关系感觉显然是建立在经验的基础之上的，而并非纯粹的凭空想象。就目前来说，不妨将之视为一个开放性的问题：我们的关系性自我及其联结性，到底是我们建构出来的，还是我们对于一种正流经感觉通道的感觉的感知呢？关系性感觉，实际上很可能同时包含建构和感觉流这两个部分。将一种联结感带入觉知，无论是建构，还是去直接感觉那个时刻，都强化了我们在这个世界上的交互联结感。

但是，“联结”到底意味着什么？就个体来说，完全可以以一种孤独的方式体验生活。生于一副躯壳，死去亦然，别无其他。孤零零地来，孤单单地走。而且，现代社会也在用很多方式强化独立个体自行其道，这通常会加强这种孤立的自我的分离感。此外，正如我们在2500年前的希波克拉底时代所看到的（时至今日都在遵从的）一种医疗视角，即心智（以及从中涌现出的自我）仅仅是一些脑内之物。当代盛行的科学视角认为，自我是一个孤立的实体，被皮肤和颅骨包裹，自我的心智，就只是一些大脑活动。这种情形下，皮肤就成为用来定义“自我”的不可缺少的边界。

或许这就是全部了。

可是，我们真的很清楚：主观体验并不简单地等同于大脑活动，即便它确实依赖于有机体层面的这一神经功能。当我们产生一种直觉或是心灵感应时，是不是就会对整个身体在心理生活中扮演的角色变得更富有觉知呢？答案是肯定的，至少，心智是全然具身的，而不仅仅是被裹在颅骨里。同时，我们也很清楚，我们和他人的关系会对自身的心理世界构成深刻影响。我们对自己主观生活的深层感觉会极其深刻地被我们的归属感以及和这个世界的联结感所塑造。情绪，栖居于主观生活体验的核心，它们会扩展并直接进入我们的关系性世界。作为主观心理世界的具身性来源和关系性来源，这些归属感、联结感以及我们的情绪对我们的幸福具有强有力的影响。例如，预测心理健康（同时也能预测我们的躯体健康、幸福感和寿命）的一个最为坚实的指标就是社会支持网络。为什么这些社会联结对幸福的影响如此重要而深远呢？已有研究发现，我们和他人之间的这些联结是真切存在的，而且确实极为重要。

我想要提醒你，这些强而有力的研究发现都是基于实证研究且被反复获得证实的，基本结论是：心智并不等同于大脑活动。正如我们所讨论的，我们可以把心智视为全然具身的，它涉及所有生理过程，而不仅仅是来自大脑。而且也要指出，心智还可以被视为是关系性的，涉及我们和他人、自然界以及这个星球的交互联结。一项关于人们如何转化到更加幸福的状态的研究表明，当人们有机会外出接触大自然时，或者能够和自己归属的某个社会网络更为紧密地联结时，也就是说，当人们更具有“社会整合性”时，他们会更加健康幸福，这两条路径均已获得实证研究的支持，即我们和他人以及世界的关系是提升健康水平的重要力量。

我们的身份超越了身体，也比大脑更加广阔。

我们不仅仅是自身内在的精神生活——就身份认同而言，我们也的确存在一种交互联结。当认识到“自我”源于心智，而心智包括内在和人际两个方面，那么“自我”就同时是我们身体和我们关系的一个方面。

但是，关系到底是什么？关系就是我们与他人分享能量流和信息流的方式。我们用具身大脑这个术语来描述能量流和信息流在身体内部的运行机制，关系则是我们和所在生活空间中自身之外的他人以及其他实体分享能量流和信息流的方式。

通过在轮缘第四分区去“感觉联结”，指的是我们和他人、宠物以及这个星球的关系——我们和身体之外各种实体的关系。“联结”是指能量和信息在我们的身体自我和“他者”（others）之间的流动方式。此处，用引号来标记“他者”是为了提醒我们，“自我”实际上可能并不局限在皮肤包裹的身体之内，而是更可能非常真实地涉及身体之外的交互联结。简言之，我们和他人以及这个星球彼此联结。而且，这些联结是深刻的、有意义的，同时也会在身体健康层面定义和塑造我们。“自我”不仅仅是被隔离在头脑或身体中的一个常见的孤独的自我的意象。

这些联结可以被简单视为能量和信息的共享。我们共享这个星球，科学研究业已证实我们彼此之间存在着深层次的联结。在意识的体验中，我们或许觉察不到这些交互联结。我们可能会有一种被隔离的幻觉，我们也可能相信彼此是孤立的。事实上，我们很可能一直都是在无意间被父母、同伴、老师和社会所教导，大家都赞同一个分离自我的观点——我就是我自己的身体。对于很多人来说，这种现代社会建构出来的“孤立自我”会导致一种很糟糕的无意义感和分离感。第八感的培育，有助于打破我们彼此分离这一共同神话，邀请我们向生活中那些富有意义的联结保持开放，向那些我们甚至都不大清楚但真切存在的联结保持开放。这样一来，轮缘第四分区的练习就是一个很好的机会，去向真实发生的一切保持开放，而不是凭空想象出来的。其实，我们呼吸着同样的空气，共享着同样的水，居住在同一个生物圈，同属于一个在宇宙中快速旋转的星球。通过探索第八感，向我们的联结性保持开放，这并不是在说那些你所想、所信或是曾被告知的内容，而是向真正在发生的事情保持开放。这些关系性联结是存在的，无论你能否觉知到它们。

基础版觉知之轮练习邀请我们向这样一个现实开放：我们和他人，和一切生命，和这个星球上的生命网络彼此联结。神经科学家里奇·戴维森（Richie Davidson）的研究团队建议，应该在觉知之轮练习中特别增加关怀训练的成分，意在提供更大帮助，也许还能增强觉知之轮对于整合的积极影响。于是，我决定将对“善良的意图”的陈述嵌入觉知之轮练习，这些陈述是祝愿人们获得幸福、健康、平安和圆满的状态，直接发送给一切生命，发送给一个内在的“我”及一个整合的“大我”（MWe），将被分化在身体里的内在“我”和所有人以及交互关系中的“我们”结合起来。在意识到我们的互联性之后，这些陈述很适合作为第四分区的练习，所以你会很自然地在完整版觉知之轮练习的收尾发现它们。

在世界各地各式各样的智慧传承中，关怀都被奉为增强个体和集体健康幸福状态的最高价值之一。也许可以这样理解，关怀是我们去感知他人苦难、想象减轻苦难的方法并尝试去帮助别人减轻苦难的方式。认知、想象和行动是关怀的必要组成部分。

认识他人的苦难通常需要一个被称为共情的过程。共情至少包括五个方面：情感共鸣（感受他人的情绪），观点采择（透过他人的眼睛看世界），认知理解（想象他人的心理体验及其意义），共情关注（在意他人的安适幸福），以及感同身受般的喜悦（为他人的幸福成功而开心）。对很多人来说，觉知之轮会培育共情的每个方面。共情性关注（感觉他人的主观体验和在意他人的福祉）被视为关怀的动力之源和入门之径。

有时，也有学者提出一些令人困惑的观点，比如“共情不好，关怀才好”，或者“情绪智力以及在情感层面与他人产生共鸣是有坏处的”。事实上，对大多数人来说，如果不能经由共情让我们移位到他人的内在生活、情绪和主观体验中，想要真正关怀几乎是不可能的。这就是为什么第七感的洞察力、共情力和整合性被视为情感和社交智能的基石。拥有第七感会给我们的生活带来哪些消极的方面呢？当我们了解到共情包含着共情性关注，其本质正是关怀的入口，也就了然那种“共情不好，关怀才好”的说法很有误导性，会令人徒生困惑。

我曾经在柏林带领过一次工作坊，那次活动的晚间时光，社会神经心理学家塔尼亚·辛格（Tania Singer）就她的研究工作发表了演说。她指出，单是进行共情性共鸣训练是如何造成情绪上的痛苦的，而教导关怀则会激活有关在意、关注和归属感的深层回路。在她演讲之后，我们决意以后可以合作教授这些内容。我向辛格教授提及，针对我近期提交的一份书稿，有些评论指出我不应该在书中倡导共情，并且引用她的研究来支持他们的观点，即“共情不好，关怀才好”。她回应说，做出这样评论的学者们错误解读了她的工作。的确，过度认同他人的情绪状态确实会导致共情性痛苦（empathic distress），但是，当情感共鸣是伴随着关怀的时候，共情者就能够保持一种平衡感和宁静感。实际上，几乎所有人都需要先有共情能力，而后才能释放关怀能力。重点是，单独使用共情有时可能会导致悲伤和痛苦。

马蒂厄·里卡尔（Matthieu Ricard）是一位受过科学训练的佛教僧侣，他经常和科学家们开展合作，这些科学家研究冥想（犹指和上帝同在）练习已经有数十年之久。马蒂厄·里卡尔在一次科学会议上特别强调了这个重要论点，是在塔尼亚·辛格向她的老师进行如下陈述之后："重点当然并不在消除共情。我们想要的是继续去觉知他人的情绪感受，但是，需要将共情安放于一个有关利他之爱和关怀的更为广大的空间中。"这个空间就好像是缓冲区，能够对共情性痛苦起到缓冲作用。这样一来，利他和关怀就能成为非常积极的心理状态，会强化我们的勇气，并给予我们很多资源，以一种建设性的方式来应对他人的苦难。缺乏关怀的共情就如同没有水源的电动水泵一般，很快就会因过热而停转。因此，我们需要爱和关怀之水来持续舒缓共情性痛苦，并且去消解情感耗竭。

亚瑟·扎伊翁茨（Arthur Zajonc）是一位量子物理学家，专门研究临床医生的专业共情和关怀，他在那次会议上提出："一方面，我们需要冷静，多少有些玩世不恭，让自己和患者及他们的痛苦拉开些距离，意在让自己保持平衡和冷静的专业判断。另一方面，我们可能会变得深陷其中而导致筋疲力尽和自我损毁，等等。需要尝试在这两种极端中移动……这里面一定会存在一条中间道路，共情性关注将我们和他人的情绪感受联结起来，但是，我们需要以一种富含智慧的方式做出反应，无论是作为一位治疗师，还是作为一位很在意和关心他人的普通人，是作为一位母亲或一位父亲，还是作为一位生命伙伴和友人。"

在回答里奇·戴维森关于佛教中的慈悲观的问题时，一位禅师这样回答道："我认为这并不仅仅是属于佛教传统，世界上所有主要宗教传统都会强调，练习爱和慈悲非常重要。在开发这种潜能的过程中其实还会带来很多收获。例如，这种能力也是觉知得以存在的基础，但是，我们必须通过发展知识和教育去培育它。"

用善良的意图这一术语就是为了尝试同时囊括这些方面：培育一种关切的动机、一种观念和态度，以及一种蕴含善良意图的心智状态。这会为我们搭建情感和智慧的舞台，从而在生活中呈现共情和关怀——不仅是对那些认识或熟悉的人，也是对一个更加广阔的关心及关注的生命循环圈，涉及他人和一切生命。

这些十分活跃的争论表明一个重要观点：单一的共情性共鸣，比如去感受他人的痛苦，却不能怀着共情性关注与关怀，或者是没有能力将自己从他人的痛苦中抽离，这些都会导致自我耗竭。如果我们共鸣他人却缺乏恰当的复原力训练，即不具备做好分化和联结这两方面工作的能力，这就会成为潜在的不利。换言之，如果不能保持整合性，我们就会冒过度认同和彻底关闭的风险。我在和医生以及其他助人工作者接触的过程中，处理过不少这方面的议题，他们之前并没有获得能够自助以预防自我耗竭的整合性工具。还有，在这些争论的过程中，术语“共情性疲劳”逐渐代替了“关怀性疲劳”。其实，正如你所发现的，用术语“共情性共鸣疲劳”和“共情性痛苦”，或许会更加准确。这里有个很关键的区别，用以提示我们自己如何利用整合来创造复原力。整合是蕴含在关怀和善良之下的过程，但是，我们还是不要抛弃那种宽广而完美的充分共情能力，不要忘记这种充分共情无论是在生活中还是对于关怀能力本身来说都是精华所在。

当人们在家中跟随网站上由我在办公室录制的引导语进行觉知之轮练习时，他们开始体验到焦虑和恐惧的减轻，变得更容易温柔地调整自己的消极情绪——抑郁时感觉到的低落。那些有创伤的人则会获得新的力量，就是当他们去碰触往事时，可以随时回到轮心处的“避难所”。在很多情形下，即便不加上关于善良意图的特定陈述，人们也都变得更能够对自身的内在悲伤和痛苦持有善良和关爱的态度，不过，那个部分我们稍后也会加进来。

意图是一种心理过程，它为能量和信息在心智系统内的打开方式定下了基调或方向。善良的意图使得整合性的心理过程得以产生和运转，比如共情性关注和关怀，而且使得它们在我们内在以及我们和外界的互动行为中更容易出现。我们训练善良的意图，就是在强化大脑的某种特定模式，研究显示，这是一种整合性的模式——将广泛分隔的区域彼此连接起来，使得神经元放电更加协调和平衡。去练习那些关于善意的神经网络，我们就是在增强其联结，而且正在将那些训练出来的状态转化为生活里拥有的善良意图特质。

我们已经知道，规律的练习可以将一种经由练习创造出来的状态转化为一种持续的特质，即变成一种熟练的技能或者存在的方式。特质本质上就是一种在基线水平上的倾向或行为方式，它出现在一个人的生活里，无须努力或有意识的计划。我在和患者工作的临床经验、在工作坊和学员的互动中，以及在对众多课题的研究中观察到：你在这一刻所创造的能够经由长期的练习而得到强化。这就是如何从一种状态演化成一种特质。

如果你追求的特质是对你的内在自我和人际自我（你和他人的联结）更加友善和慈悲，那么你需要练习的状态正是整合。相关研究很支持这个基本观点：对我们的内在和人际联结保持友善并富有慈悲会让我们的大脑更加整合，也会让我们在现实生活中的状态更好。

简而言之，整合的状态能够变成健康的特质。

觉知之轮就其本源和基本结构来说，都浸润于整合性之中。我们已经了解到，觉知之轮的理论和实践能够在我们内在和交互生活中培育整合性。如果你渴求的恰恰就是健康，那么就请考虑尽可能将觉知之轮练习作为每日生活的一部分，或者进行每周一次到数次的规律练习。重复且规律的练习才能够帮助大脑强化其生长过程中的整合性。重复练习会强化其对生活的积极影响，当你在一个阶段的练习中经由主导的心智状态去创造出意图时，它们就会在你日复一日的生活中转化为复原力和幸福感这些特质。

一种重复的整合状态能够转化为一种持续的健康特质。

当我向专注研究大脑和冥想的里奇·戴维森团队展示觉知之轮练习时，他们表现出了浓厚的兴趣，询问我为什么没有将更多的关怀训练纳入其中。我告诉他们，觉知之轮之前是单纯建构在科学结论的基础之上，即将所知从能知区分出来这一点上，也就是将轮缘从轮心区分出来，需要确保其根基立足于科学范畴。然后，他们告诉我，他们刚刚完成一项研究，是在多项相关研究中最早完成和发表的。该研究显示，训练关怀的意图确实能够改善心理功能并增进人际关系，甚至也和大脑功能的整合密切相关。

例如，通过练习关怀，脑电波仪器显示的信号表明，脑内产生了很多伽马波，它们源自不同脑区间在练习中产生的彼此协调。另外一些研究还发现，经由关怀训练，大脑的功能性和结构性联结也会得到强化，练习能够让我们获得一个更为整合的大脑。在和冥想研究相独立的人类胼胝体研究项目中发现，整体幸福感和更加“彼此联结的胼胝体”存在联系。同样地，有关冥想的研究也揭示出练习能够增强胼胝体的联结。这些研究的一致结论是：正式的关怀练习能够促进大脑整合，从而有利于我们的整体健康。

在我工作的人际神经生物学领域，科学家们将关怀和善良视为整合的结果。例如，当个体能够尊重自己和他人的差异时，就能够在人际间进行彼此分化。当个体同时能够感受别人的痛苦，想象如何去帮助他们，并采取行动去减轻苦难时，即当我们富有关怀时，就是在将彼此分割且正在受苦的他人和自己进行联合。当我们能对别人的喜悦和成就感同身受，为别人的成功感到开心，希望别人生活得更好时，就产生了共情性喜悦，这是整合的另一个方面。同样地，善良也被视为是整合的结果。善良可以定义成是我们如何去尊敬和支持他人的脆弱性。在这种方式下，善良意味着去尊重那些因为需要没有被满足而引发的风险和勾起的伤痛，即存在于脆弱之中。同时，对很多人来说，善良也意味着以一种脆弱而非强势的方式存在。实际上，善良的意图会创造出一种心理立场，能够增进我们建立新关系的能力，同时也是幸福健康的内在资源。善良和爱意是复原力和勇气的深层来源，也是我们内在和人际力量的源头。善良的行动被看作在付诸行动时并不期待任何回报。可以这么来理解什么是保持善良，就好像是我们将另外一个人看成是“我们”分化出来的一部分；而能够善良地去联结，则是当我们感觉到“我们自己”是一个更大整体的一部分时——我们是内在自我，这毫无疑问，但同时，我们也是人际自我。

通过这些方式，我们就会发现以下观点的科学依据：善良和关怀是可见的整合。

聚焦在轮缘第四分区，将注意带到各种分化出来的个体上，去感觉我们彼此间的联结，这被视为一种人际整合形式。去扩展这种联结，向我们和一切生命之间的交互联结性开放觉知时，就是在将分化和联结延展到一个包括我们人际自我在内的更大范围。这部分练习会涉及很多关于联结性的语言，不过来自觉知之轮练习者的主观报告表明，即便并不加入对善良意图的陈述，仅仅是在第四分区专注于交互联结性即第八感（关系感觉）的练习，就能够让人们充满善良和关怀的情绪，感觉到自己属于更大的整体，相对之前冥想时那个孤立的私人自我而言。增加特定的、更强烈的陈述句并将其发送给一切生命、内在的“我”以及整合性的“大我”，就是在拓宽和深化那份觉知力，觉察到这个世界上的一切生命都是以整合的方式存在着。

有关长寿、幸福和心身健康的研究表明，预测这些积极生活因素的首要指标就是人们在一个社会网络中的联结性，这些人际联结极为重要。关系并非蛋糕上的奶油，而是蛋糕本身。实际上，关系既是主菜，也是甜点。

整合、精神性和健康

一种与更大的整体联结的人类体验有时被称为“精神性”。对此感兴趣的人们有时在日常会面时会提到“心灵成长”这个词，踏上心灵之旅对他们而言意味着两个方面：和一个超越私人自我的宏大存在相联结；感受到超越个体生存的生命意义。这十分美妙！假如活出精神性意味着去体验超越个体皮肤界限的联结和超越个体生命的意义，那么，这岂不就是人类经验中和整合相关的极其引人入胜的部分？换言之，如果一个分化的内在自我和一个更大的人际自我之间的联结，作为我们生活现实的交互性方面呈现出来，而且这种对分化和联结的确认会在我们生活中激荡起一种意义感，那么这种精神性的感觉就其本质而言是不是和生活的整合过程密切相关？很多人报告在练习觉知之轮时会感受到一种意义感和联结感，正如在扎卡里的案例中，他在练习后感受到了这种联结感和使命感，并因此带来了个人生活和事业的深刻转变。

整合是一种有科学根基的强而有力的概念框架，能够帮助人们理解从精神性到健康的诸多人类经验。深入洞察那些阻碍整合的因素，有助于揭示人类苦难的本质，以及我们可以做些什么来减轻苦难。关于不健康的心理状态的广泛研究显示，正是由于这些人的大脑整合受到损伤，才导致其在生活中感到孤独和无意义。对那些助人者来说也是一样，他们会感到耗竭，这和感觉充实丰富是相反的。这些都可被视为是在工作和生活中丢失了意义感和联结感。这种丢失的发生，很可能源于那些阻碍整合的因素。假如我们不能区分自身的内在体验和他人的痛苦体验，过度认同他人的痛苦，仿佛我们内在也发生同样的事，那就可能带来共情性悲痛和耗竭的风险。我们曾讨论过，这种情感共鸣（共情的一个方面）如果在其发生时缺乏对整合而言必要的分化过程，就会导致大脑的过度放电，乃至耗竭和衰退。人类的苦难可以被视为个体在从堵塞朝向整合的过程中，因分化和联结受损而导致的混乱与僵化状态。共情和作为共情的一部分的情感共鸣，都需要被纳入到整合中。既不是过度分化导致的冷漠疏离，也不是过度联结导致的过分认同。和他人发生共鸣的过程，假如不涉及分化，就不是真正的整合（那只是共情的一部分），缺乏让整合得以发生的平衡性。整合能够让我们在情感上更加灵敏，充分感觉他人体验，同时不失去关爱的能力和自身生活的平静。生命充满了挑战和苦难，整合对于心灵成长的核心影响或许在于，它能够让我们体验到喜悦和感恩，不是听任这个世界的痛苦发生，而是能负起责任，在我们彼此紧密联结的生活中，让这些积极的状态、希望感和无限的可能性为我们所有人而存在。

内在自我和人际自我

如果我们感觉到自己作为独立个体确实拥有内在自我，同时也存在可以分享的、关系性的人际自我，那就能明白，两个内在自我的融合（我自己的和另外一个人的）就意味着缺少分化。内在生命对每个人来说都是真实的，确认这点非常重要，这样才能够通过自己的内在自我去充分联结那个同属于我们真实整体的一部分却通常被叫作“别人”的内在自我。我这么说，并不是在表达什么诗意的观点，而是在就我们的整合性身份特征进行科学的阐述。过度孤立和聚焦在内在自我，以为这就是我们身份的唯一来源，而不能承认我们人际自我的存在，就会导致缺乏联结的过度分化。这种孤立的结果极具伤害性，也会带来无意义感。显然，那种“只关心我自己”的生活并不健康。那是一种存于世间却未经整合的生活方式。

而就整合性光谱的另一端来说，过于联合却缺乏必要的分化，同样会损害整合。在这种情形下，一旦我们在助人工作中逐渐耗竭自我或是在关系中泥足深陷，就很容易消融并迷失于困惑，那么，作为一个分化的内在生命就无法得到他人甚至我们自己的确认和尊重。

同时尊重内在自我和人际自我这两个方面，会支持我们变得更加全然地活在当下，兼顾这两种自我感。“自我”这个词语，可以相当富有挑战性，在当代文化语境下，人们的自我被认为是居存于被皮肤和颅腔包裹的身体之内，甚或从更加严谨的解剖学视角来看，自我就是存在于颅腔内。我们已经发现，把“自我”和皮肤或是颅骨这些词联系起来使用，创造出的对“我们”的感觉很可能会不幸地阻碍人们去过一种整合的生活。研究结论已经相当明晰：以联结他人的方式去生活，找到能够助益和支持世界变得更加美好的方式，超越你的颅骨和皮肤限制的私人自我，这是一种经得起时间考验的让生活更美好的路径。关怀、善良和共情，对于过一种整合的生活来说是最根本的要素。

在加利福尼亚大学伯克利分校的“至善科学中心”（Greater Good Science Center，GGSC）工作的心理学家达切尔·凯尔特纳（Dacher Keltner）及其同事们的研究发现，那些和“自我超越”有关的情感，比如敬畏、感恩和关怀，都来自能量流和信息流的整合状态。在体验敬畏时，我们会感觉到自己正在面对的东西超出了原来能够理解的范围，感觉到自己属于一个更大的整体，是超越个人身体的更大整体的一个部分。就感恩来说，我们会感到一种深层次的感激。正如艾米卢安娜·西蒙－托马斯（Emiliana Simon-Thomas），即凯尔特纳在GGSC的同事所言：“那些能够点亮你与他人之间富有意义的联结感的体验（比如，你留意他人是如何帮助你的，承认他们在其中付出的努力，并且体味到你是如何从中受益的）会开启有关信任和爱的生物系统，随之激活有关快乐和奖赏的脑神经回路，从而产生一种积极体验之间相互促进和持续增加的激赏效应。”[1]向别人说一声“谢谢你”，你的大脑就在登记“有好事发生”，会感到自己丰盛地存在于一个充满意义的社会共同体之中。在南加利福尼亚大学，玛丽·海伦·伊莫尔迪诺－杨（Mary Helen Immordino-Yang）也发现，类似的情绪状态确实会激活脑干的深层区域，这些区域与我们基本的生命维系过程有关。她提出，那种正在活着并且生机勃勃的感觉，正是来源于某种社会情感激活了我们生命中最原始的神经回路。感恩真是棒极了！关怀，同样也被视为一种道德情绪，或是具有自我超越性的社会情绪，在关怀中，我们会和更大的整体产生富有意义的联结。当我们拥抱这种交互联结性时，我们就会变得更加富有生命力。

---

[1] Jeremy Adam Smith，“Six Habits of Highly Grateful People，” Greater Good Science Center，November 20，2013.

关怀建立在共情和善良的基础之上，支持我们去发展保持健康的能力，并且伸出援手，去支持那些通常简单地被称为“他人”的人的健康和幸福。正如我们谈到的，“自我关怀”这个短语其实最好用“内在关怀”来代替，这样直接指向“他人”的关怀就可以被称作“人际关怀”。当我们支持这样一种观点，即关于我们是谁，当我们全然活着时我们能够成为谁时，我们就可以在这个世界上培育一种更加整合和富有生命力的存在方式。关怀训练，发生于人际关系中，以及被皮肤包裹的身体和被颅骨包围的大脑里，它是培育这种整合性的一种方式。

颇具创造力的神经科学研究者们建议，将获得实证研究支持的自我关怀训练要素加进觉知之轮练习之中，于是，我决定在轮缘第四分区即我们关系型联结的分区深度融入这个部分，扩展对于善良意图的建立。鉴于关怀和善良源自整合且能够强化整合，那这么去设置就很适用且有益。自始至终，一切都关乎整合。

通过陈述意图来培育关怀

或许你很好奇，研究如何能够揭示出关怀对生活的影响，包括对大脑工作方式的影响。还记得吗？冥想练习就是一种心智训练。研究指出，当我们创造出一份内在的意图，并使之充满一种对他人和我们自身幸福健康的积极态度时（祈愿健康常在，渴望能减缓痛苦），大脑就会在功能上趋向更加整合。早先曾提及，应用各种监测大脑活动的仪器发现，很多脑区在产生这种内在的关怀状态时会变得更加协调和平衡。当大脑处在这种关心和关注状态时，就会茁壮生长，我将之简称为善良的意图，无论它是指向特定的个体，还是并无特指而是朝向一个更广的范围，并产生关怀和爱的感觉。善良包含着关怀和共情性喜悦——为他人的健康成长感到喜悦。意图是单纯地设置一种心理状态，而这将会塑造最有可能出现的能量流和信息流模式的方向和品质。善良的意图，会让心智以亲社会和交互联结的方式启动。

除了提高大脑功能性和结构性整合水平，其他研究还显示出体内炎症标记物的减少、压力的减轻以及心脏功能的改善，其实我们整个身体都会被关怀所抚慰。我和家庭成员还做过一个迷你研究，通过测量心率变异性来测量他们的自主神经系统的加速和制动功能的平衡。当他们希望别人受伤害时（也就是善良意图的反面），他们的自主神经系统会变得紊乱失调；当他们希望别人健康幸福时，他们的系统就会变得平衡，因为在这种情形下，系统会分化和联结我们生理调节的那些激活的和失活的方面。这些研究表明，当我们以真实和真诚去有意图地且有意义地产生善良的想法时，就是在自己的身体和大脑层面创造整合。

正如我们反复发现的那样，你对心智所做的事，会改变你的身体，也包括你的大脑。这就仿佛在说，你的身体会聆听由你心智创造的情绪、想法和意图——而且有科研实证表明，身体细胞、表观遗传调节和生理系统的反应也会随之发生变化。意图能够让人心生善意或是恶意，而这会直接塑造我们身体的内在运行模式和我们的人际关系。

既然善良的意图，共情性喜悦以及关怀的心智状态对我们身体的内在生活这么有帮助，而且还能够帮助我们在与他人的交往过程中变得更加开放和慈爱，那么，如何才能够在生活中去发展这种心智状态呢？

答案非常简单：去培育意图。意图扮演着心理灯塔的角色，它仿佛是一个漏斗，为能量流和信息流设定一个特定方向。请回忆下那个简单的等式：注意所到之处，神经放电流动，神经联结增长。现在可以进一步将其扩展为：

意图在哪里点燃，注意就移向哪里，神经放电就流向哪里，神经联结和人际联结就在哪里生长。

意图为注意和联结设定方向。

当我们坚持有目的地努力在觉知中设定意图时，我们影响什么也会成为意图，即使它们在觉知领域之外。它会创造一种无须刻意努力就能安处当下的心智状态。也就是说，一种经过重复进行且带着目标被创造出来的心智状态，经由练习就会变成在我们生活中自动呈现出的一种特质。

如果这种状态是善良和关怀的，那么相应的特质就是具有联结性的。

有关心智、心理状态、思维模式和心理立场的框架，是指一种包含意图、注意、觉知、情感、记忆和行为方式总体特征的心智状态。心智的这些行为方面涉及启动效应（或者说是，让某人能够为以某种特定方式来行动做好准备），接下来，就可以依之而行动。

古老修习和现代科学研究均已揭示，关怀意图的状态能够通过内部陈述被创造出来，体验为个体的一种内在声音。相关大脑研究显示，当我们在这些内在发声过程中去使用语言符号时，实际做的可远远不止是激活调节相关词汇解释的语言中心。这些词语同时也会激活那些表征更完整的概念的脑区，而不仅仅是词语本身所代表的概念。这就是最新的大脑成像技术能够“读取心智”的原因，这种技术能够用一些词语建构出复杂的语句，并预测基于这些词语本身会激活哪些相应的脑区。不难想象，基于词语的善良意图陈述将会激活关心、共情、慈悲和爱意的相关脑回路。善良这个词，常被我们简单地用来表征一系列积极的情感，涉及整合的内部整体大脑状态和人际态度及行为。我们能够在大脑中看到社会性回路的激活，涉及大脑皮层前侧和后侧区域，这里负责共情、慈悲以及心智化过程。这些社会性脑回路让我们有能力为他人和自己绘制一幅心智的神经地图，从而能够准备好为他人的福祉而行动。

善良意图的状态充满了积极、关心和慈悲。可以称之为爱、尊重和关注。这里的关键是，哪怕只是一种口语化的表达，比如在内心祝愿自己和他人都健康幸福，就可以激活那些简单词语所代表的心智状态。这种陈述的意义远远超过一组词语的简单堆砌，特别是当你能够带着真诚、意图和慈爱去陈述时。

接下来，我将邀请你在内心进行的陈述就是由一些词语组成的。当你用内在的声音说出时，可能会出现各种情绪和意象。当它们出现时，不妨继续让自己安住于陈述中，不管出现什么，你只是单纯地安处当下。片刻之后，这个创造善良意图的练习可能会让你体验到一种积极关注的情绪，一种爱的感觉，以及一种对他人的慈悲立场——这些也可能是指向自身的内在自我。研究表明，这样的关怀训练，善良意图练习，不仅会带来积极的内在感觉，也会让人们更想去帮助别人。

为了与觉知之轮的流程匹配，我修订了一些不同的练习版本，而且这些练习都已经获得了广泛的研究项目的支持。也可以在练习中对这些内容进行扩展，比如可以进行调整以适用某个特定群体，可以设计出针对一段特定关系的宽恕练习。调整之后的具体做法是：邀请一位练习者负责提供宽恕给那个给他造成痛苦和伤害的人，邀请另一位练习者为自己曾经给他人造成的痛苦和伤害寻求宽恕。宽恕并非在说孰是孰非，正如我的同事和朋友康菲尔德所言：宽恕，是彻底放弃对存在一个更好过往的全部希望。

在觉知之轮练习中，最好能保持陈述的语句尽可能广泛和开放，这与“非定向关怀”的研究结论相似，在练习中创造出的积极关注和爱的一般状态，相对应地，可以发展出高度整合的大脑。看起来，这些陈述最适合放在第八感即交互联结性练习之后，它们能够深化这一分区对关系感觉的聚焦过程——人际的和内在的。

如果你想现在就来试试作为整体觉知之轮的这个部分，可以翻到这本书前面的相关内容。可以从基础版觉知之轮开始，然后加上这部分练习。有些人可能会感觉一上来就祝福他人或自己会很不舒服，所以我将这部分安排在觉知之轮第四分区，在这一分区，我们的注意本来就已经被带到交互联结性了，经由提示，再去衔接善良意图的陈述，就不会显得很突兀。

“相关科学研究揭示，很多古代的智慧传承一直以来所教导我们的——去创造善良和关怀的状态，不仅会有益他人，而且和我们自身的幸福休戚相关。鉴于这些心智研究的发现，现在，我邀请你在内在重复默念这些短语。我会陈述一个段落，或者是一段的一部分，然后停顿一下，你可以在内心默默重复这些充满关怀和善良意图的话语。然后，我会继续。我们先从最基本的短语开始，逐渐延伸为长一些的句子。准备好了吗？那我们开始吧。”

这些短语如下：

愿众生……快乐。
愿众生……健康。
愿众生……安全。
愿众生……繁荣发展。

首先，进行一次深呼吸，我们要用稍长的句式，进行同样的关乎善良意图的陈述，当指向我们的内在自我时，可以用“我”(I) 来实现。

愿我……快乐，过着有意义、有联结、平和的生活，有一颗有趣、感恩和喜悦的心灵。

愿我……健康，拥有能够带给我能量、灵活性、力量和稳定性的身体。

愿我……安全，免于各种各样的内在和外在的伤害。

愿我……繁荣发展，过着幸福、安逸的生活。

现在，请进行一次更深长的呼吸，我们的自我不仅存在于身体边界所限的内在生活——那个有关我们是谁的“我”，同样也是一个交互联结性整体即“大我”的一部分。如何才能将这个分化的身体自我（I、me）整合进入一个关系性的“我们”（We、us）之中？整合就是去尊重分化，以及在分化之间进行的关怀而尊重的联结。如果整合了“我”和“我们”，就能够获得一种整合身份，一种称为“大我”（MWe）的新名字。

现在，就让我们把同样的关于善良和关怀意图的启发性陈述发送给“大我”：

愿我们……快乐，过着有意义、有联结、平和的生活，有一颗有趣、感恩和喜悦的心灵。

愿我们……健康，拥有能够带给我们能量、灵活性、力量和稳定性的身体。

愿我们……安全，免于各种各样的内在和外在的伤害。

愿我们……繁荣发展，过着幸福、安逸的生活。

现在，我邀请你再次找寻到呼吸，驰骋在呼吸的波浪上，吸气，呼气……

现在，请准备好睁开你的眼睛，如果之前是闭着的话。进行一次更富有意图的呼吸，更加深长的呼吸，我们将要进一步走进觉知之轮练习。

反观善良和关怀意图

看起来挺简单的，是不是？从有意关心他人福祉开始，你就能够在内在创造出善良和关怀的状态。这会给你带来怎样的感觉？有些人发现说这些话会感觉很尴尬，之前从来没有这样去说过。另一些人则会感觉，将这些表达关心和关注的积极祝愿发送给自己，会激起某种程度的焦虑。“我是否真正值得这样的善意？”人们常常会产生这些疑问。而对于很多人而言，特别是最开始读这些短句时，练习陈述这些祝愿他人和自己内在自我幸福的话语，确实会令人感到生机勃勃。当我们将关于“大我”的整合性自我加进来时，就会更加强烈地认识到我们彼此之间具有交互联结性这个事实。在很多情形下，加入关于关怀意图的陈述，都能很自然地扩展我们交互联结的第八感即关系感觉，它也很适合作为觉知之轮练习的最后环节。

研究和实践共同指出，在觉知中建起一种意图，对我们在生活里创造积极的状态具有强有力的影响。在生理层面，我们能够去更加平衡和健康地回应；在人际互动层面，则可以减少潜在的种族偏见，等等。而且，通过向自身的内在经验提供一份善良的滋养，我们和内在自我的联结也会得到强化。

克里斯汀·内夫在研究中提出，自我关怀由三部分组成：静观当下、善待自我和共通人性。之前曾探讨过，将“自我关怀”这个词换成“内在关怀”或许更适合，有助于减少自我关注，以便同时能关注他人，用这个词就等于承认我们还具有“我们”“大我”的属性，以及心智是存在于内在和关系之间的这些深层联结属性。

内在关怀是构成善良意图的一个重要部分。如果我的脚趾磕到什么东西，可能会很疼，然后为自己怎么这么蠢而咆哮一番，显然这就不是在践行自我关怀。反之，如果我能够觉知到这份疼痛，并且像对待挚友一般对待自己，我就会表现得非常温柔、善良和关心，我不会对抗疼痛以制造苦难，而是去拥抱它们，允许它们简单地作为生活中意料之外却不可避免的一种感觉。而且，我还会认识到只要是人，就难免会因为分心而磕到脚趾。这只是偶尔发生在我们身上而已。

善良是一种对某事的关心和关注。有时，善良被理解为一种与他人互动而不期待回报的方式。我个人喜欢把善良说成是尊重和支持他人脆弱性的一种方式，承认我们需要别人，生而为人必有弱点。我们每个人都有潜在的创伤和不同的心碎体验。对自己和他人保持善良，这意味着关心彼此最脆弱的一面。

我们可以采取善良的行动，也可以带着善良的意图为这样的行为设定心智状态。同样地，也可以带着关怀，将慈心状态作为意图附加在某些善行的过程中。共情性关注是开启关怀态度的一扇大门，让我们准备好去感知他人的痛苦，并深思如何才能有效地帮助他们减轻痛苦，让他们感觉更好。善良、关怀和共情这三个方面共同反映出我们全体彼此深深联结这一事实。当聚焦于共情性喜悦时，我们会因为他人的成就和幸福感到激动，这其中就包含了共情、善良和关怀的成分，每一种都很独特，也很重要。

在内在设定一个意图，希望自己表现出善良、关怀和共情，这样我们就是在真切地创造一种整合的心态。为什么呢？因为，包含这三者的整合的意图状态，可以让我们去尊重和享受人和人之间的差异，与此同时还可以去和他人创造出富有意义的联结。善良将心智设定在开放和关心的频道，共情将心智设定在去深层感受、分享和理解的频道；关怀则会让心智准备好去联结那些关于苦难的情绪、想法和行动并且设法减轻它们。善良、共情和关怀是一种整合的心智的三个基本成分。

心理学家兼研究者芭芭拉·弗雷德里克森（Barbara Fredrickson）曾经把爱写成是“积极的共鸣”，我们在其中和他人联结，并强化诸如喜悦、尊重和联结感这些积极的情绪。我和她曾经一起写作，提出爱可能就是一种整合性正在增加的状态——不仅体现为分享积极的状态，也体现为和那些正在受苦的人进行联结。当我们和他人联结时，即便是进入那些痛苦的状态，之前分隔的两个个体也都变成了一个更大整体的一部分。这种对于他人痛苦的抱持性见证，能够增加其中每个人的整合性，将受苦者和见证者整合起来。爱将彼此联结，并扩展到“大我”这个层次。

科学家们以往很少写有关什么是爱的论文，于是很自然地，我感觉直接谈论生活中这个最本质的方面会引发专业上的不适感。可是，我的受训背景让我成为一名依恋关系研究者，我很清楚人们生活中的健康取决于关系中的爱。同时，作为一位谙熟大脑的科学家，我也很清楚关系中的爱能够支持大脑整合的最优化生长，让大脑能以一种最协调和平衡的方式运转，同时让大脑中普遍分隔的脑区相互连接。当我们爱某个人时，就会在一种整合性的关系中进行分化和联结。爱是一种人际整合，会刺激内在神经层面的整合生长，爱和整合也会彼此强化，共同在我们的生活中创造幸福。

现在，将我们对觉知之轮进行的探索总结如下：关注彼此的相互联结；尊重我们的弱点；尊重我们之间的深层分化和联结；拥抱我们对彼此的需要。一个科学、合理的结论是：充满爱的心智状态一定包含共情、关怀和善良这三个基本方面。善良意图的训练可以创造出一种整合的状态，通过练习，可以强化生活中爱的特质。整合的状态会变成健康的特质。善意和关怀是可见的整合；爱是健康生活的一种特质。

深化觉知之轮练习

我建议你在接下来几天里试一试包含善良意图的觉知之轮练习。练习第四分区的关系感觉时将其扩展到培育善良、共情和关怀，这样觉知之轮练习就成为一种能够持续建构这些积极内在状态的强化性练习。

或许你会发现，在练习一些日子后，你在人际生活中的内在体验会发生细微的变化。举例来说，在写作这章内容的前几天，我曾开车沿着海边的高速路经过一个小镇。当时已经下了很久的雨了，那边路上的车子很少。快到小镇时，我看到限速指示牌突然发生变化，就立刻减速，然后，一个警察出现在我车子的后视镜里。红蓝相间的警灯亮起，他让我停下来，并给我开出了一张超速罚单。我很清楚和他争辩于事无补。于是，等他走到我车门前，我向他出示驾照，在我看着他的眼睛时，我感觉自己十分平和、清晰。他很可能是要完成开罚单的指标。我也发现这是一个超速陷阱——

我不可能成功减速，除非在限速指示牌变化的瞬间立即猛踩刹车。显然，他就是专门在此等着猎物掉入圈套的。

逐渐弄清楚这些后，我感到十分沮丧，我不仅要支付罚款，还得去驾校学习，与此同时，我多少能感觉到我对这位警官的关心，思忖这个小镇可能确实需要这笔很快从我账户划走的款项，我感觉到他对我还是很尊重的，而且就算我反击也无济于事。按道理说，我应该被他激怒，或是对自己发火才对，可是当时，我惊喜地发现，我完全做到了换位思考。我向远方的大海望去，感到这张罚单是那么微不足道，比起这个星球上的各种大麻烦来说。他很困惑地看着我，而我感觉到内在涌出的善良、爱和关心。或许因为我向他展现的这份善意，他可能会在对待下一位司机时也很善良呢？反正当他开车离开时，我感觉到我在这份完整的经验里是充满力量的。即使有些不公需要被纠正，值得花时间和精力去投入，这种清晰平和的内在状态也是进行改善的最佳起点，而被焦虑、恐惧或愤怒占据的状态则肯定不是。像往常一样，那天早上我进行了觉知之轮练习，而且我可以感觉到练习能够帮助我创造并维持这种交互联结和慈悲的感觉。

沿着海岸开车的感觉很棒，而此时此刻我正在写作，抬头望着太平洋的狂风巨浪，那感觉就好像是那种善良、共情和慈悲的意图能够为我们在环境中设定好生活的方式。经由这种开阔的视野，我们能够获得心理上的复原力，看着能量流和信息流的波浪袭来和流经此身，而我们远比那些波浪要宽广辽阔。我们或许更像是大海，海浪不过是大海激情的表达，一刻接着一刻，一波接着一波。

这片更广阔的海洋是什么，大我是谁?

最开始我和患者一起探索觉知之轮时，在第三分区带着一种沉入现实的视角去感受丰富的生命感觉，会体验到一种空隙的感觉。在想法和想法之间存在空间，在情绪和情绪之间，或是回忆和回忆之间，也可能存在心理上的暂停。在想法和想法之间的空间，在感受或是回忆来去之间的那个空间，感觉起来就是正在体验觉知本身。

凭借对他们的反思的启示，以及我们对心理活动之间的空间到底是什么的好奇心，我决定再增加一个步骤来完善觉知之轮练习。下一章将专门介绍这个完整觉知之轮的练习。

第 6 章

开放的觉知

探索轮心

觉知之轮能够帮助我们将想法、情绪、感受和认知这些位于轮缘的所知与轮心的能知区分开来，一旦获得这种体验性的知识，就可以转而去体验能知本身。我们将在这一章专门探索轮心，聚焦于和所知相区分的能知本身，换言之，就是去探索保持觉知状态到底意味着什么。

将注意转向轮心本身，也会让我们深潜到心智属性的一些基本问题上，接下来也会对如何整合和强化心智以便在生活中创造更多的健康幸福有更深刻的理解。

如何才能直接探索这个觉知的能知呢？就像在威利抢银行的故事里，警察询问威利为什么要抢银行，他回答，“因为那里有钱”。同理，我们去探索意识的能知（knowing），为什么不直接去探索轮心本身？就此而言，我会在觉知之轮练习中邀请客户或工作坊学员将注意转向轮心，通常会建议他们将注意辐条弯曲 180 度，将其指向轮心。

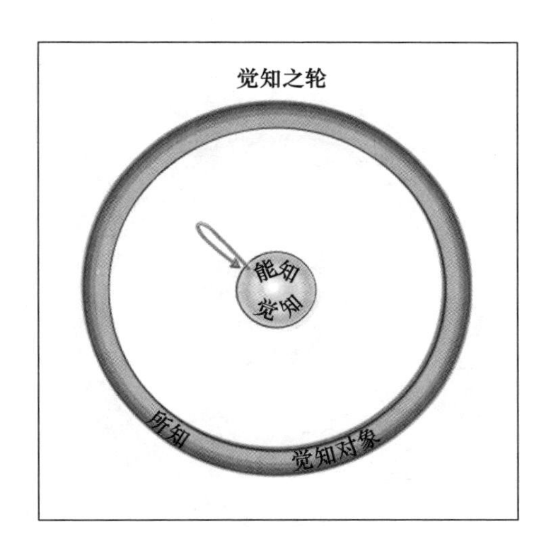

有些人会感觉弯曲注意辐条很奇怪，那么可以替换为将辐条缩回轮心处；也有些人觉得不需要弯曲辐条，直接将注意栖息在轮心就能很好地探索轮心。弯曲辐条也好，缩回辐条也成，保持辐条不动也无妨——所有这些方式都可以让我们直接去体验轮心。有些人认为通过弯曲或缩回辐条，把注意聚焦在觉知本身和只是单纯栖息于纯然觉知中之间仍然存在差异。不过无论你怎么去思考和运用觉知之轮，意图都很一致：直接接触轮心，即觉知本身——变得对觉知富有觉知。

起初，我将探索轮心这个新的部分放在整个觉知之轮练习的最后环节，即善良意图的陈述之后。当时考虑的是，既然觉知本身无所不包，为什么不将对能知的觉知这种深潜练习作为整个觉知之轮练习的最后环节呢？可是，实践表明，这条路难以行得通，如果人们参加的是短期工作坊，会感觉跟不上节奏，或者是并不想要停留在那种广阔的开放状态中。于是，我将探索轮心的练习时段安排在对心理活动即第七感的练习后，在轮缘第三分区和第四分区之间；在完成一个分区练习后，在开始下一个分区练习之前，这样感觉会很自然，这种方式在实践中也收到了良好反馈。你也可以这样试试，就在这两个轮缘分区练习之间进行。不过，这些步骤其实可以随意安排，能适应你自己的需要和偏好就好。

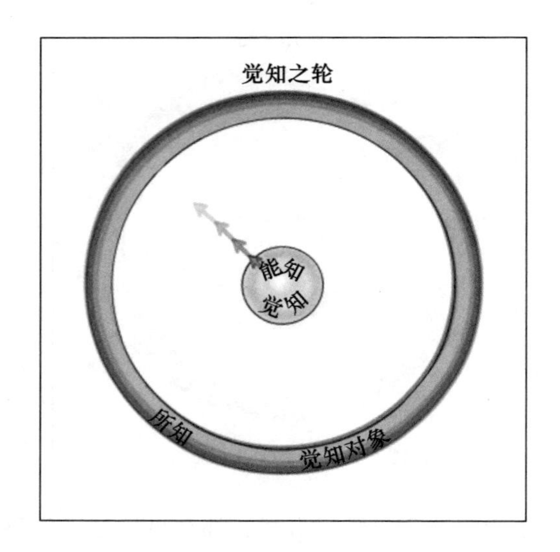

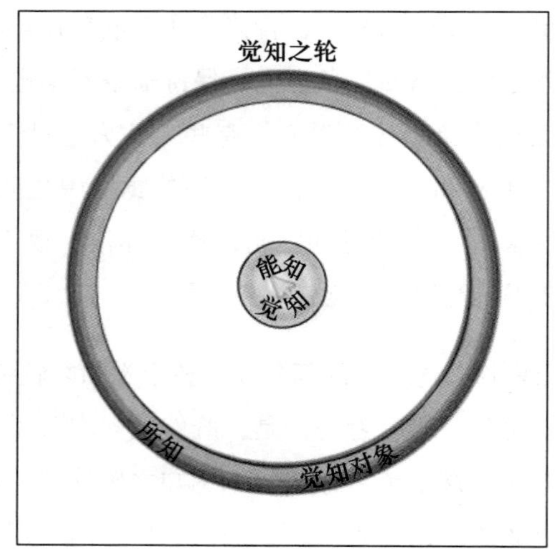

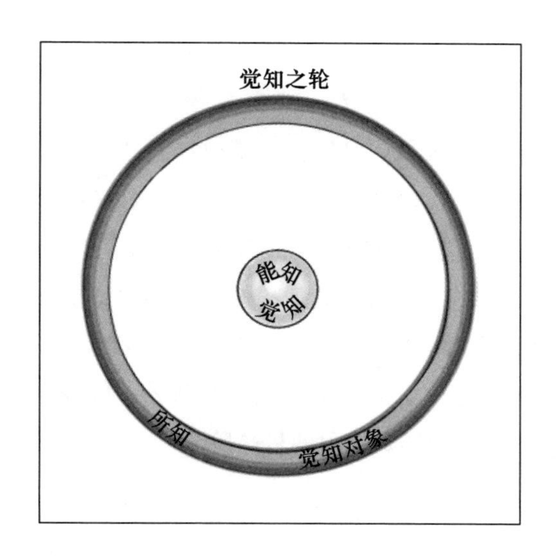

（这一步通常是在觉知之轮练习已经完成第三分区即心理活动部分后，同时是在开始第四分区即关系联结和善良意图的部分之前进行。）

请进行一次深长的呼吸，下面是新的一部分：在将注意辐条向第四分区同时也是最后一个分区即关系感觉移动之前，我们要先来探索轮心本身。有些人发现想象将隐喻图式中的注意辐条弯曲 180 度，将注意直接指向轮心本身，这样做很管用。还有些人发现想象从轮心处伸展辐条一点然后缩回来比较管用。也有些人干脆单纯地将注意辐条留在轮心，或是根本就不用辐条，只是栖息于轮心的能知中。无论你喜欢哪种，其理念是一致的。对轮心的所有体验保持开放，对觉知本身变得更加富有觉知。现在，让我们开始练习吧。（我通常会让这个体验持续两到三分钟，随着时间的推移，继续进行下面的部分。）现在，我邀请你去找到自己的呼吸，驰骋在呼吸的波浪上，吸气，然后呼气……现在，请进行一次深长的呼吸，将注意辐条伸展出来，指向轮缘第四分区即最后一个分区，我们的关系联结感。

反观能知本身

觉察轮心的中心的体验，对你来说是怎样的感觉？我的很多病人和工作坊学员会反馈说这让他们感觉很奇怪，至少刚开始时会这样。你会不会也感觉到失去了方向或是十分困惑？对有些人来说，会单纯地感觉到迷失，感觉很虚幻，也可能不知所措。无须担心，在很多情形下，将觉知栖息于觉知这一步，即对觉知本身更富有觉知这一步，都属于相当高阶的练习。我曾经向某位开办冥想中心的人士教授这个部分，他说在他四十年的教学生涯中，这个对他来说依然是练习的最高阶段。

然而，我在向累计三万人教授觉知之轮练习并且系统收集记录参加小型工作坊或是论坛的十万人的反馈信息后，一切就变得清晰明了起来，虽然个体的反应差异很大，但是人们所描述的体验中存在高度一致的地方。尽管人们的教育背景、冥想经历（长期冥想或从来没做过冥想）、宗教信仰、年龄、种族或其他人口统计学特征各不相同，但人们的反应在相当独特的同时也存在相当多的类似之处。

无论你的体验是什么，那就是你正在体验的。通过回顾十万人的一项研究发现，可以十分清晰地看到在世界范围内存在相通的共同体验。这样一来，我们可以把与之相关的科学论点归总一下，具体而言就是：觉知之轮练习能够揭示心智的本质，我们将在第二部分深入探讨这一议题。

环绕觉知之轮周围的能量

我们已经了解到，在轮缘第一分区，你可以强化对五种基本感觉的觉知力，更加精细地听，更加生动地看，更加敏锐地闻，更加深入地尝，更加灵敏地触。或许，这里正在发生的是，将五种感觉从其他的能量流动中区分出来，就能够使得运用集中的注意的有限心理空间变得更加明晰。

每次关注一种感觉，少即是多——在聚焦、深刻和细节性等方面都会更加生动鲜活。这是一个很好的技能，因为你可以使用这种区分感觉输入的技术来提高你在这个感觉丰富的世界中的生活体验。

下一次，当你吃饭时，试着只是去品尝、嗅闻、触碰和观察食物，每次把重点放在一种感觉上。我甚至还尝试过聆听我的食物！为什么要在吃饭时从事社交活动并且交头接耳？我们需要的是让自己全然沉浸在正在吃饭的那种共享的感觉流中，至少花些时间这么去做。而且，以一种安全、支持性的方式，带着社会联结感和参与感，来共享用餐时光，这本身就是一种交互联结状态的感觉体验。如此一来，我们在联结内在心智和感受的同时，也能去联结代表关系性感觉的交互心智，在其间获得一种平衡。这种整合的路径会邀请我们发现更多将内在体验和交互体验带入一个协同过程的自然方式。在这种方式下，每种属性的重要性和差异都会得到尊重和强化。在感受食物时，我们就处于让感觉在管道中流动和存在的模式；当我们用言语进行交流时，就处在对感觉进行建构的模式中。需要找到一种兼顾流动和建构的方式来尊重我们的体验，这或许就是一种期待中的能让我们的吃饭体验变得更加整合的方式。有时间你不妨试试，看看如何区分感觉的流动和对感觉进行社会建构这二者的差异，尝试在某次聚会吃饭时将它们联结起来，看看那会是怎样的感觉？

在轮缘第二分区，我们向身体的感觉保持开放，常常会体验到一系列反应，从麻木和困惑到一种丰富的内在联结感和充实感。如果这里有来自过去残留的困难经验，那么身体特定区域可能会充满情绪或感觉的反应和回忆，比如恐惧、惊恐、悲哀或是疼痛，以及一些很有挑战性的过往画面。伴随整体觉知之轮练习，对任何正在发生的事情如其所是地保持开放，这将能够给你力量去单纯地和它们相处，当你探索身体感觉时，可以带着一份对自己的邀请，这样可能会走得更深，会弄清楚这些身体感觉在过去或现在的生活体验中具有什么意义，以及它们到底可能是些什么。

请记得，觉知之轮会加强我们在呼吸觉知练习中学到的东西，去培育开放、观察和客观的第七感三脚架。让事物只是单纯出现，保持对它们本真面目的开放觉知。让你自己拥有能观察的空间，而不仅仅是感觉，这样会给你带来自由，不至于迷失在想法或回忆中，然后，你可以用观察的立场来再次引导注意。需要明确的是，观察和感觉是不同的，二者都很好，只是不同。客观，让你有能力觉知此刻出现的且转瞬即逝的注意目标——它并非你身份的全部，或者一定是一个真正的现实。它是一种心理过程，心智的一个客体。在这些方式下，保持开放、观察和客观，能够让心智在游弋于宽广的内外在体验时得以保持稳定。

在轮缘处第三分区，参与者常常会描述一种很奇怪和惊讶的发现。当我们在第七感中邀请任何心理活动进入觉知时，通常什么都不会出现。正如我们讨论过的，那份清晰不仅令人惊讶，也常常令人感到宁静。尽管我们说心智训练和放松训练不同，但是拥有平静和清晰的心智，无须心理活动参与就能获得觉知的广阔，这确实会创造出一种平和的感觉。

人们经常会这样形容心理活动，说它们好像“如梦幻泡影”。事实上，在一个冥想静修营里，我曾向一位受过科学训练的冥想老师询问何为心智，他说：“心智就是体验。”我接着问他何为体验，他说：“体验就是体验。”于是，我又继续追问，那体验的感觉是怎样的。他回答说：“心智就是体验冒泡的过程，体验会像碳酸饮料中的气泡一样升起，然后消失无踪。”

对于很多人来说，探索心理活动如何来去的动态性，相当富有挑战。或许你对此已经深有体会，当人们去描绘它时，通常会很惊讶地发现，每一种心理活动（每一个想法、情绪、记忆或信念）都是不稳定的，转瞬即逝，而人们之前并未意识到这点。没有什么能够被抓取。每件事都是来来去去，通常之前出现的事物与之后到来的事物之间没有明确的联系。实际上，这就像泡泡一样，好像是从某种碳酸饮料中涌现出来并逐渐成形的泡泡，然后会破裂并消失在觉知的表面。

接下来，就进入将注意辐条转向轮心的这个部分，即集中于轮心的中心（hub-in-hub）的练习。无论辐条是弯曲、缩回轮心处还是简单地伸展到轮缘处，结果是相同的。有些人发现这会令人很困惑，感到失去方向、难以把握。有些人会觉得这很怪异。

例如，在一次工作坊里，一位参加者把这个对觉知进行觉知的体验说成是“真的很古怪”。当我问“古怪”是什么感觉时，他回答说：“我的意思是，真的非常诡异。”于是我问他“诡异”是什么感觉，他回答说：“就是觉得很奇怪。”然后，我感觉需要说明一下：“我们使用的言语是语言符号，而有时语言符号并不能抓住我们实际要去表达的或是体验到的。你说的这些话，恰恰可以反映你在将此刻所发生的事，与过往经验和未来期待进行比较。如果你能够放下这样的比较，放下有关古怪、诡异或奇怪的这些语言符号，就只是让自己停留在这份体验中一会儿，去看看自己能否感觉到对觉知保持觉察是一种怎样的感受。”在小组成员等待他的回应时，他保持了一段时间的沉默。然后他笑了，而且脸上露出了兴奋的表情，他说：“那是一种难以置信的平和，真的非常清澈、空灵，又是如此丰富。实在是太令人惊奇了。”

并非只有他这样，同组其他成员也开始进行类似的表达，而且，在世界各地举办的工作坊中都常常出现这种情形。人们试图用如下的语言来表达对觉知的觉察的体验：“宽广如天”“深邃如海”“完整的平静”“喜悦”“安宁”“安全”“和世界的联结”“爱”“回到宇宙之家”“无限的”“扩展的”和“无穷的”。

到底发生了什么？尽管并非全体人员，但还是有来自世界各地背景迥异的小组反馈了这些描述。需要说明的是，一些参加者很难走到这一步，也就没有提供什么描述，简单来说，这些人的心智只是游移着，要么觉得很困惑，要么只是单纯聚焦于呼吸。与此同时，还是有很多来自各个工作坊的人们，无论其冥想历史如何，都提供了这些共识性的陈述。几年前，我在一次三千人一起练习觉知之轮的空间中问是否有人感觉到一种开阔感和时间的消失感时，有几百人举手示意。和我一起参与各地教学的学生助手们也感慨道："真不敢相信这些说法会一次又一次地出现。"幸运的是，我已经记录下对十万人进行系统访谈时得到的这些描述，它们已经获得了坚实的数据支持。当人们深入练习时，这种情况就会持续出现。在一次工作坊的分享环节结束后，有位参加者递给我一张字条，说她感觉很难去开放地表达在练习到这一步时发生的事，她这样描述自己的体验："那是一种开阔而平静的感觉，令人感到惊奇，是一种我之前从未有过的整体感。"她不敢直接分享是因为害怕别人认为她是在吹嘘。还有人会说，他在那一刻感觉到的爱太过强烈了，以至于没办法表达，担心论坛里的专业人士们认为他太脆弱了。虽然每一份描述都是独特的，但它们都包含着非常相似的爱、喜悦、广阔、永恒的广阔的感觉。我自己很清楚这些感觉，当我定期进行觉知之轮练习时，集中于轮心这一步的体验每次都会有些不同。有时，一点触动都没发生，我被困在轮缘处，考虑着我希望事情如何进展，也可能是被卷入到了对上次练习集中于轮心时的回忆里，或是希望过往经验能够在此刻重现。一旦我期待事情以某种特定方式发展，通常都不会如愿。重复练习的挑战之一就是要放下之前的经验，直接进入"心流"——就这个练习而言，就是栖息于轮心的觉知当中。

为了研究清楚觉知之轮到底是什么，我们将在本书第二部分就一些更为基础的问题进行探索，并且去探究觉知到底可能包括什么。这样，在投入练习时，我们就能够参考心智的运行机制，在理论层面扩展对如何应用觉知之轮的理解。这些探索将会成为我们洞察心智属性的一扇明窗，也能帮助我们在生活中更深层次地应用觉知之轮。本书的第一部分基本是这些内容，下面，让我们再次进行觉知之轮练习，这次是一个完整觉知之轮练习的浓缩版，你可以设定自己的呼吸节奏。

精简版觉知之轮练习

为了将觉知之轮在理论和实践层面尽可能整合进入日常生活，对这些概念和沉浸式练习体验进行反思会很有帮助。有时，在进行非正式练习或是跟随我录制的音频进行练习的过程中，我们只是太匆忙地投入其中，通常用时不超过半个小时。或许你的日程安排相当紧张，但还是可以找到一个空闲时间，将注意集中在呼吸之上，这是一种很好的练习方式。需要确保自己能够坚持进行一些基本的集中注意练习，比如在商店排队等待时就可以练习。也可以在日常一天中的任何时段，找到一个五分钟的空闲时间，进行一些轮缘分区的反观练习。其实，我们可以有很多方式来确保练习的持续进行——还可以将一个每日 20 分钟的反观练习拆分成 4 个 4 ～ 5 分钟的练习模块，这和持续练习 20 分钟同样有益，尽管这种方式尚未得到严格的科学论证，但是做总比不做要强，而规律练习的效果当然比随机练习的更佳。或许你会发现，每天进行反观练习非常有助于你将这种整合性的心智训练纳入日常生活，这会促进你的健康和幸福。

作为一个整体，觉知之轮有一种特定的节奏和完整性，很多人想要持续练习，并且找到了一种用更短的时间来完成完整觉知之轮练习的方法。我们会一起进行下面这个练习，方便起见，我称之为浓缩版觉知之轮，尽管这版练习的速度和之前的不同，但同样能帮助我们将完整的觉知之轮理念和实践融入自己的生活。

基本的思路如下：注意辐条的每一次移动，都是在强化集中注意的技能，让其聚焦在辐条上，去留意轮缘的要素，然后等到需要再次移动注意时，再去移动辐条。在第一分区，基本五感（听觉、视觉、嗅觉、味觉和触觉）伴随着每次吸气和呼气的循环，都能够被我们留意到。自然，这种移动的时间可以和你个人独特的呼吸节奏相协调，有时你还可以完全按照自己的呼吸节奏来，如果那样更适合你。这可能需要你用心学习，在回忆中编码不同的步骤。我曾经在前面强调过这个部分，你可以再回去看一看。这里的关键就是在移动辐条时要跟随呼吸的自然节奏，当你沉浸在轮缘处那些点时也不要忘了吸气和呼气，你可以在下一次吸气时移动注意的焦点。

在轮缘第二分区，可以去想象呼吸从某个部分进入身体，或是在哪个部位从身体呼出。尝试每一种方式，来看看哪种对你而言更加适合。开始时，伴随对面部的肌肉和骨骼的感觉，你可以在吸气时想象空气从面部进来，或者是在呼气时想象空气从面部呼出。然后，想象呼吸进入颅骨，接下来从颅骨呼出。就我来说，在注意被转换到关注身体某个新部位的感觉时，正好会伴随着吸气的感觉，然后，在进行下一次呼吸之前，就会从那个新部位将空气呼出。在呼气或是吸气时进行注意的转换，这对你来说可能也很不错。而如果身体某个部位需要额外更多的一些呼吸，就去做吧。花你想要花的时间，时长由你来决定。

在培育开放性觉知的轮缘第三分区，我发现，先进行几次呼吸对回顾轮缘处的心理活动很有帮助。为了弯曲或缩回辐条，进入对轮心的中心的觉知我会给自己需要的呼吸次数。有时，在练习将注意集中于轮心时，我会失去和呼吸的联结，因此假如有进度要求，那么可以设定一个计时器，以确保不会耽搁接下来的练习部分。我可能会设定一个三分钟的提示铃音，这样就能及时结束并进入第四分区，而不至于匆匆忙忙地结束这个浓缩版觉知之轮的练习。

在第四分区，就可以很从容自然地跟随每一次呼吸，吸气和呼气，将注意从内在世界转向外在的所有生命。当你到达善良意图的陈述这个部分时，你可以尝试多种将每个分句融入呼吸中的方法。我发现了一个非常顺畅的方法，就是在开始陈述时先吸气。然后，重复基本的短句——例如，“祝愿所有生命都幸福”，伴随呼气结束这个分句。大体就是下面这样：

（吸气）祝愿我们快乐，

（呼气）过着一种有意义、有联结、平和的生活，

（吸气）拥有一颗有趣、感恩和喜悦的心灵。

（呼气）祝愿我们快乐。

这样一来，你就可以很有趣地把握说出这些句子的时机，让这些陈述和你的呼吸协调一致。

将呼吸嵌入浓缩版的觉知之轮练习中，花上几分钟就能完成一个完整的觉知之轮练习，同时和你呼吸的自然节奏相协调，这种方式真的很棒！

请根据你的时间，从容地感受你的生活，将呼吸带入觉知之轮。鉴于我们在下一章会继续探索这些理念和实践的内涵及更多应用，我邀请你继续将自己浸入规律的练习之中，让觉知之轮的整合性以任何一种适合你的方式成为你生活的一部分。当你继续前进时，这种持续性的练习能够赋予你力量去扩展自身的体验，并且把即将出现的概念和机会进行整合，从而进一步增强你的心智并提升你在生活中的幸福感。

第二部分

觉知之轮与心智的机制

第 7 章

心智与身体的能量流

在我们参与觉知之轮练习时，我们主观体验到了轮缘、辐条和轮心。这个“圆轮”的视觉图像是一个隐喻，这个隐喻帮助我们对“能知”和“所知”做出区分，帮助我们把它们和注意联系在一起。旅程的第二部分将基于你对觉知之轮练习的直接体验，更加充分地探索一些潜在的心智机制，这些机制即是那些体验的本质。

这里，我们将在身体和大脑，以及心智与能量流本身联结的其他概念中一一探索这些机制的要点，以便能更加深入和透彻地理解觉知之轮。为什么我们需要在觉知之轮的隐喻之下建立一个潜在机制的框架？通过深入理解可能正在发生的一些过程，我们能够在日常生活中更好地利用觉知的力量。路易斯·巴斯德（Louis Pasteur）曾说：“机会偏爱有准备的人。”体验觉知之轮并理解它可能存在的机制将让你的大脑为生活中终将到来的机遇做好准备。

在轮缘第一分区，我们重点研究的是以声音、光、化学作用（诸如嗅觉和味觉），以及触摸动压的形式进入身体的能量流。我们生来就具有一些受体，用以探测世界中的这些能量形式，我们最初的五感就是这种能量流进入了我们的身体。这种能量的输入可以在不知不觉中作用于我们的身体，我们也可以在觉知中把这种能量的输入感受为主观体验。作用于我们的身体的受体的能量被转换为进入体内的能量流，决定了神经放电的呈现方式，并依据我们感觉、知觉，以及与外部世界（身体之外的世界）相互作用的方式塑造了我们的生理变化。

在很多科学家看来，这些身体状态究竟是以何种方式被我们感觉为可觉知到的主观经验的？这仍然是一个亟待解决的难题。是的，很多科学家都认为身体过程是研究心智觉知的关键。然而，从分子和能量流到意识经验的迁移是如何发生的？学界尚无定论。我们对这步迁移有许多的疑问，在学术界，人们提出了很多从物质到心智的过程的理论，已经有很多理论处于论辩当中，但是，这里最主要的问题是：我们确实不知道我们是如何变得有觉知的。

在 2500 年前，希波克拉底宣称大脑是我们的欢乐与悲伤的唯一来源，也是心智的唯一来源。虽然传统的医学观在当今仍被普遍接受，但是，这种观点可能没有详尽地给出全部信息。超越大脑研究全身的做法在神经科学中并不常见，我们来看看内科医师和神经科学家安东尼奥·达马西奥（Antonio Damasio）就此提出了哪些观点，下面是他在伦敦为 1200 名专业人士所做的公开演讲的讲稿副本，这篇讲稿总结了他在其著作《万物的古怪秩序：生命、情感和文化的构建》（*The Strange Order of Things*：*Life*，*Feeling*，*and the Making of Cultures*）中提出的若干重要论证。

“地球上的大多数生命都没有神经系统。神经系统是最近的演化进展。

一旦神经系统开始形成，这些神经系统最终就会产生我们的文化赖以存在的心智。但是，在那之前，没有神经系统的生命也运作得很好。”

这里，达马西奥提醒我们把身体看成先于大脑存在的东西。

“另一个有趣的观点是，当人们想到心智时，他们通常只想到大脑……他们认为心智只产生于大脑，就好像大脑是心智的唯一发生装置。这是错误的。心智是由神经系统和身体共同组成的。”

这是主流神经科学的一个重要时刻，在这个时刻，该领域一位颇有成就的研究者建议我们超越“心智就是大脑的活动”这一常见说法。达马西奥详细讨论了为什么这种观点是错误的：“根本的原因是，在大脑出现之前、在神经系统出现之前，身体就能够做高度复杂的事情，神经系统是身体的副产品，因为身体的复杂性决定它需要一个‘调节器’。”

我们会关注这个调节复杂性所需的概念，并在我们探讨前面提到的心智各方面的机制时追踪这一概念，一个复杂系统的自组织涌现特性。达马西奥继续说道：

> “人们通常认为大脑是最高级的器官系统，它需要负责管理事物和产生思想，与之相反，身体具有所有复杂的生理结构并达到了需要协调者的复杂程度。那些协调者实际上就是神经系统。我们需要意识到我们的身体不是为大脑服务的，相反，大脑为身体服务。神经系统为身体服务。一旦你把神经系统看作生活的仆人，而不是把神经系统看作生活的主人，生活中的一切就开始变得有意义了。”

我们可以认为理解心智意味着超越传统观念，也就是说，心智不仅仅是脑部活动的结果。在达马西奥看来，我们至少可以认为我们的精神生活完全是具身化的。现在我们把注意放在被皮肤包裹的身体里，正在被调节的东西究竟是什么？这个复杂系统到底是怎么一回事？

就拿感受的本质来说，感受将我们心理的、主观体验与我们身体的生理机能联系在一起。在觉知之轮练习中，在轮缘练习的第二分区中，我曾邀请你觉知身体的状态。这个第六感的轮缘活动是身体能量流（身体当前的状态）的一个视觉概念。这些身体状态是我们感受的基础。

随后，在轮缘练习的第三分区中，我曾邀请你对任何可能出现的情绪、想法、记忆、意图、信念或其他心理活动采取开放的态度。然后，你就可以探索能知（knowing）或觉知的主观体验是如何让你知道精神生活中这些活动的产生、持续和离开的。这些更具构造性的心理活动可能也是能量流的具身模式，这些模式可能主要通过大脑各个区域的复杂神经放电形成。这表明轮缘的第二分区可能是身体状态，而第三分区可能主要来源于头部的神经放电。

然而，这些心理活动到底是什么呢？这些身体感觉实际上是什么？第二分区和第三分区的轮缘元素之间是否存在相同的内容，这些元素是否与第一分区的视觉、听觉、嗅觉、味觉和触觉存在某些相同的内容？那么第四分区（我们与我们所栖息的身体之外的事物的关系）和这三个分区又有什么关系呢？这些分区是否存在某些相同的基本元素，也就是说，在觉知之轮的隐喻和体验之下是否存在一种共同的机制？

换句话说，那些轮缘究竟是由什么组成的？我们心智所知的这些内容究竟是什么？

让我们回到达马西奥的观点，达马西奥认为感觉在我们的生命中具有核心地位。你在做觉知之轮练习的时候可能会产生许多感觉，并且，你从轮心觉知到这些感觉。然而，究竟什么是感觉？

达马西奥认为，如果一个情绪状态通过来自身体的信号进入意识，那这个信号就是所谓的“感觉”。按照这种说法，感觉是我们关于情绪的意识经验。好吧。但什么是情绪呢？这些身体状态是一些信号，并通过多种途径被传递到中枢神经系统，这些途径包括血液、神经系统的末梢分支，以及被称为“肠道神经系统”的肠道内部系统。正如达马西奥所言：“肠道神经系统实际上是第一个大脑……这是神经系统开始形成的地方。”

在肠道大脑或心脏大脑内部，相互联结的神经系统围绕着这些器官。与肠道大脑或心脏大脑不同，在头部大脑自身的内部，最难解的、在演化方面最古老的部分（脑干）接收了来自这些身体信号的第一次输入。正如达马西奥指出的那样，脑干中的神经元簇（被称为细胞核）“向中枢神经系统提供了第一个有效的身体状态的完整机体整合”。这些脑干细胞核甚至存在于昆虫体内，这意味着感觉已持续数亿年并成为活的机体生活的一部分。因此，一种感觉本质上是对身体状态的某种表征。

作为哺乳动物，我们在脑干上已经有了一块被广泛开发的区域，这里为我们提供信号的神经通道比昆虫的神经通道更为复杂。这样的神经通道并没有变得更好，只是与昆虫的神经通道在许多方面有所不同而已，包括它的复杂性。

在这个意义上，我们可以认为具身心智超越了头部大脑的范围并由具身的能量流模式构成。我们的前三个轮缘分区表征的是各种形式的能量流——来自外部世界的能量流、来自身体的能量流，以及来自产生心理活动的复杂神经结构的能量流。正如我们在前面讨论的，我们关于关系联结的第四分区可能是一种共享能量流的形式，也就是说，这是一种互动模式，存在于我们的内在具身化自我、我们与他人和我们所生活的世界之间的互动联系。

总之，觉知之轮的轮缘上的各点可作为能量流的各种形式和位置的视觉隐喻：轮缘第一分区是外部世界的能量流通道，第二分区是身体感觉的能量流通道，第三分区是心理活动和人际联结的神经结构，作为我们人际关系生活的通路和结构。我们的基本建议是：轮缘处的“所知”代表了能量流的模式，辐条表示用注意引导能量流。这时仍有问题需要解决——有关

“能知”的轮心可能是什么？为了弄清楚关于觉知起源的基本问题，我们需要探究一些心智的基本观点以及研究意识的策略。

注意你的大脑

回想一下，我们在第一部分讨论了心智所包含的四个方面：主观体验、意识、信息加工和自组织。接下来，我们将探究觉知之轮练习如何与这四个方面相关联，以及它们各自共享的潜在机制。这个必要的机制可能就是能量流。

你的心智能够感觉和引导能量流。主观体验可能就是那种感觉到了能量流的感受，无论这个能量流是来自身体内部还是外部。

你的心智会引导能量流传导到相互联结的神经元的具体物质，这时离子进出细胞膜并释放神经递质，神经流反过来激活了 DNA，促进蛋白质合成、突触联结的修剪或新发展，搭建新回路，使信号在联结的神经元之间传递，甚至刺激髓鞘的生长（以增强功能联结和神经通信）。当髓鞘被放置在与突触相互联结的神经元之间时，它能让动作电位（离子流）的流动速度加快 100 倍，并让间歇周期（或者放电之间的不应期）缩短 30 倍。100 乘以 30 等于 3000，所以，当你集中注意（全心全意去做事）时，你会建立新的或修剪现有的突触联结，铺设髓鞘以使能量流动的速度加快 3000 倍，以及以更协调的方式使更复杂的神经放电模式成为可能，在身体和大脑中形成信息地图。

此外，心智和其他体验激活的神经模式可以改变位于基因顶部的化学调节系统和表观遗传调节因子，它包括组蛋白和甲基原子团，即决定基因表达和蛋白质合成方式的非 DNA 分子，这样你就有了用心智改变大脑的第三种方式。表观遗传修饰改变了大脑对未来体验的反应方式。

令人惊讶的是，正如我们看到的那样，你的心智可以影响神经放电、突触生长、髓鞘形成，以及表观遗传修饰。这些科学记录的发现意味着你的心智塑造了体验（能量流和信息流），这改变了大脑的功能和结构。心智是怎样做到的？通过引导能量流和信息流。试一下吧，心智，尝试一下！

这个部分回答了为什么在我们的“第七感研究所”中有些有趣的短语：“注意你的大脑”和“激发重新联结”，它们意指你的心智可以和大脑进行整合，并重置你的生活，让你的生活变得更加充实、更加自由，以及更加充满意义和幸福。这一观点的核心在于，心智和大脑不是同一个事物——有时大脑将心智体验引导至某些方向，而我们处于不假思索的自动化状态；有时我们可以用心智去控制注意，有意图和有觉知地引导能量流和信息流，用非自然的方式使大脑活跃起来。觉知之轮练习就是这样改变你的大脑的。当你反复地练习集中的注意、开放的觉知和善良的意图的时候，你激活了某种特定的放电模式或神经状态模式（一种整合的状态），研究表明，从整合性大脑发展的角度来看，这种状态会使一系列整合性特质成为你生活的一部分。

用这种方式我们可以启发彼此以特定的方式重新与大脑联结。当我们更加关注健康的时候，随着重新联结到健康，我们可以让大脑创造更多的神经整合。

大脑手势模型

要想象觉知之轮练习是如何帮助你培养一个更加整合的大脑的，有一个立刻就能理解的大脑手势模型便能帮到你。伸出你的手，将大拇指放在手掌中间，把其余手指折叠在大拇指上，你便有了一个有用的人类大脑的手势模型，我经常用这个模型解释这个复杂的器官和它的整合方式。

在你的手所示的这个大脑上，眼睛和脸的位置在你的指关节前面，你的手腕代表脖子上的脊髓。当你抬起你的手指和大拇指时，你会看到你的手掌，这代表脑干区域。这个区域是大脑的一部分，它位于你的头骨深处，也位于你祖先的历史深处。这个区域会首先进行一套整合的神经放电模式，这套模式会符号化或再现达马西奥所说的“完全的有机体整合”。

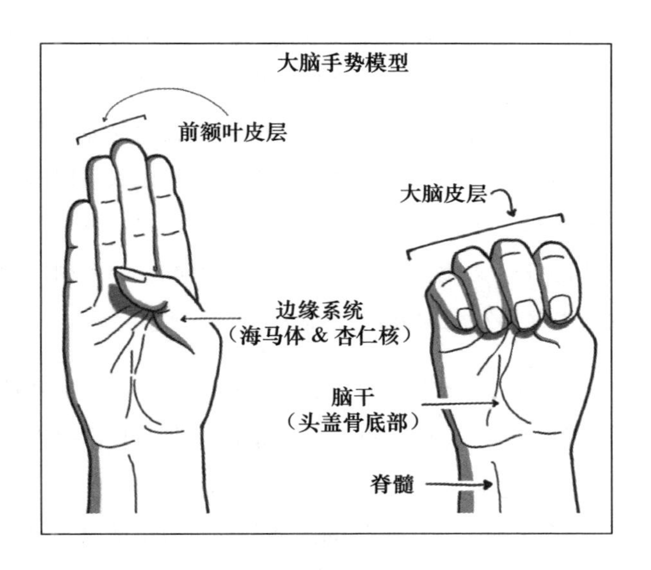

接下来，我们加入一个传统上被称为边缘系统的部分，用你的大拇指来表示，实际上，这也是一个与整个大脑的其他区域广泛相连的区域。这个区域下连脑干，上连大脑皮层，你的手指包住的大拇指边缘区域代表了这一大片区域。虽然这些区域的边界可能没有它们各自的名字所意指的那么明显，但是你可以轻松掌握它们在你的大脑手势模型中的空间排列位置。我们很快就将探索这些区域的一些特点，以便了解心理活动的潜在内部机制，但在这里，我们来简单地检查一个联结身体、边缘系统和大脑皮层的区域，这个皮层是我们已经讨论过的一个通过冥想练习生长的重要互联回路，叫前岛叶皮层，简称岛叶。

达马西奥研究过这种复杂的神经回路，并发现岛叶皮层可提供一种比脑干所提供的更清晰的感觉状态分布图，以及一种适用于互联其他与记忆、推理和语言相关的（社会文化稳态）的其他皮层图的分布图。

在这里，我们可以看到身体自身发生的一些事件与身体状态进入脑干和脑岛的过程之间的联系。这里的“一些事件”以信号的方式传递，并在大脑内部重新呈现为科学家通常所说的“大脑地图”。这种神经表征，或者说大脑地图，被认为是一种神经放电模式，一组神经元以某种方式或模式被激活。这种方式或模式，代表或映射出神经信息。神经激活是神经放电的一种能量模式。在这种情况下，脑岛的激活表示身体的状态。与脑干的映射不同，脑岛向上延伸到其他脑区，然后这些区域可以形成更加复杂的与地图相关的联想，这种联想能塑造我们的想象力、自我觉知、语言以及平衡我们机能的社会文化方式。其中的每一个过程都有助于我们的内环境稳态，即我们生存和发展的方式。

达马西奥说，我们身体系统的调节与神经系统有关，也和神经系统如何创造出他所说的“行动程序”有关，正是这二者使我们得以生存，人类得以繁衍——让我们达到内环境稳态。这些程序包括驱使人们行动的神经“指令”：“这一指令可能来自生物体的内部条件，也可能来自外部世界的事件……大脑感觉系统不断地观察生物体的内部状态、外部环境以及想象过程。行动计划及其结果的心理体验被称为感受。感受是有意识的、有效价的……感受是生物体内生命状态的天然报告。”

生命状态就是我们身体的状态。这支持了这样一种观点，即我们，我们的心智，是完全具身化的。身体不仅仅是一辆带着车头（大脑）乱跑的运输工具——它是关于我们是谁的本质的重要内在源泉。因此，当我们研究大脑手势模型时，这张地图只是一个完整的身体自我的一个方面，身体自我塑造了我们。

正如达马西奥进一步阐述的那样：“心智的形成，特别是感觉的形成，建立在神经系统及其生物体相互作用的基础之上。神经系统自己不能自己形成思想，需要与其生物体合作。这与认为大脑是心智的唯一源泉的传统观点大相径庭。”[㊀]这与我们的基本观点一致，即心智是完全具身化的，并且是关系性的。

首先需要解答的问题就是我们为什么有感觉，达马西奥这样回答：“关键在于，一旦你有了感觉，你就可以用它来指导你的物质生活、你的精神生活以及你的计划……感觉系统是一种让你的身体、生理、稳态影响你行为的方式。”

对达马西奥来说，感觉在组织行为中起着至关重要的作用，它们能唤起我们所谓的“情绪”的运动。他也建议，感觉作为一个预测机器，我们需要用它来有组织地引导我们的行为。我们从过往获得的经验，对未来的期盼，都深植于当下的感觉之中。感觉不是幸福生活的一个侧面，它们是我们作为一个整体的、具身化存在的人的基本生活方式。

我们的大脑，作为身体一部分，在塑造我们对自己的认知以及如何认知的过程中，起着特别重要的作用。首先脑干映射出身体发出的信号，然后边缘系统把情感、动机、评价、记忆和依恋编织在一起，最后往上送到大脑皮层。新的皮层，或称新哺乳类脑，随着我们这样的哺乳动物的进化而不断发育。灵长类动物的这一区域变得相当大，然后人类开始出现。人类大脑最前面的部分，即前额叶，与其他脑区的联结更加复杂。前额叶皮层是大脑主要的整合中枢，联结着大脑皮层、边缘系统、脑干、躯体，甚至联结了社会人际之间的能量流和信息流。

公平地说，我们确信意识只是来自大脑皮层吗？答案是否定的。这是达马西奥对意识和大脑的看法：“没有特定脑区或系统能够满足意识、主体性的视角和感觉成分以及经验整合的所有要求。毫不奇怪，试图找到意识在大

㊀ Antonio Damasio，*The Strange Order of Things*（New York：Pantheon，2018），28.

脑中的位置的努力没有成功。”在研究影响意识这些方面的领域时，他进一步指出：“这些脑区和系统作为一个整体参与整个过程，以有序的方式进入和离开流水线。再次强调，那些脑区并非独自地完成任务，它们需要与身体进行紧密的合作。”[1]只有通过这种方式，意识才能得以充分具身化。

由皮层区域产生的神经表征或地图显然有助于我们在意识中体验各种图像和想法。主管认知地图的制作、推理和反射的脑区让我们能够感受到他人的和自己的想法。这种心智能力（或称为心理理论、心智化或反思功能的能力）涉及多个脑区，包括前额叶皮层。当前额叶的中线区域与后中线区域，即后扣带回皮层相连时，它们在一个系统中形成两个节点，与其他皮层区域一起，即使在我们休息时也会活跃起来。由于这种背景活动（background activity）是以默认方式存在的，因此即使没有被分配任何任务也是如此，科学家们已将这组相互联结的、以中线结构为主的网络从前到后进行标记，标记为默认模式网络（default mode network，DMN）。

“与经验整合相关的过程需要图像的叙述排序以及这些图像与主观性过程的协调。这是通过在大规模网络中排列的两个大脑半球的关联皮层来实现的，其中 DMN 是最著名的例子。大规模网络设法通过相当长的双向路径让非连续的脑区互连。”[2]

让我们看看这个相互关联的 DMN 是如何与你在觉知之轮实践中的体验相关联的。

默认模式网络

大脑研究中令人兴奋的新发现引发了一些令人着迷的问题，即我们是

---

[1] Damasio，*The Strange Order of Things*，154.

[2] Damasio，*The Strange Order of Things*，155.

谁、我们是如何变成现在这样的以及像觉知之轮这样的心智训练实践在塑造我们的自我意识方面的作用有多大。对心智和大脑的探索自然会引发关于自我和意识的问题，这些问题有助于我们集中探索觉知之轮的潜在机制。

看看你的大脑手势模型，你的皮层手指现在折叠在你的脑干掌上的边缘拇指上。位于前额叶后面的皮层额叶，由指节从第二指节向前指向指甲。从额叶中部，在这个中线轴向下延伸到大脑中部回到后部区域，形成DMN的中线节点的互连区域。

DMN的线路可以被看作一系列相互联结的大部分中线区域，这些区域从前到后贯穿大脑中心。在这里，我们只关注中线区域，以便于参考。

这是一种考虑DMN如何在我们的生活中发挥作用的方法。对于许多人而言，这些中线区域彼此紧密地联系在一起，形成高度分化的回路，它可以支配其他脑区的活动。想象一下，在学校里，一群紧密联系的朋友，在他们的小群体里谁都不能容纳其他人。这是各个区域作为基线状态互连的感觉，即默认模式。这种朋友之间的紧密联系会导致其他孩子被排除在教室之外；这些中线前后区域的紧密结合可以排除大脑和身体其他区域的参与。

该中线网络的关键组成部分之一是一个被称为后扣带回皮层（posterior cingulate cortex，PCC）的区域。从解剖学和功能学的角度来说，PCC可以被认为是DMN的一个协调节点，相当于学校孩子们群体里的头目。与PCC密切合作的是一个称为腹内侧前额叶皮层的额叶中线区域（和我们稍后将讨论的其他非中线DMN区域)，它在社会认知和心智理论中扮演着至关重要的角色——考虑他人和自己的思想。当PCC与默认模式回路的其他区域都被激活时，我们倾向于思考自己的主观经验，或者思考别人对我们的看法。听起来很熟悉？这就像是许多情歌的副歌："你明天还会爱我吗？"那是一个满怀柔情的DMN。这个区域在我们将自己置身于社会世界中（在心理层面）起着重要作用，甚至在定义我们内在自我意识的世界中。

DMN 可以促进我们对自己的内在和精神生活的感知，也可以强化我们对他人的心智状态的关注。作为社会性生物，理解另一个人的注意焦点、意图和觉知（理解他们的心智状态）对我们的生存和成长至关重要。这样一来，社会觉知和自我觉知可以用同一种布料编织而成。我们用来觉察心智本身、自我和他人的主观体验的每一种方式都有助于我们达到内环境稳态。

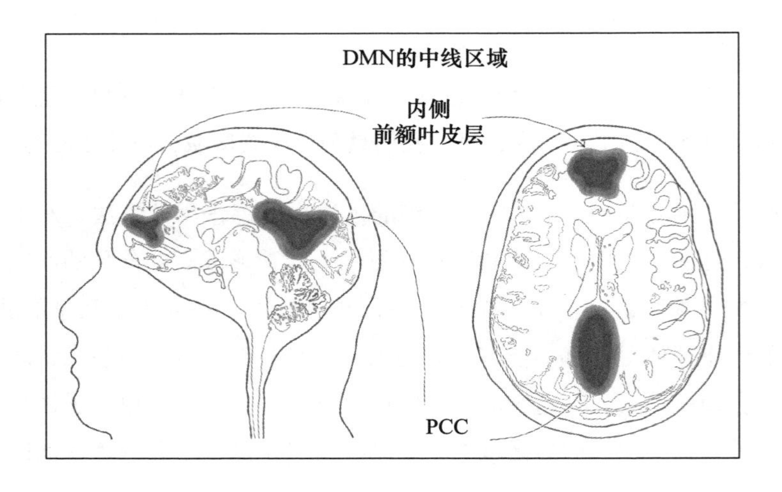

如果 DMN 变得孤立，那么自我意识也会感到孤立。在这种情况下，当 DMN 尚未与大脑和身体的其他部分整合时，我们可以提出，它关注心智状态的能力可能构成一种独立自我的感觉，并且特别关注他人的心智状态以及这些状态是如何指向我们的。在好莱坞，通常有这样一个笑话："关于我已经足够。那现在，你怎么看待我呢?"这种自我关注自然是我们的社会脑关注我们如何融入社会的一部分，但它也有可能过度。有时定义一个私人自我（private self），可能会让人们沉迷于自我的地位、只留意自我关注的自我在世界中的位置。这里可能有很多独立的自我（solo-selfing），但相互联结和对"我们是谁"的更广泛的感知很少。我们可以想象，这种自我激励可能来自在其自身回路中过度联系的 DMN，而不是联结到大脑中更广泛的神经系统、整个身体，甚至来自其他人和更广泛世界的流动。这就是我们的意思，即过度分化的 DMN 就像一个排斥学校其他孩子的小团体。更为整合的 DMN 将涉及共情和关怀的过程以及灵活的自我觉察形式，利用我们社会脑的力量专注于自我专注以外的事物。因为 DMN 是关于我们自己和他人的心智的，我的喜欢用首字母缩略词的心智已将这个网络称为 OATS 回路，因为它将我们心智的注意集中在了关注他人状态和自我状态的问题上。

Others（他人）
And（和）
The
Self（自我）
= OATS

如果 DMN 与其他神经领域和社会世界能够很好地整合，这可能意味着共情和洞察力的出现，因为这些默认模式区域能够促进我们的社会认知和自我认知，即我们看待他人和自我的方式。但是，如果 DMN 过于分化并且与其他脑区没有很好的联系，那么这种 OATS 活动可能会产生关于排斥、对他人反应的痴迷的痛苦，以及与焦虑和抑郁有关的关注。DMN 本身并无好坏之分，简单地说，如果没有整合，正如我们已经指出的那样，它会导致僵化或混乱的内部心理活动和外部行为。我们认为，借助更加整合的 DMN，我们可以理解生活的意义，减少对这些被忽视的和不充分的感觉的关注，就像坚持过度的自我关注那样。

如何整合默认模式网络

当我们到达轮缘第三分区时，默认模式下可能会有很多单独的 OATS 活动，这是某种较活跃的心智的喋喋不休，充满了散漫的内部对话、对自我的状态及其与他人的关系的思考和关注。心理学家津戴尔 • 塞戈尔

（Zindel Segal）、诺曼·法布（Norman Farb）及其同事的研究表明，在没有正念训练的情况下，许多受试者具有非常强大的 PCC 和相关的 DMN 活动，即使他们被分配了简单地觉察感觉的任务，也难以安静下来。许多未经训练的受试者会以对自我的关注以及用体验的自我意义的建构反应来回应，而不去理会来自外部世界或身体感觉流。如果这是我们的觉知之轮练习，我们会看到很多第三分区建构的心理活动，而不是觉知之轮的第一和第二分区的感觉流的流动。

这项研究用一种形象具体的方式有力地证明了一个简单的发现，以便我们记住它。DMN 主要是中线，如果不能被很好地整合，它会引发很多忧虑和以自我为中心的思维。侧面区域，即所谓单侧化回路，包括调节我们对身体状态的感知的前脑岛，让我们的感觉加工得以流动并进入觉知。这就是我们感知觉知之轮前两个分区的轮缘元素的方式。当我们觉察到初始的五种感觉或内感受、第六感时，我们正在激活我们的侧面脑回路。

这些单侧化回路是心智感觉流功能机制的神经相关因素，即来自外部世界的能量流动模式和我们前两个轮缘部分躯体世界。相比之下，我们可以将复杂的能量模式建构为代表错综复杂的想法的信息，包括自我建构的观点和对我们在世界上的位置的担忧。心智中的建构与边缘系统和皮层区域的活动有神经相关性，包括但不限于中线上的 DMN。我们在社会环境中的自我意识可以作为来自 DMN 的皮层结构的能量模式出现。将这些分化的节点紧密联系在一起，将 DMN 中的其他区域排除在外，例如单侧化感觉回路，将塑造我们在觉知中体验的自我建构的性质和强度。这种自我意识是一种心智建构，在某种程度上，它是由大脑的经验回路塑造的。

建构不一定要自我关注，但由于 DMN 的过度分化以及与其他脑区的联结不充分，因此这种未整合的 DMN 可能是我们默认结构中孤立自我的 OATS 占主导地位的机制。在觉知之轮练习的过程中，你可能会感觉这是一种分心，它把你的注意从感觉的焦点上转移开；或者你可以在第三分区回顾开放的觉知中体验这种默认的信息加工模式。这些脑回路形成于我们经验的熔炉中——有父母、同龄人、教师和我们生活环境中的更大的文化。正如我们所看到的，它们可以通过冥想练习、心智训练被直接塑造，心智训练研究建议创造一个更加整合的 DMN。这意味着 DMN 的隔离程度较低，并且与大脑本身的其他功能的联系更紧密，从而产生较少的孤立自我的 OATS 专注。

调节感觉流的单侧化感觉回路和我们 OATS 专注的中线上的 DMN 建构回路是相互抑制的。换句话说，感觉流能够减缓建构。同样地，建构可以减缓感觉流。一旦我们陷入中线 DMN 自我关注的状态，单侧区域的感觉流就会最小化。专注于轮缘的两个分区的感觉流，中线 DMN 就会暂时安静下来。随着时间的推移，区分管道感觉和建构思维的训练，可能会改变你在这个世界上默认的存在方式。

以下是这项研究的重要发现，你可能会发现这与你自己的主观体验是一致的：当你进入感官的感觉流时，思维风暴建构的话语的雷声就会平静下来。来自单侧区域的感觉和来自中线区域的内在唠叨是相互制约的。

迷失在想法里，感觉就会迟钝。随着感觉流动，思绪就会安静。

通过心智训练，大脑的单侧化感觉回路变得更加分化并且能够一直保持这种状态，因此，当被委派了感知体验的任务时，个体可以更容易地让感觉而不是建构的想法充满觉知。一旦这种分化被建立，感觉传导可以与大脑的整体功能联系起来。随着这种感觉的分化和联结，个体就会达到更高的全脑整合状态。这就是在练习过程中调节感觉的单侧化感觉区域得到强化的方式，这与过度分化的中线默认区域的思维反刍正好相反，对于我们大多数人来说，中线区域主导了我们心智的“喋喋不休”。只要简单地与感觉同在，就可以让自我专注平静下来。这是一个十分有帮助的发现，从严谨的研究中揭示了一个有用的心智的机制。

诺贝尔奖获得者伊丽莎白·布莱克本和她的研究同事兼合著者艾丽莎·伊帕尔建议：

> 我们大部分人没有觉察到我们心智的“喋喋不休”，以及它是如何影响我们的。某些思维模式似乎对端粒不健康，包括思维抑制和思维反刍以及表现为敌意和悲观主义的消极思维。我们无法彻底改变自动思维反应（我们生来就是思维反刍者或悲观主义者），但我们可以学习如何防止这些自动模式伤害我们，也许甚至可以在其中找到幽默。在这里，我们邀请你更多地觉察心智的习惯。了解你自己的思维方式不仅能给你带来惊喜，还能让你更强大。[一]

她们继续说：“自我觉知让我们更易受应激反应的影响（有些研究发现我们也可能受端粒缩短的影响），这是有价值的。觉知可以帮助我们注意到不健康的思维模式，选择不同的反应。它还可以帮助我们了解和接受我们的偏好。正如亚里士多德所说，‘了解自己是一切智慧的开始’。”[二]

有些科学家认为过度活跃的 DMN 与过度关注自我存在某种神经关联，这可能是消极思维反刍的一种机制。对某些人来说，这种孤立的 DMN 活动可能揭示了个人在家庭和更大文化中的经验是如何强化一种分离的、孤立的自我意识的。在理想状态下，在与他人交往时，我们将形成一个更加整合的自我，既有分化和自主性的特点，也有与他人的联系和归属感，即成为某一群体的成员但不丧失个人身份。这是自我在世界上的整合的经验，这种体验可能与生活中更深层次的联结和意义相关。如布莱克本和伊帕尔所说：“有意义的生活甚至可以通过优化端粒来改善你的身体状态，冥想者生活目标的得分提高得越多，他们的端粒酶就越高。如果你对冥想感兴趣，

[一] Elizabeth Blackburn and Elissa Epel, *The Telomere Effect* (New York: Grand Central Publishing, 2017), 100.

[二] Blackburn and Epel, *The Telomere Effect*, 133.

很明显，冥想是提升你人生意义的重要方式之一。条条大路通罗马，关键是要选择一条对你有意义的路。”[⊖]

令人感到讽刺的是，如果没有兼具分化和联结的整合的自我意识，那么企图建构一个独立的自我同一性可能只是试图避免因为加入一个更大的整体而使得自我被抹掉的恐惧。我们可能看到，出于许多原因，人们给自我建构一个僵化的定义，以避免融入群体带来的混乱和完全失去自我意识。这些出自非整合的自我意识的僵化、混乱的行为的后果可能落在一个过度自治和分化的 DMN 中，这使得 DMN 更活跃、更不整合，并给个体一种疏离感和生活缺乏意义或目标的感觉。

可以这样考虑：我们在这个世界上可以感受到的自我意识如此脆弱，以至于我们建构了一个固定的名词性（nounlike）自我。这种僵化的认同感试图帮助我们达到内稳态，这可以理解，但它的僵化只会强化其自身过度分化的本质。如果我们不接受这个流动的、动词性（verblike）的自我，一个不断展开的、自然发生的过程，那我们就会成为只有分化，没有联结的孤立的自我。这种情况发展到极端状态，可能会导致个体出现各种问题，研究人员和临床医生称之为自我调节困难，其症状包括焦虑、抑郁、成瘾和社交隔离等。

放松对孤立自我的掌控

研究表明，通过心智训练，PCC 与其他默认模式节点（如内侧前额叶皮层）之间的过度分化和紧密联结，实际上在其孤立活动中变得不那么占主导地位，现在更像是更容易获得的大脑活动全谱的一个组成部分。这一发现可能揭示：随着大脑活动本身在心智训练之后变得更加整合，外加持

⊖ Blackburn and Epel, *The Telomere Effect*, 116.

续的觉知之轮练习，你现在可能正在经历这种体验，其他人也曾经报告过，即一个更加整合的自我意识将如何出现。

心智建构本身不是问题，我们追求的心智整合可能是在思维建构和感觉传导之间建立平衡。以自我关注的形式出现的过度和孤立的建构形式，可能揭示出通往更整合的心智运作方式的障碍。神经科学家和临床研究人员贾德森·布鲁尔（Judson Brewer）已经证明，通过让先前的 PCC 主导模式更多地成为整体的一部分，心智训练从而具有治疗成瘾和焦虑的功效。换句话说，这项研究支持了这样一种观点：默认模式过度分化，同时不与其他脑区发生联系，可以视为整合和健康出现障碍的神经信号。这种受损的整合将诱发抑郁、焦虑和成瘾带来的混乱和僵化，这些是人类痛苦之源。

简单地说，许多人可能带着高度分化的 DMN 回路生活，DMN 回路的激活使他们容易倾向于自我专注的思维反刍，将自己与他人进行比较，感觉不充分，并且充满了许多其他引发情绪困扰的诱因。

想象一下，在这种情况下，个体可能会创建一个自我强化环路。这就像过度锻炼一组肌肉而忽略了身体其他部分的肌肉一样，从而导致身体发展不平衡。再想一想这个原理：注意所到之处，神经放电流动，神经联结增长。由过度活跃和孤立的 DMN 介导的重复性关注可以增强内部 DMN 之间的联结强度，以一种紧密结合、更加孤立的方式联结网络节点。

记住这点是有帮助的：注意不一定非要由你来引导，甚至不需要意识来加强神经联结。注意只是引导能量和信息的流动。当注意在我们体内时，神经放电模式会被反复激活。孤立的文化信息也可以引导我们的注意，即使是在我们的觉知领域之外，这些孤立和不充分的自我的信息也会在大脑中根深蒂固。怎么做到的？我们的边缘评估系统和社会脑的其他方面密切监控着我们在世界上的位置，并在社会包容和意义评估之间建立联系。成为社会中的一员很重要。如果我们从社交媒体、社会其他方面得到的信息反映出我们不够好，这些信息与我们对性别、种族、性取向的认知不一致，甚至更普遍的是，反映出我们是孤立的、不充分的，这些信息数据包可以进入神经系统，并决定注意的去向，不管我们是否能觉察到它们。

不幸的是，在现代化社会里，生活通常会让人们变得孤独和非人道主义，这让人们感到不受尊重，被剥夺权利，感觉被更大的群体抛弃，它可以反复地把我们分散的注意和集中的注意送入一个神经可塑性环路中，不断地强调我们的自我意识是分离的和不充分的。我们独自过完一生，没有归属感或支持。反之，这种不断重复的孤立体验加强了自我分离状态的神经联结。

找到一种让群体自然地更加热情且包容的方法，是帮助改变社会对孤立自我的关注的重要一步。归属感是人类的基本需求。另外，冥想练习（集中的注意、开放的觉知和善良的意图这三大支柱）相关的研究显示，放松这种紧密联结的 DMN 活动，有助于培养一个更加整合的自我意识和收获一个更容易接受的在群体中寻找联结的方式。这样，像觉知之轮这种反观练习可能会通过创造更加整合的状态来改变这一基线特质，这种状态因在练习中被重复，故而成为新的基线，具有一个更加善良、更加富有关怀心的个体的整合性特质。心智训练可以改变我们的默认模式，使其更加整合。

执着与依恋

正如我们所讨论的，心智训练的实践可以放松 DMN 紧密联结的神经功能。其他研究表明，冥想练习也可能降低我们垂直分布的奖赏系统的强度——从脑干（手掌）向上延伸，穿过边缘系统（拇指），进入皮层（折叠手指）。奖赏机制的这种转变可以减少欲望对我们行为的控制，这种变化无疑可以提高我们在生活中收获健康和幸福的概率。这些神经区域共享一种叫作多巴胺的神经递质。当多巴胺被释放进入这个系统时，我们感觉得到了奖赏。奖赏我们的东西是由多巴胺介导的奖赏系统形成的，所以一种引起神经递质传递的活动会让我们感觉，“那会带来奖赏——让我再做一次，以得到更多的奖赏”。我确实在黑巧克力中获得了大量的多巴胺。如果我们能做些什么来降低多巴胺释放的强度（并不是从我们的生活中完全清除多巴胺，而是减慢多巴胺在大脑中释放的速度），我们就可以减少对物质或活动的投入和对它们的强迫性接近，否则我们可能会上瘾。多巴胺释放的这种变化可以让我们从对事实上可能对我们不利的事情的过度投入中解脱出来。

在一些重要的方面，奖赏系统功能的转变，以及轮心处扩展的对觉知的感觉，可能会让我们的心理空间和神经功能对喜欢某样东西并能够选择它（或者因不喜欢而不选择它）的感觉与想要或需要某样东西（它可能唤醒我们对它的渴望和占有欲）的感觉做出区分。即使在奖赏系统区域，喜欢与需要这两个过程似乎是在略微不同的区域中进行调节的。当我看到巧克力并觉察到我喜欢它时，我可以拿起它或放下它。我完全知道自己喜欢什么，即使我没有那样东西。我可以选择我的行为。相反，如果我不能区分喜欢和需要，如果这两个东西在我的脑海中被混淆，同时又有强烈激活的奖赏系统和有限的觉知中枢，那么我喜欢的东西（一块巧克力）将成为我想要的东西，我的行为不再受意识控制。

在某些语境里，用于表达这种渴望的短语是“依恋于”（attached to）某物，可是，我倾向于不使用它，因为在我的依恋研究领域里，依恋这个词指的是父母和孩子之间的爱。因此，我们使用“执着”（clinging）一词来表达被某物所吸引的感觉，即使它对你不利，你也无法放下它。当我们无法区分喜欢某样东西的感觉和对这种享受的感激之情与想要某样东西的感觉及对它的渴望和执着时，我们就很容易上瘾和感觉不满足。没有这个东西，我们是不完整的。正如初步研究所揭示的那样，随着心智训练后奖赏回路释放多巴胺的强度减弱，我们可以看到一种更开放的心智伴随着一种轻松的幸福感而来，因为执着自然也会减弱。你可以接受它，也可以离开它，决定权在你，而不是你的奖赏回路。想象自己带着一种完整和完满的感觉在地球上行走，而不是带着不满足（不完整）和执着活着。你可以感激你所享受的，而不是渴望你所缺少的。这就是“一念天堂，一念地狱”。

我认为在此必须指出的是，我们能发现自己所执着的东西（从我拿着的巧克力，到一个陷入不健康关系中的人执着于一个根本无益于彼此发展的人）可能包括我们的思维方式和与我们内在自我意识的联系。事实上，可能存在一种对孤立自我的自我关注的执着，这种执着可以成为一种瘾。就像所有这些沉迷于某物并且无法转移我们对它的注意的方式一样，渴望和上瘾似乎是由大脑的多巴胺奖赏回路介导的。

简单地说，研究表明，对自我的痴迷和任何容易让人上瘾的物质一样容易上瘾——它实际上激活了我们的奖赏系统。我们目前对社交媒体的痴迷，可以为理解这一点提供一个有益的窗口。我们可以怀疑社交媒体的某些方面，以及在向他人展示自我形象方面投入的大量时间和精力，以至于它实际上可以被重新命名为 DMN 媒体平台。我们的 OATS 基线回路会被社交媒体激活，即使我们可能会发现自己变得不安和感觉不完整，就好像如果我们无法在社交媒体平台上证明自己是完整的、良好的、被认可的，就缺少了什么。害怕错过（fear of missing out)，其实有自己的缩写,FOMO[⊖]。可悲的是，这些社交媒体平台上展示的图片是网友花了很多时间描绘的一种鲜有现实意义的积极的生活。这些图像的观众往往没有意识到这一海市蜃楼，反而在与自己无情的现实生活的对比中感到力不从心。

⊖ FOMO，资讯癖，指的是害怕会错过社交媒体上发生的事情，比如活动和八卦。——译者注

在我们的数字世界里，OATS 回路已经变得无法控制了。在这个框架下，我们可以在奖赏系统中进行设置，每当我们放上自己的幻想图像时，单独的自我关注释放的多巴胺会让我们暂时感受到“奖赏”，并且对自我关注更加上瘾。难怪人们开车时总看手机。我们可以想象，一种从未做好、从未完成、从未满足的感觉，是如何极大地放大了 DMN 介导的专注强度的，而与他人相比，这种对自我的专注是不充分的。正如安东尼奥·达马西奥所概括的，这些感觉与内环境稳态有关——与生存和繁荣发展有关。我们最基本的属性就是作为社会人存在着，即便是在家里，DMN 对他人和自我的关注也会非常紧迫，因为我们生活在社交媒体的世界里。这可能致使 OATS 过程疯狂地数字化，因为它被放入了超光速驱动器。如果仅仅是为了回应社交媒体改变我们生活的方式（当然，还有更多的理由），我们现在比以往任何时候都更需要一种能够培养更加整合的存在方式（带着完整感和真实的、有意义的联结生活）的练习。

如果自我意识被定义为一个独奏者，一个与世隔绝的心智，那么可悲的是，在这种非整合的生活方式中，只有一个内在心智，却没有人际心智，这容易使人感到不安，不完整，甚至在充满正能量的社交媒体的诱惑下，会让人觉得生活中缺少一些东西。

放松紧密结合的默认模式的部分神经过程也是放松对独立自我的控制，这将减少奖赏系统的响应和紧密连接的 DMN 组件。这些可能是改变个人的基线默认模式特质的机制，通常会用冥想练习来描述，是一种独立自我的放松，以及一种与世界联系更紧密的感觉—— 一种更自在的感觉。

当你体验到轮缘的第三和第四分区时，你可能会发现随着时间的推移，放松对独立自我的控制已经开始展开。你无须让它刻意发生，也无须担心它是否会发生，这并不是说自我消失了。我听过许多“觉知之轮”练习者的描述，其中更多地涉及自我意识变得连贯、延展、扩展，成为某种超越被皮肤包裹的人际心智的一部分。

在这里，要提一下主客观之间一个强大的界面。从主观上讲，个体反复地描述了一种广泛的归属感（归属于一个更大的整体），即以一种互联的方式觉察到自己的成员身份。这种更广泛的自我意识具有一种深刻的意义感和联结感。观察这种扩大的主观自我意识模式的过程是一个重要的经验发现，它与心智训练时大脑发生改变的客观结果相关。

这种存在于扩大的、互联的自我意识的主观心理体验背后的机制，可能是DMN先前紧密联系的放松，DMN可能是个体自我意识过度分化的神经机制。关于这种自我放松的好消息是，正如我们所看到的，抑郁和焦虑似乎与过度的默认模式隔离有关。甚至对老鼠提供多巴胺释放物质（如可卡因）的研究也表明，当老鼠独居时，它们选择可卡因而不是水或食物，然后它们就会死亡，但是有社会关系的老鼠会选择水和食物，并避免可卡因。令人惊叹！回想一下，我们哺乳类动物完全是群居动物。因此，对于像我们人类这样复杂的社会存在来说，拥有一个大脑回路（DMN）至少在当代文化中，能够在我们的头骨内变得过度分化，令人缺乏归属感，这很重要。我们的大脑很容易产生一种心理上的自我认同，这是一种在精神建构和神经介导上与他人隔离的状态，这可能是我们当代生活中的痛苦的巨大来源。

我们是社会人。正如我们很快就会看到的，即使是我们有意识的体验，也可能起源于我们把注意集中在他人的内在心智状态上。这样，对他人心智的觉知可能是对我们自己内在心智状态认识的先兆。当我们的大脑接收到我们与更大的社会世界分离的信息时，身份和意识的根源就会受到限制。这种情况将与关怀实践中对放电模式的研究所揭示的相反，因为当我们专注于关心他人和与他人的联系时，高强度的伽马波被激活。这种伽马波的神经电模式发生在广泛分布的脑区互相平衡和协调彼此的功能时，这时大脑处于整合状态。这些伽马波被发现是最高的，具有非参照意义的关怀、善良和爱。这可能是一种机制的一个方面，通过这种机制，发展出善良的意图、集中的注意和开放的觉知，支持我们在生活中创造更多的整合，培育更多的意义和联结。因此，觉知之轮练习可以扩大我们的自我意识，因为它使我们的大脑及我们的社会自我更加整合。

轮缘第四分区和人际心智

回到轮缘第四分区，我们再次提出疑问：与他人联结的感觉和孤独的感觉的机制究竟是什么。放松对孤立自我的控制究竟意味着什么？这种经常被人类形容为“作为一个更大整体的一部分”的体验，作为一种主观感觉，在心智、大脑和关系世界的实际运作这方面意味着什么？此外，从心智的基本机制来看，这种让人觉察到某种联结并且具有关怀的善良意图的邀请意味着什么？

正如我们所讨论的，当我们在轮缘第四分区邀请自己去感知与家人和朋友的联结的时候，我们可能会觉察到一种感觉的能量流，或者我们可能正在激活一段建构的回忆或想象的关系性联结。

英国科学家迈克尔·法拉第在 19 世纪提出，电磁场虽然肉眼不可见，但存在于现实中。我亲密的老朋友约翰·奥多诺休（John O’Donohue）曾将自己称作神秘主义者，他将此定义为相信隐形现实的人。约翰是爱尔兰天主教前神父、哲学家和诗人，他认为这个世界充满了我们根本无法直接用肉眼看到的联结，但这些联结却是真实存在的。他发行了一本书，随后突然离世，这本书叫作《祝福我们之间的空间》（*To Bless the Space Between Us*）。那种空间可能就是我们一直在探索的心智的人际方面。

如果我现在能感觉到和约翰的联结，那仅仅是关于我们的关系和我们共同经历的记忆吗，我正在通过自己的大脑神经放电模式的机制来建构这种记忆？或者可能是更多的东西，我现在感觉到的东西，不是被建构出来的，而是感觉传导的一种形式？当我现在感觉到与我所认识和我所爱的人，甚至与我从未见过的人，或与我们共同生活在这个星球上的所有生物之间的联结时，这只是我的大脑或身体的某种建构，还是由我的心智建立的呢？或者我是不是感觉到了某种场，就像法拉第所说的，我的眼睛看不见，但那是真实的？这种联结是源于我的感觉通道对此时此地所发生的刺激的接收，还是对当下所发生的事情的传导，还是一种正在组合的建构，也许是来自记忆和想象的神经触发？

虽然当时很多人不相信迈克尔·法拉第，但现在我们的大多数电子设备都建立在他认为真实的电磁场之上，尽管当时有很多人怀疑它们是否存在。能量可以作为波进行研究，而这些能量的表现形式可以远距离传播。我的岳父尼尔·韦尔是个农民，他过世很多年了。他曾经通过我智能手机上的视觉图像和孙子亚历克斯进行交谈，我当时感到十分震惊。他怎么可能在一个小盒子里看到孙子并与之交谈？不管他是在隔壁房间还是在世界各地（他当时所在的地方），这对我和尼尔来说都是一个奇迹。如果放回到400年前，尼尔和我会因为把危险的魔法带到世界而被焚烧，现在只是收取电话服务的月租费而已。

能量有很多种形式，来自与我们非常接近或遥远的地方，并在其CLIFF特征中发生转化。能量可以从很远很远的地方流出，例如阳光，还有星光。当我们用眼睛的光感受器感知光线时，我们不会激动地说："哦，那种你感觉像光一样的能量只是你的想象。它来源于你头脑中的记忆！"我们会认为我们拥有的感觉器官是对现实的可靠衡量。但是尼尔和我可以和亚历克斯进行交谈，我们能够看到他，并利用我们的视觉和听觉系统与他联系。而智能手机这个小玩意儿可以将不可见的电磁波转换成可接触的光和声的形式，其深层机制只是背景。这和我们的心智是一样的吗？是否存在允许某些东西流动的某种导管，而且我们只是觉察到这是一种与我们皮肤之外的更大世界的联结？

当我观看联合国关于促进全球福祉的2030年战略规划的现场视频时，

我能感受到许多发言者彼此之间的联结及其与世界未来健康状况的联结。我女儿曾经在其中一个会议厅实习，我能够想象她在这样一个全球环境中工作的感觉。这是想象力，还是我曾经也和她感同身受？后面，我们将探讨能量作为一种力量在空间中流动的方式，无论是光、声还是电。我们现在也知道，不论在什么地方，能量也可以通过被量子物理学家称为纠缠的方式耦合。空间分离不会降低耦合形式的能量的互联性。这种能量的耦合或纠缠现在已被证明是我们所生活的宇宙的一方面。它不是一股流动的力量，而是不随空间距离变化的能量状态之间的关系。我并不是说这证明我们彼此联系在一起，或者我们的心智正在探测一种心智对另一种的非局部影响。因为从科学上确立的关于我们精神生活本质的观点来看，我们还不知道这一点。然而，我们逐渐会感受到这种互联性，我想邀请你思考你感知与他人或自然的关系中的事物的方式。这些方式可能反映出你是如何接受遥远的能量波的，或者可能反映出你是如何与他人或整个世界纠缠在一起的。

在我曾经参加的一次量子物理专家会议上，第一位演讲者在他演讲的第一张幻灯片上做了如下陈述："我们已经通过科学证明，世界是紧密相联的。问题是，人们却认为我们彼此之间不存在联系，人类大脑究竟出了什么问题？"对此我确实有疑惑。为什么我们的大脑告诉我们，我们并不是紧密相联的，而事实上我们是互联的？

正如物理学家卡洛•罗维利（Carlo Rovelli）所说："物理学打开了窗户，通过它我们可以看到远处。我们所看到的不断让我们感到惊讶。我们意识到自己充满了偏见，我们对世界的直觉印象是片面的、狭隘的、不充分的。地球不是平的，不是静止的。随着我们更广泛、更清晰地看到世界，世界在我们眼前会继续发生变化。"[㊀]

㊀ Carlo Rovelli，*Seven Brief Lessons on Physics*（New York：Riverhead Books，2014），49.

也许在物理学研究的同一个世界中存在的思想也具有我们在当前理解框架中没有考虑的许多特征。如果我们向新的可能性敞开心扉，那些我们甚至现在还无法想象的可能性，我们可能很适合更充分地考虑潜藏在我们的主观体验、我们的互联性甚至我们如何觉察的本质之下的心智的机制。

罗维利继续说："在这里，作为先锋，超越了知识的边界，科学变得更加美丽——在锻造新生的思想、直觉、尝试、未走即弃的道路、热情中变得更加闪耀。在努力想象尚未想象过的东西。"[一]

我们能感觉到联结，这是第四分区的注意焦点，也可能是主观感觉下的各种机制。让我们保持一种开放的心态，看看能量科学是否适配于我们的观点，即认为心智是能量的一种涌现特性，以及我们感知互联性的能力的机制。从科学的角度来看，目前的答案是，我们不清楚这些机制对于我们的轮缘第四分区，即我们的互联感而言，究竟意味着什么。

科学的立场提醒我们，我们生活在一副躯体中，而我们所栖居的这副肉身之躯有一组有限的神经模式，我们用它来感知现实，觉察这些感觉，甚至构想现实本身的本质。这意味着，我们的感觉和我们的想法（从它们产生于我们身体的这一本质来说）是非常有限的。现实并不在乎我们是否能够理解它的基本机制——这些机制独立于我们对它们的觉知，但是如果能够秉持科学的立场，当我们假定存在超越我们最初感知或理解的现实时，我们便可以保持开放的心态，以开放和善于接受的心态更充分地了解现实的各个方面。选择科学的视角并不意味着我们知道一切，它意味着谦虚并承认我们的局限性，同时追随我们的好奇心，以便我们在发展、深化和拓宽我们的感知技能时可以学到更多。

多年以来，我在麻省理工学院系统科学领域工作的同事彼得・圣吉（Peter Senge）和奥托・夏莫（Otto Scharmer）一直在探索关系领域的本质

[一] Rovelli，*Seven Brief Lessons on Physics*，41-42.

以及这些社会系统是如何影响我们彼此互动的方式的。当关系领域支持富有同情心的联结并激发合作和创造力时，它们被称为生成性社会领域。在我们共同开展的工作中，我们希望可以研究我们的互联性将如何支持构建一个更健康、更整合的世界。这些关系领域的机制是什么，我们现在还不知道。如果觉知之轮练习和我们对内在、人际心智的本质的探索相关，那么能量概念可能有一个有用的应用，包括其不可见的领域以及整合的基本过程（该过程阐明了在我们的世界中培育更多生成性社会领域的道路）。

通过心智训练培育一个整合的大脑

通过沿着觉知之轮第一和第二分区进行集中的注意训练，我们将激活身体各部位和大脑中的能量，这些区域参与将能量流和信息流转化为觉知。大脑内这种注意练习的神经联结涉及前额后面的前额叶区域，在你的手势模型中，这些区域对应指甲附近到第一个指关节的部分。这些前额叶区域与前扣带回（在你的边缘拇指区域）协同工作，随着我们培养保持注意的能力，这些区域的联系可能会不断增强。注意干扰我们的突显网络，其中还包括脑岛。然后重新引导注意。

已经揭示了几个区域的神经变化与整体心智训练相关。第一个是前额叶皮层的发育，这支持了能量和信息调节在改善注意和情绪调节方面得到加强的发现。前额叶区域广泛地将大脑皮层、边缘系统区域、脑干、身体本身和社会世界连接成一个相互联系的整体。这种神经整合产生的调节有助于改善情绪和心境，注意和想法，关系和道德。这些都是执行功能的一部分，它们来自整合。

第二个随着心智训练发生变化的区域是边缘系统区域。海马体随着练习的增加而生长，作为一个联结广泛分离的区域的神经节点，它不仅支持记忆加工，也与情绪调节有关。在一些研究中也发现，随着冥想练习的进行，增大的杏仁核（增大的杏仁核可能与强烈的情绪反应有关）会变得更小。

第三个随着心智训练而成长的区域是脑胼胝体，它建立了分化的左右脑之间的联系。除这些特定方式之外，大脑似乎变得更加整合。第四个发现出现在使用新方法来观察大脑整合状态的研究中。如前所述，"人类联结组研究"利用先进技术来展示整个大脑中不同区域的联系，揭示出心智训练使得大脑中分化的区域的相互联系更加紧密。我们讨论的关于DMN的研究也揭示了一部分更加整合的神经系统的增长，这放松了过度分化和隔离的默认模式系统中的紧密联系。甚至对大脑与心脑（心脏周围的神经网络）连接的研究也显示出了更多的功能联系，正如我们所看到的，关怀训练计划能够支持善良意图的发展。

专家冥想者的关怀心研究表明，在练习过程中，大脑的功能具有高度的整合电信号——在个体清醒时处于基线状态，甚至在睡觉时也是如此。如前所述，当大脑中分化的区域变得相互协调和紧密联系时，伽马波就会出现。关怀心与伽马波相关的发现支持这样一种观点，即善良意图背后的一种可能机制是，它们正在促进神经整合的状态。

由于整合似乎是健康调节的基础，我们可以看到，冥想练习可能在大脑层面促进整合的发展。正如我们一开始所看到的，觉知之轮拥有心智训练三大支柱，即培养集中的注意、开放的觉知和善良的意图。因此，在未来的研究中，我们预期能在不同的受试者身上发现这些代表生长和整合的相同的神经关联。

我们现在来体验开放的觉知。对觉知内容的觉察有助于我们在集中的注意训练中摆脱分心，当注意分散时，我们可以重新引导我们的注意，但是伴随开放式监控的纯粹接受性觉知的状态可能涉及与显著性监控和重新定向略有不同的事情。在某种程度上，让轮缘上的所有东西升起，并从轮心简单地觉察到这一点，显然是一种隐喻的整合，即区分与联结所知和能知。但是隐喻之外的什么机制可能是什么？虽然正念时并没有一个神经信号，因为在任何给定的焦点下，可能会出现许多基于轮缘点觉知的神经触发，但我们可以提出疑问，对可能出现的所有事物持开放态度可能涉及什么——纯粹觉知的机制是什么？

从机制的角度来看，如果觉知之轮练习的轮缘点是我们一直在探索的能量流和信息流的形式，那么轮心本身实际上可能是什么？当我们关注辐条的焦点并注意到轮缘点时，轮心如何联结轮缘？到目前为止，能量概念非常适配于我们对觉知之轮轮缘背后的可能机制，甚至是辐条的机制的探索。轮心的机制是什么？如果纯粹觉知与能量流有关，如果“起源”这个词是正确的词，那么觉知之轮的能知的轮心（觉知的体验）以及将能量引入轮心的辐条可能起源于哪里？

为了解决这些有趣而实际的问题，即觉知背后的心智的机制可能是什么，让我们在接下来的章节中继续深入探讨大脑研究的发现，关注能量本身的性质。

第 8 章

大脑内部的整合和集中注意的辐条

觉知是怎样产生的，在哪里产生

现在谈到我们是如何觉察到这些能量和信息的模式、这些意识的所知的。以辐条为隐喻的集中注意如何在实际中使得轮缘处的能量模式进入轮心处的能知？我们集中注意和觉知的主观体验背后的心理机制可能是什么？如果主观体验是我们在觉知中所感受到的生活的质感，那么这种觉知究竟是什么呢？辐条和轮心的隐喻象征着什么机制？

正如我们所看到的，对这些关于觉知背后的心智机制问题的最简单回答是，在这一点上，我们没有一个绝对的答案。我们有自己的想法，是的，但没有最终的答案。

觉知似乎涉及大脑中不同部分的联结。我们很快就会讨论，从这种模式衍生出的整体观点，被称为意识的整合信息理论，并提出某种程度的整合，即大脑不同部分之间的联系，是觉察某些东西所需要的。例如，当我们听到声音并且觉察到声音的感觉时，在我们知道自己听到声音那一刻，大脑的某些区域已经达到了一定程度的协调。这种程度的整合如何以及为什么会决定觉察的主观体验，我们还不知道。

实际上，我们并不真正知道因果关系是不是单向的，因为许多人相信大脑创造了心理体验。这是一个需要用开放的心态来质疑的假设。

即使心智需要大脑才能存在，我们仍然可以设想心智是如何让大脑以心智启动的方式发挥作用的。

这些实践告诉我们，有了意图，利用我们的注意，就可以发展我们的觉知（心智的每一个方面），使大脑以改变和加强其物理结构的新方式变得活跃起来。使用心智训练大脑的能力是下面这种观念的基础，即注意去哪里，神经放电就流去哪里，哪里的神经联结就会增长。注意和觉知是心理过程，能够使心智以整合的方式塑造大脑，从而加强心智自身。

利用意识，我们可以以有益的方式塑造大脑的结构。我们可以理解这些基于研究确立的步骤，借助这些步骤，心智可以改变大脑，但首先我们需要了解一个经常被忽视的观点：心智和大脑，虽然彼此相关，但实际上并不相同。心智需要身体吗？从科学的角度来看，许多人会说是的。但这是否意味着心智与大脑是一样的？一点也不。它甚至并不意味着心智仅限于大脑，或者仅限于身体，正如我们在对心智的讨论中所看到的。

我们并不是说心智独立于大脑或身体。我们只是指出了这一点，即心智并不是被动地依赖大脑的放电模式。心智的主观体验与神经放电完全不同，即使它完全依赖于神经放电。心智可以自动地指挥神经放电。

我们的心智能够拥有觉知的体验，我们具有知道主观体验的能力，但是这种意识的机制到底是什么？以及它与大脑有什么关系呢？

对意识理解的广泛概述包含一系列观点，包括①将心智和意识视为仅仅是颅骨内的某种东西和大脑的一种功能；②将它们视为完全具身化的，而不仅仅是在大脑里；③将它们视为延展到我们的文化中并融入我们的社会关系中的东西；④将意识视为一个更普遍的过程，与所有物体相关。我们不会在这里拆解这一广泛而强烈的信念，只是请你们认识到，学者们会继续以广泛的视角讨论心智和意识的本质。

一些当代科学作家和思想家，如医生尼尔·泰泽、拉里·多西和迪帕克·乔普拉，以及神经科学家鲁迪·坦齐，还有物理学家梅纳斯·卡法托斯，都认为意识不仅仅限于我们的大脑或身体。卡法托斯、泰泽和其他人讨论了泛心论（panpsychism）的概念，提出心智存在于万物之中。在这些观点中，意识来自宇宙，而不是仅来自大脑或身体。这个更大的意识是现实的内在结构。在古代智慧传统和许多世界宗教（如基督教、犹太教、印度教和伊斯兰教）所共有的一些其他观点中，一个或多个神的相关概念，即无所不在和无所不知，也是信仰的核心。

卡尔·荣格曾写道，集体无意识在以我们看不到的方式将我们联系在一起。正如我在前面所提到的，爱尔兰天主教前神父约翰·奥多诺休的观点也源于凯尔特人的神秘主义，他们认为世界充满了不可见的力量，这些力量塑造了我们生命中每一个光辉而神秘的日子。现实的不可见的本质促使迈克尔·法拉第在19世纪提出了“不可见的电磁波”这个概念，尽管我们看不见这些能量波，但这一观点现在已被接受为宇宙的一个方面。约翰和我在美国和爱尔兰的各种旅行和教学中也有很多奇思妙想，反思精神观和基于神经科学的意识观之间的一致性可能包括什么。遗憾的是，他在我向他解释你和我很快将要探索的观点之前去世了，这一观点提出了一种联结科学和精神性领域的可能途径。如果约翰还活着，我想他会很乐意和我们一起踏上这段旅程——我们会“兴奋地”（“had the craic”，爱尔兰语

“有趣地”）做成这件事，就像爱尔兰人常说的那样，欢笑着度过一段美好的时光。

在这里，我们无法解决意识究竟在哪里或从何而来的问题（在头脑里、在身体里、在人与人之间、在宇宙中），因为这是一个尚未解答（但很重要）的问题。在心智产生的不确定性中休息本身可能是理解心智本质的一部分。毕竟，我们正在利用我们的心智来理解我们的心智，这是一项值得用一生去探索的冒险，但即使旅程富有成效，也可能无法解决这一难题。毕竟，我们物种的名字是现代智人（Homo sapiens sapiens），即知道我们知道的人。探索心智的真实本性，这是我们每次做觉知之轮练习时所体验到的，是一种能够以强有力的方式帮助我们生活的东西，即使没有关于它起源的最终答案，即使这段旅程引出了更多关于我们是谁以及我们为什么在这里（存在）的问题。

当我们进入下一节进一步探究轮心机制的本质时，让我们保持开放的心态，在阅读觉知之轮的概念时，以及在觉知之轮的持续实践中，你都能获得直接体验。你和我可以交换想法——我将自己的观点跃然纸上，你在阅读后回到自己的想法中，而后继续阅读后面的内容。当你理解这些概念并允许它们影响你的日常规律练习时，觉知之轮向你呈现的方式将会让你感受、意识并体会到其中哪些概念对你有益，能让你清晰地洞见自己心智的本质并在你的生活中开放觉知。

我在爱尔兰有一位学生正在攻读心智哲学学位，他的导师劝诫他要将重点缩小，因为他认为他的学生和我都在研究的主题——“什么是心智”太过宽泛，所以建议学生将重点缩小到“更容易实现探讨的主题”上。最后，他们选择将“生命的意义”作为新论文的主题。这位导师提出讨论心智是什么要比定义生命的意义更难，我们两人对此只是一笑而过。

尽管我们仍未完全理解科学家所说的“意识的神经联结”指的是什么，但是探索我们已知的事物，甚至是已经理论化的事物的确可以帮助我们对觉知之轮练习背后的神经机制有所了解。哲学家大卫·查尔默斯提出，真正理解神经放电的物质经验如何成为觉知获得的心理主观体验的“难题”所在就是理解心理主观性和神经客观性的问题。一些科学家认为这种观点无益，因为他们认为神经联结是产生心理经验的唯一方式——根本不存在什么问题，更不用说是“难题”了。意识会以某种方式通过大脑活动生成。例如，安东尼奥·达马西奥认为，我们基本的意识本质（我们的感受）只是一种我们可以觉知到的相关身体状态。难题是不存在的。事实就是，我们身体中存在一种驱动力，可实现内稳态。

正如奥利弗·温德尔·霍姆斯在这本书的题词中所说的：“一个领会了某种新思想的心智永远不会回到它原来的维度。”需要考虑的一点是，心智的意识可以使大脑改变其功能和结构。了解心智和大脑如何相互作用，是我们准备好接受这个新想法并将其应用到实际生活中的一种方式。以这句话作为启发来拓展我们的思想和意识（让我在本书开头提到的那个水容器变得更大），我们将探索一些关于大脑神经放电和意识的心理体验之间关系的理论，以便我们能最好地利用这些想法来给我们的生活带来幸福。但是，即使我们确实找到了所有的关联，所有在意识体验中被激活的神经模式，我们是否真的理解了神经放电是如何“变成意识”的，或者我们仍然没有答案？在我们关于生活的知识领域，这是一个奇妙而迷人的未知领域。因此，在我们探索了大脑和意识的一些概念之后，转向另一种形式的科学来解决关于觉知（能量本身的科学）的机制的问题可能会有所帮助。

“大脑如何创造意识”这个线性问题可能根本不是一个恰当的问题。为什么？因为意识的体验一方面可能仅仅是整个身体处理能量流和信息流时产生的涌现特性，所以无法被简化为头部的神经放电。即使我们目前的扫描仪可以只检查头骨内的神经活动，这样的重点研究可能会忽略扫描仪外部其他身体部位参与身体意识的方式。这就意味着，此类研究将缺失很大一部分可支持意识产生的身体系统。对于那些认为更广泛的系统与意识有关的科学家和其他一些人来说，即使是身体，也可能不能提供了解意识机制所需要的所有见解。

当我们继续前进时，让我们试着对这一切保持开放的心态。

让我们试着与科学保持一致，但不受它的限制。我的意思是，在我们的理解中，科学所说的这一点或那一点并不能使之成为某一特定问题的最终结论或绝对真理。我们也要记住，相关关系不是因果关系。仅仅因为科学揭示了一些观察结果，并不意味着它就是某种事物的起源，例如，意识与大脑活动的各个方面相关。让我们也回顾一下，我们的信念，作为心理模型，也可以选择性地对我们意识到的东西取样，无论是在我们对经验的意义的解释中，还是在我们如何理解经验发现中。这些心理模型可以建立在自我意识之上，这种自我意识以知道世界是什么、自我是什么、预期什么以及如何在“世界中的自我”的观点下生存而自豪。仅仅因为这一点，我们可能会固守自己的观点，隐隐地感到生存岌岌可危——这可能就是为什么对于一些人而言，这些观点，特别是关于心智的本质、关于意识的观点背后有如此强烈的热情。让激情之火为我们照亮前路，但不要烧毁我们合作和寻求一致性的能力——这通常是独立追求的共同基础。

觉知和信息的整合

大脑功能与意识体验之间的关联具有很多引人入胜的假设。在下文中，我们将回顾与觉知之轮的探索和实践相关的概念，并将概念应用于实践。

有一种观点得到了朱利奥·托诺尼、杰拉尔德·埃德尔曼和克里斯托夫·科赫等科学家的著作的支持，认为大脑不同区域的放电和它们如何在大脑中相互联结之间存在某种程度的同步神经活动，从而产生了有意识的体验。这就是意识的整合信息理论。例如，贾德森·布鲁尔和他的同事们研究了一种叫作“毫不费力的觉知”的东西，类似于开放意识和开放监控过程，他们发现它是随着神经整合的状态而产生的。

意识有各种形式，有一系列的名字，它们与特定神经网络的活动有着明显的相关关系。例如，如果有人中风影响了脑干区域，很可能会导致昏迷。在大脑中，我们将意识的基本方面与脑干区域联系起来，它在你的大脑深处（手势模型中的手掌部分）。基本意识（保持清醒）要求脑干处于整合状态。另一个例子是内感受觉知，我们都有“直觉”和“发自内心的感觉”，其中“知道”伴随着来自身体的不同的感觉。科学家监测了受试者的这种意识体验，并测量了大脑特定区域的神经活动，包括我们讨论过的前岛叶。当你把你的手势模型从基本的脑干向上移动到拇指边缘和手指对应的前额叶时，你会发现与这种身体状态的内感受觉知相关的神经区域。正如我们所看到的，由边缘系统 - 前额叶脑岛产生的神经地图支持了觉知中身体的这种表征。我们称这个过程为一种感觉。然而，意识形形色色，我们无法测量实际发生在大脑中的所有事情，因此我们试图寻找普适的模式，帮助我们了解与觉察的主观体验相关的神经活动的基本方面。其中一个普适的模式是神经整合的过程，即不同区域之间的联系。

各种各样的研究表明，在大脑中，大脑皮层的复杂性更高，它对应着大脑与手势模型中的手指部位。一系列区域一起工作，如背外侧前额叶皮层（前额叶区域的侧上方与手指末端相关）、连接边缘系统和皮质区域（拇指与手指接触的地方）的前扣带回皮层，这些区域的大脑活动与“心智的黑板”或工作记忆相关，与之相关的内容可以被反映、分类，然后在意识中被进一步加工。更多的中线区域涉及内侧前额叶区域（手势模型中的中间两个指甲区域）和 DMN 的其他方面，比如我们已经讨论过的后扣带回皮层，参与到我们自己或他人的内在心智状态的觉知中来，这涉及元觉知（meta-awareness），使我们觉察到觉知、内省和心理理论。当我们将注意集中在自己的内在状态上时，科学家称这种自我认知的体验为“自知意识”。这种自我认知的觉知包括洞察力或心理时间旅行——联结过去、现在和未来。这就是中线上的 DMN 活动与“自我意识”和我们生活的自传体叙事关联的方式。

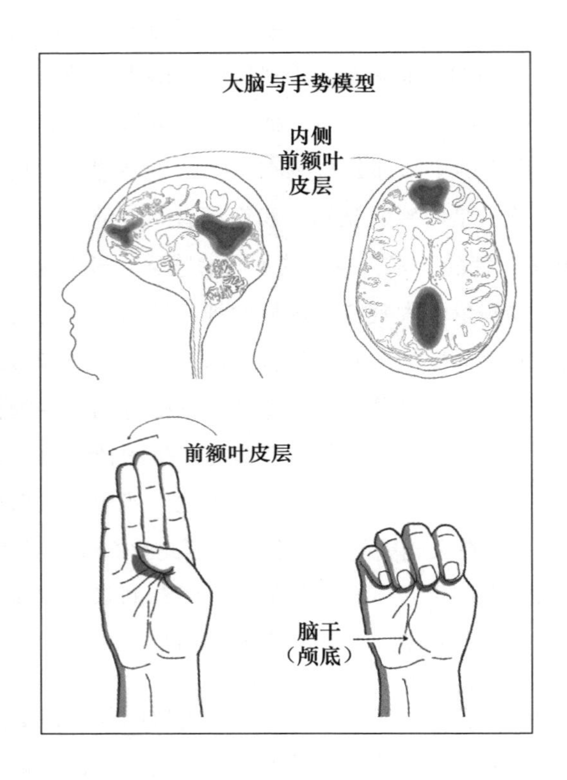

这种以大脑为基础的观点认为，信息的整合复杂性，不知何故催生了意识，这很符合我们觉知之轮的体验。当我们整合我们所谓能量模式（能量模式是这些观点提出的信息整合的机制）时，我们会将注意转移到轮缘处，系统地引导集中的注意。我们的观点与科学发现是一致的，通过直接谈论信息是什么（一种能量模式）来扩展它们。正如我们所看到的，一些数学家和物理学家可能会提出相反的观点，即宇宙是由信息组成的，然后才会产生能量。如果我们仔细留意能量和信息的概念，我们可以看到，两个群体，即能量和信息的支持者的观点是一致的。他们都同意事物会发生变化，这就是“流动”（flow）这个术语的含义。

好吧，我们继续与科学保持一致，认为能量流和信息流是觉知之轮的基本机制。现在我们可以补充一个概念，即整合可能是觉知的基础。

注意、意识和社会脑

这种能量流和信息流整合的观点也得到了另一项大脑研究的支持，即建立在信息整合的基础上并将其延伸到社会领域的项目。这样延伸到社会领域的建议才能得到理解。我们人类的进化是由我们的社会性主导的。莎拉•赫迪（Sarah Hrdy）在她对异亲养育行为的人类学探索中写道："作为人类哺乳动物，我们有一个不同寻常的特征，那就是和其他人一起照顾（养育）我们的孩子。"这意味着，在我们的进化过程中，我们（作为一个物种）生存和繁衍的能力取决于我们通过观察他人来找出他们的注意集中在哪里，他们的意图是什么，以及我们能否信任他们，让他们来照顾我们最宝贵的资源，我们的孩子。在行为层面，这使得我们在本质上是乐意合作的。它也让我们成为"读心专家"，因为我们必须接受他人的信号，注意他们的表情、手势和行为，并理解他们的意图、注意和动机的心理状态。为了保护我们的幼儿，确保他们能得到我们选择的异父异母的良好照顾，我们需要能够提出并试图回答一些基本问题。在这一刻，这个潜在的照料者的大脑是如何运作的？我们能不能相信这个人？为了回答这些对于基因传递至关重要的问题，我们需要神经机制来感知另一个人的注意、意图甚至意识的心理状态。这个观点表明，我们感知心灵的能力开始于一种针对他人的活动，而不是针对我们的内在自我。心理理论、心智化、将心比心、心理感受性，甚至第七感，都是表明我们有能力绘制他人和自我的心智地图的概念。

因此，第七感所附带的洞察力和同理心首先促使个体能够了解他人的想法，拥有共情技能，然后学习把这种技能运用到我们自己的内在生活上。

第七感整合的第三个方面可能是觉知的基础，甚至可能是善良和关怀的基础，所以，正如第七感技能（洞察、共情和整合）的这三个方面所揭示的，我们的社会性和我们的意识经验的构成要素可能是相同的。

在我们人类发展的过程中，共情首先出现在社会脑中，其次是洞察力。这种顺序似乎也符合我们对个体在依恋关系中的发展的看法，在这种模式中，我们把与父母的交流互动视为一面镜子，婴儿从这面镜子中开始了解自己的内心状态。我们首先是从父母的反馈中认识自己。这种关于我们对自己的认识和我们如何认识“自我”的这种人际关系起源是非常关键的，有助于我们猜想社会世界是如何融入大脑结构，也许还可以帮助我们猜想 DMN 回路最早是如何发展而来的。换句话说，我们的社会生活（在家庭中，也可能在文化中）直接促成了自我神经结构的神经可塑性生长。

当说到我们的依恋经历塑造了我们的自我意识时，与之相关的神经系统决定了我们如何共享能量流和信息流（我们的关系），如何刺激我们第七感回路的活动和成长，包括我们的 DMN，它塑造了我们对自我和他人的感知。

神经科学家迈克尔 • 格拉齐亚诺（Michael Graziano）建立了一个基于社会视角的大脑模型。他关于社会脑和意识起源的论述与我们对觉知之轮的探索有关，具体总结如下。正如我们已经知道的，在我们的进化过程中，我们是根据对方如何集中注意来判断是否信任她的心理状态的：她是否会集中注意来保护我们的孩子？当我们建立在这种协作性的基础上时，我们的社会结构会变得更加复杂，除了一起养育孩子，我们还需要更多的合作，这对我们的生存至关重要。我们如何向他人传达我们的需求，如何解读他们的信号以了解他们的心理状态，可能会成为一件生死攸关的事情。作为一种社会性物种，绘制心智地图是个体实现内稳态的关键一步。如果我们被剑齿虎包围，会不会有另外的村民也把注意放在我们周围的剑齿虎身上，这样我们就能合作狩猎，让大家都活下去？我们能读懂他人的信号，知道什么时候该躲起来吗？绘制他人的注意地图对求生具有重要价值。

我们用大脑的哪一部分来定位别人的注意？这个大脑区域叫颞顶联结区（TPJ），它是连接大脑皮层颞叶和顶叶的桥接区域。对心理理论来说很重要的另一个区域与 TPJ 相连，被称为颞上沟（STS），是大脑皮层颞叶的一个凹槽，就在我们额头的太阳穴旁边。在你的手部模型中，这些区域在你折叠的手指第二和第三指节皮层之间。TPJ 和部分颞叶被认为是 DMN 的非中线部分，它们直接参与我们对自己和他人的心理状态的感知。

虽然神经科学家通常认为这些区域是社会脑回路的重要组成部分，但临床医生还发现当这些区域受到损害时，意识就会受到破坏，这表明 TPJ 和 STS 是意识相关的神经的主要组成部分。正如我们前文讨论的，大脑其他区域对调节意识也至关重要。

这些区域的名称不需要保存在工作记忆中，甚至不需要长期存储，除非你喜欢做“极客”，它们是：作为首席执行官网络的一部分的背外侧前额叶皮层（dlPFC）和前扣带回皮层（ACC），与前岛叶一起是突显网络的一部分。在探索集中注意（我们如何在觉知中拥有聚焦）的本质时，这些领域更常被研究，并且与 DMN 的最前沿部分相邻。这两个更遥远的社交脑区，TPJ 和 STS，与一个明显的额叶中线皮层区，即内侧前额叶皮层（mPFC）密切合作，二者作为默认模式回路的一部分，共同创建他人的心智地图。（这个内侧前额叶区域在手势模型中代表了你的两根手指头中间的位置。）回想一下，mPFC 是 DMN 的基本组成部分，是 DMN 最前端的中线节点，它与后扣带回皮层（PCC）相连，PCC 是默认模式回路的后节点。

所有这些术语和缩写可能会让你头晕目眩，但我们即将探索的观点相当简洁，所以尽管神经数据很复杂，但不妨让我们看看它是如何被用来创建一个迷人的理论的。迈克尔·格拉齐亚诺利用这些发现提出了意识起源的注意图式理论。这个理论的核心概念是“意识本身就是信息”。当我们创造一个意识的表象时，我们建构了一个注意的符号表象，呈现了专注的过程——我们关注的对象和对该对象的预先意识。换言之，关于觉知的信息（关于注意的焦点和被关注的东西）只是一种推论，即另一个人的觉察过程可能是什么样的。我们永远不可能知道对方的实际经验，我们只能想象他们的觉知内容。这种对注意集中的象征性表征和对他人意识的推断的能力，随即会被我们的大脑用来推断我们自己在觉察时的心理体验。该理论认为，以这种直接的方式，觉知只是一条信息：除了推断觉察正在进行，没有真正的觉知。我知道没有真正的觉知这一点听起来可能有些奇怪，所以请允许我提出我自己对这个不寻常的观点的理解。

当我们看着另一个人的时候，我们会用自己的神经机制绘制地图（在我们的大脑中呈现），我们想象在那个人的心理状态（头脑）中可能会发生什么。通过这种方式，我们可以构建出另一个人所具有的意识体验，这些内容会映射到 TPJ、STS 和内侧前额叶皮层等区域。这些都是我所说的共振回路的一部分—— 一组相互联系的区域，让我们能够感受他人的感受、描绘他人的心理状态，并拥有第七感。有趣的是，这些相同的共振回路在正念冥想时将被激活，因此，内在调谐和人际间调谐似乎都涉及大脑的社会回路，大脑的社会回路也是潜在的意识回路的一部分。

关键信息是，我们会使用与社会脑类似的神经机制来获得洞察力，并借用这种洞察力来共情他人的心理状态。

你可能已经注意到了一个有趣的发现。觉知的整合信息论和社会脑论都是关于集中注意的，即注意的对象成为觉知的一部分。这些观点都很有吸引力，在某种机制上可能与觉知之轮体验有关，这种机制是辐条和轮缘之间联结的基础——我们如何将注意集中在某件事上，然后，这件事就以某种方式存在于我们的觉知中。这样，觉知之轮隐喻中的辐条可以作为能量流整合度的机制，这些能量流来自大脑的社会性回路，以及其他与注意的焦点和觉知相关的脑区。这些潜在机制能帮助我们深入了解辐条。

但是，这种被注意“注入”能量流和信息流的觉知究竟是什么？在觉察过程中是否真的有“注入”这一步？当我们把觉知的机制本身当作容器来考虑时，这个容器可小可大，通过漏斗形的辐条（集中的注意）接收轮缘处的信息，那么，关于轮心的隐喻是否误导了我们？现在，让我们更深入地研究意识科学，看看我们将如何解释轮心的本质，即觉知的本质。

能知的轮心与纯粹觉知的大脑机制

我们的研究以两种基于大脑的理论为基础，即整合信息理论和社会脑意识理论。接下来，看看这两个理论是如何与我们对觉知之轮体验的思考和讨论相吻合的。在觉知之轮练习中，我们所获得的感觉流先进入身体，随即进入体内感觉，而后进入心理活动，然后进入关系性联结。这种由外到内、由内到联结的信息流动，与基于大脑的意识观点类似。整合信息观点支持出现在意识经验中的分化和联结的概念——整合的基础。可以看到，我们的社会现实感和内在认同感深深交织在一起，就像通过社会脑视角下的意识来看待觉知的起源。

具有讽刺意味的是，社会脑在意识中的作用不仅深深植根于大脑的建模机制之中，也揭示了心智是关系性的、具身化的。迈克尔·格拉齐亚诺的观点对理解我们的关系如何影响意识体验提供了一些有趣的启示。例如，下面是他关于意识在大脑死亡中幸存的观点：

> “如果意识是信息，如果它是在大脑这个硬件上具身化的巨大信息模型，那么它实际上可以在肉体死亡后存活。信息原则上可以在设备之间转移。讽刺的是，唯物论观点恰恰能说明人体死亡

之后，精神很有可能幸存下来。注意图式理论（attention schema theory）是一种完全唯物的理论，它非但没有继续纠缠人死后存在的前景，反而认为人的肉体死亡后，精神的生存已是司空见惯的事实。我们开始了解彼此。我们互相建立模型。信息通过语言和观察活动从一个大脑传到另一个大脑。”㊀

当我们感受到藏在我们内心深处的另一个人时，当我们感受到与我们熟悉的人的联结时，我们可能在我们神经机制中感知到了那个人的大脑神经模型。这些可能是我们感知与我们最亲近之人的联结的更深层次的机制。

到目前为止，我们可以看到，即使是觉知之轮练习中的“私人的”“内在的”行为，也可能在利用我们生活中“社会”和“共享”方面的神经回路。意识可能建立在深刻的社会过程之上，即使我们认为它纯粹是一种私人体验。

在觉知之轮练习中，当我们来到“轮缘”的第三分区时，我们对任何观点都持开放心态。在这部分的讨论中，你可能已经感受到了许多事物的冲击，或者相反，进入你觉知轮心的事物很少，你因此感到有些空旷。心理活动之间的空间可以让我们一睹“纯粹”的觉知（被喻为的本质轮心）。

当我们的探索将注意的辐条弯回去集中在轮心、收回辐条，或者简单地将辐条留在中心并停留在意识本身时，我们可以尝试一些视觉隐喻动作，以体验意识本身的觉知。我们将这一步骤称为“轮心的中心”，并回顾了许多关于这一体验的常见陈述，这些陈述使个体有一种广阔的感觉，在这种感觉中，时间消失了，个体时常能体验一种与更大的整体的联结感。那么我们如何理解关于觉知之轮实践在这一方面的诸多描述？

就“轮心的中心”的潜在机制而言，开放和可扩展的觉知体验究竟意

㊀ Michael Graziano，*Consciousness and the Social Brain*（Oxford：Oxford University Press，2013），222.

味着什么呢？心智向永恒感转变的基础又是什么？许多人告诉我，他们对自己身体以外的人和事物有一种联结感。还有一些人干脆说，他们感觉到了一种快乐和爱。这些普通人的话实际上意味着什么呢？如果全世界的人对这个实践“轮心的中心”部分，总是有着各种说法，那么就意识如何产生而言，这个中心作为一个隐喻可能会有什么启发作用？觉知本身的机制实际上是什么？

在整合信息方法中，我们可能会看到，当“轮缘”（应该指外部世界）没有信息可以关注时，很奇怪的是，意识整合的是无限的可能性，而不是聚焦某一个别事物的某一特点。换言之，如果觉知到某件事需要联结不同元素（整合），那么，当没有特定的关注焦点时，“轮心的中心”可能就联结到了无限的可能性，而这正是开放和永恒感觉可能产生的地方。

社会脑意识理论提出，注意映射可能会以类似的方式看待觉知之轮练习中的“轮心的中心”部分。从这个角度，我们认为，特别是对没有注意目标的注意的建模，你觉察到的事物没有具体的放电模式，轮缘点可能是一种无限的映射。换句话说，如果一个特定的神经放电模式（轮缘点）是注意的焦点，就像大多数觉知之轮练习一样，当我们绘制关于这种注意的地图时，我们会有一种非常具体的主观体验，紧接着它会进入觉知领域。为了觉知某物，我们把焦点放在“轮缘”的“辐条”上，去体验集中的注意。但是，当我们弯曲“辐条”时，当我们启动“轮心的中心”经验时，我们现在有了一个关注非实物的模型，关注尚未在这种开放觉知状态中显现出来的可能性。这种对觉知的觉知（试图利用这个社会脑注意模式的观点），可能是非实物焦点映射的模型，并且它感觉非常开阔。换言之，仅将注意映射到潜在的事物上，而不是真实的事物上，让这个关于注意的信息模型在那一刻有一种无限的感觉。

神经科学家理查德·戴维森就冥想练习和大脑放电的研究或许可以进一步说明：在探索开放觉知、轮心本质和觉知本质的过程中，整合信息和社会脑意识的注意图式的观点可得到验证。他与同事丹尼尔·戈尔曼，作为冥想领域的两大领军人物，在其工作总结中谈到开放觉知和善良意图训练的核心或许就是长期投身实践者（瑜伽士）所具备的接纳性觉知的神经联结，并说道：

“瑜伽士在通过冥想练习获取开放性存在和关怀的过程中，以及在开始冥想前的首次测量过程中，其脑中伽马波的振幅都会升高。这种放电模式在脑电图频率中被称为‘高振幅’伽马波，是最强、最剧烈的模式。瑜伽士在开始冥想前，此类脑波可维持的时间足足为基线测量的一分钟。”[1]

为感受到伽马波对我们觉知生活的作用，戈尔曼和戴维森提供了以下练习。

“伽马波是最快的脑电波；当不同的脑区在和谐放电时（比如，一块智力拼图的不同元素‘组合’起来时就是一个顿悟的瞬间），就会产生伽马波。为感受一下这种‘恍然大悟’，可以试着思考以下的问题。哪个单词可以分别与这三个单词组成一个复合词呢：酱汁（sauce）、松树（pine）、螃蟹（crab）？脑中出现答案的瞬间，就是大脑信号产生伽马波的瞬间。”

顿悟的瞬间就是某种事物进入觉知的主观体验；同时，对某事物的了解与高程度的神经整合有所关联，顿悟的瞬间也伴随着“伽马波”。因此我们提出，这种整合状态就是轮缘处的某物被联结到觉知之轮轮心的神经机制。当大脑放电变得协调一致时，也就是当大脑放电达到一定程度的复杂性时，伽马波即会出现，然后，我们就会获得觉知的主观感觉——比如，当你发现“苹果”（apple）就是上文例子的答案时。戈尔曼和戴维森又举出了这样一个例子。

“在你想象自己咬了一口多汁的水蜜桃时，脑中会出现一条短暂的伽马

[1] Daniel Goleman and Richard J. Davidson，*Altered Traits*（New York：Penguin Random House，2017），232.

波，并且你的大脑会将储存于不同区域（枕叶、颞叶、顶叶、脑岛、嗅觉皮层）内的记忆汇集，突然将视觉、嗅觉、味觉、触觉和听觉整合为一体的体验。在那个短暂的瞬间，来自这些大脑皮层区域内的多条伽马波会实现完美的共振。”[㊀]

以上解释与整合信息理论的观点一致；也可能与注意被模拟在回忆觉知中的桃子时所涉及的各种神经放电模式的聚焦过程的方式有关。

这有助于我们看到自己在觉察某物时的神经同步性，即注意的辐条是如何联结轮缘和轮心的。再次强调，专注可能代表了一种神经整合的状态。但是纯粹的觉知，即轮心的中心的体验又如何呢？接纳性开放觉知本身与大脑的关联可能是什么？

我们在下文中列出了关于戴维森对多位瑜伽士（包括明就仁波切）展开实验室研究的独特见解（可能具有相关性）：

> 瑜伽士组和对照组在伽马波强度上存在巨大差异：平均而言，瑜伽士的伽马波的振幅要比对照组的强 25 倍。所以，我们只能猜想这一结果反映的意识状态：瑜伽士（如明就）在日常生活中（不仅仅是在冥想过程中）会持续体验到一种开放、丰富的觉知状态。瑜伽士将这种状态称为广阔、浩瀚的体验，就好像他们所有的感官都对完整、丰富的体验全景开放着。[㊁]

这种对他们体验的“广阔和浩瀚”的描述，与静观实践的新来者对他们的主观体验的描述非常相似，即使很简短，作为一种对觉知的觉知，在他们的觉知之轮实践中的轮心的中心。这些来自研讨会参与者的描述与戈尔曼和戴维森所引用的 500 多年前的记录相符：“正如 14 世纪的藏文所描述的那样。一种无遮蔽的、透明的觉知状态；毫不费力、精妙生动，一种

㊀ Goleman and Davidson, *Altered Traits*, 232.
㊁ Goleman and Davidson, *Altered Traits*, 233.

轻松、无根的智慧状态；自由、通透，一种毫无任何参照点的状态；无限空净，一种全然开放、无束缚的状态；感官无拘无束……”[1]

觉知的这种浩瀚性可能与大脑内部高度整合的神经相关，正如戈尔曼和戴维森所总结的：“瑜伽士的伽马波振动模式与通常只会短暂出现的伽马波（且这些波出现在孤立的神经位置）的模式不同。有经验的瑜伽士会产生高水平的伽马波，其振动频率会急剧升高，且多条伽马波在脑内会发生共振，这与任何特定的心理活动无关。这是闻所未闻的。”[2]

与我们所讨论的一样，神经精神病学研究者贾德森·布鲁尔和他的同事也在一系列冥想练习中发现了类似的放电模式，这些冥想练习被标榜为“毫不费力的觉知”—— 一种如其所是的觉知到事物的状态。

在对冥想练习的回顾中，研究人员乔纳森·纳什和安德鲁·纽伯格认为这种开放觉知可以用以下方式来描述。

> 这种强化状态的定义更具挑战性，因为它推断出情感和认知的缺失—— 一种没有现象学内容的空的状态。这种空性的概念体现在一系列源于多元精神/宗教传统和语言的语义结构中，即涅罗达萨马帕蒂（nirodhasamapatti，巴利语）、三摩地（梵语）、萨托瑞（日语）、佐钦（藏语）。然而，试图将这些术语翻译成英语的努力，却难以捕捉到这种无法言说和非认知的意识状态的本质。因此，许多不同的术语根据文化/宗教信仰系统、语言观点和对冥想实践的潜在本体论的感知而演变。这些例子不胜枚举，包括这样的观念：上帝意识、基督意识、佛陀意识、宇宙意识、纯粹意识、真实自我、无我、非双重意识（Non-Dual Awareness，NDA）、绝对单一的存在，以及其他诸如无形、空虚、空性、无差

[1] Goleman and Davidson, *Altered Traits*, 234.
[2] Goleman and Davidson, *Altered Traits*, 234.

别的“存在”或“本真”等术语。[⊖]

对进行集中的注意、开放的觉知和善良的意图方面的静观练习超过一万个小时的“专业冥想者”的研究很有趣，这同时有益于揭示通过强化练习训练大脑的方法。但是，即使是初步的实践也可能会产生类似的激活状态，只要在实践过程中进行短暂访问。这些研究有助于阐明心智的本质及其与大脑整合功能的关系。虽然我们中的大多数人不能花费数万小时来进行正式的实践，但我们可以了解潜在的基本机制，我们确实可以训练这些机制，以达到更开放的觉知状态。这是一个方向，觉知之轮可以供你在日常生活中训练。

例如，在练习觉知之轮并区分轮心时，我们可能会获得纯粹的觉知。一旦学会如何区分轮心和轮缘，习得获取轮心的中心的体验的技能，一种全新的自由之境和清晰的思维正在前方等待着你，而这是你先前根本不敢想象的。有没有可能通过不断的练习，我们可以更轻易地获取我们在周期性轮缘点模式下自然拥有的东西——广阔和浩瀚的觉知？

关于意识的神经联结，我们可以这样概括：觉知似乎与大脑中的整合有关。这一观点与冥想神经科学前沿研究的惊人发现是一致的，例如，冥想对神经功能的影响，同时与整合信息理论以及社会脑意识理论的观点相吻合。

我们接下来将会探讨一些基于大脑意识观念所形成的概念，但我们的探讨并不只限于此。我们还会探讨觉知之轮的某些可能机制，从而得出能量流和信息流的概念。下文的探讨可能会让你感到惊喜和轻松。

⊖ Jonathan D. Nash and Andrew Newberg, “Toward a Unifying Taxonomy and Definition of Meditation,” *Frontiers in Psychology* 20, November 20, 2013, 4, 806, https: //doi .org/10.3389/ fpsyg.2013.00806.

第 9 章

能量的本质与心智的能量

科学、能量和经验

如果心智是从能量流中涌现，那么尽可能多地了解能量将有助于我们理解心智和觉知。但实际上，能量是什么呢？

物理学是研究能量的主要科学领域之一。想象一下，当我收到邀请参加一个为期一周的、有 150 名科学家（主要是物理学家和数学家）列席的、以科学和精神性为主题的研讨会时，我的兴奋之情。作为受过训练的研究员，我几乎对正规的精神性教育没有多少直接的经验。这时，我的同事约翰·奥多诺休已经去世了，而我和约翰一直在做的关于精神性与宗教及其与科学的联系的直接教学都停止了。所以当我有幸遇到这些物理学家时，我会争取一切机会向他们反复询问一个基本问题来探索我一直想知道的关于意识、觉知之轮和心智的概念，这个基本问题是：能量是什么？在这些科学家看来，我一定是一个“破纪录”的人，或者是一个糖果店里的孩子，因为我是如此精力充沛，如此专注于这一问题。

我对他们的回答很感兴趣，并将在以下几页中总结我们在吃饭、散步和非正式集会期间讨论的相关想法及其含义。虽然这些科学家是物理学家，不是心理学家，但对我来说，我们所讨论的内容揭示了可能的心理机制，并为思考人们用觉知之轮描述的经历开辟了一条新的途径。我在这次会议上提出的关于觉知的本质，关于意识的本质，关于轮心是什么的问题，开始被物理学启发的洞察力所澄清，这是以前无法想象的。

请记住，我将要与你们分享的框架，是从那些与物理学家和数学家的讨论中得来的，它与科学是一致的，但不受科学的限制。换言之，这个关于意识本质的提议建立在物理学家、数学家和其他领域的专家告诉我的他们对现实的了解的基础之上，并且这个提议与其对现实的了解是一致的，尽管这些概念并没有被他们用来理解心智。我不想歪曲物理学或任何其他相关领域可能会说的话，也不想暗示你，这些观点目前已被传统科学领域所接受或阐明。都不是。我们将要探索的是能量科学，物理学中的一个重要议题，“可能”会阐明心智的机制，并适用于我们一直在探索的觉知之轮练习，以及你在你自己心智的主观体验中直接的、第一人称视角下的沉浸感。最后一句话的关键词是“可能”。

自从多年前第一次提出这个观点，然后在研讨会、课程和书籍中向大家分享它，并将其应用到我的临床实践和我自己的生活中，我发现这个框架符合我们似乎都拥有的许多经验。它可能是准确的，也可能不是。一些花时间了解这一观点的物理学家对它的可能性感到兴奋，包括那些在量子物理学和冥想方面都很在行的物理学家。

我们还会看到，来自各种传统的冥想者和灵修者发现这个框架与他们自己的观点十分契合。在这里，我用“冥想”（contemplative）这个词来表示深层的、内在的反思练习。精神性是一个可以用多种方式来表达的术语，正如我们所讨论的，它通常指的是人类过有意义和有联结的生活的基本动力。这里的“意义”是指对有目的和重要的事物的感觉。“联结”涉及归属感的体验，即成为超越个体肉身界限，属于更广阔的存在的一部分。我们还可以用一些有趣的方式来阐释意义和联结（借助我们即将探索的观点）。

有趣的是，该框架似乎也与朋友、家人和与我密切合作的患者在讨论他们的内在、精神生活时的方式一致。我喜欢阅读自传体的故事，这些反思性的叙述也常常与这个框架相符。受到约翰•奥多诺休诗歌的启发，我还发现，许多作家对我们精神生活的本质的诗意反思可以通过利用这些观点的新视角来进行了解。

现在，这些对模型的观察符合人类经验的各种描述，可能只是一个巧合，或者甚至可能是一个证实偏差的例子，我自己的心智对其信念的辩护，只让我觉察到那些肯定我想相信的发现的解释，扭曲我的感知来证实我所想的是真的。换句话说，这个框架可能不准确。你需要亲自看看它是否符合你自己的经验。

然而，我总是会回想起与我讨论过这些想法的人分享的见解，以及这个框架扩展和加深他们对觉知之轮练习及其生活的理解的方式。这种观点似乎符合科学、主观性和精神性，也许还有助于建立一座联结这三种体验和理解现实的方式的桥梁，帮助他们在我们的生活中找到共同点。

以开放和质疑的心态来检验这些想法，抛弃那些对你不起作用的东西，坚守对你有用的东西并以此为基础。这是一个你可能会觉得有用的框架，或者你可能不会这样觉得。让我们看看，当你接受它并尝试将它应用到你的生活中时会发生些什么。

我自觉自己极具质疑精神——我甚至会质疑我自己的问题。在我们前进的过程中，记住你可能有过的所有怀疑可能是有所助益的，我可能会有更多的怀疑，但我们都可以暂时放下怀疑，看看在这些设想我们即将探索的心智的新方法中，是否有一些真理和实际的应用。以这个框架为例，不管我对它有多热情，总有一部分的我会对此持怀疑态度。保持这种质疑是明智的，可以保护自己不让不确定性阻碍我们的进展。正如一位睿智的教授曾经告诉我的那样："只有当我们有勇气犯错时，洞察力和理解力才能向前发展。"

所以，这是什么模式呢？在理念和实践方面，这个框架如何适应你自己觉知之轮的体验？在我们前进的过程中，每个问题都将得到解决。准备好了吗？让我们一探究竟吧。

自然的能量

我们至少生活在两个层面的现实中。在第一个层面上，即大型物体的层面，我们以力的形式体验能量，如重力、压力和加速度。当你骑自行车时，你正在利用身体的能量来蹬自行车的踏板，你会感受到重力在将你拉向地面，当你快速过马路时，你会感受到加速度，当你从自行车上跳至人行道的地面时，你会感受到压力。你生活在一个充满能量的世界里，你熟悉一天中的每个时刻。

你还生活在另一个层面的现实中，即非常小的实体的层面，如电子和光子。与你在自行车或人行道上不同，你无法看到单个电子或光子，但你仍然被电能和光能所包围。

我们出生于宏观物体（身体）之中，在这个意义上，身体比电子或光子大得多。我们习惯于从宏观身体的角度来看待能量，将之视为能够帮助我们完成工作和行走这样的事情的力和力量。我们身体做功甚至也会消耗能量，因为我们需要进食并呼吸氧气以利用食物中的能量。正如我们所见，能量无处不在。

但是，能量是什么?

这是我在会议上不断向科学界同事重复的问题。他们会说，能量不是真正的东西，能量是我们现实中一个普遍的方面的名称。

好的，我会问，这个普遍的方面是什么?所有能量表现形式的共性是什么?会以一系列形式、频率、强度、位置和轮廓进行表达吗?整个能量的 CLIFF 表现会是什么?能量究竟是什么?

你可以想象，我向他们提出的问题充满了能量。

其中一些人最终会以这种或那种方式说，能量是从可能性到现实的运动。就是这样。

能量是什么?

能量是从一种概率值到那个被实现的概率值的运动。这就是他们所说的，能量是从可能性到现实的运动。能量是可能性的实现。

我脑子里一直在想这句简单的话，也许你也是。

让我们暂停一会儿，思考一下这种将可能性转化为现实的普遍陈述。量子力学（物理学的分支）的一种观点是宇宙具有潜在的“量子真空”或“潜力之海”——现实的数学空间，代表可能出现的所有可能性。换句话说，现实有一个方面，叫作“数学空间”，这是描述世界上所有可能实现的事物的一种方式，数学空间是可能性栖居的地方。这个空间被称为潜力之海，因为它可以被想象成茫茫大海，所有可能实现的现实都被包含在内。任何可能成为现实的东西都会从这片潜力之海，从这个量子真空中真正出现。

对于那些刚接触量子力学的人来说，这可能听起来很奇怪。对于那些厌恶数学的人来说，这可能会令人生畏。多年来，我与同事和旅伴们克服了最初的恐惧，现在我可以向你们保证，只要你有一点耐心，那么一开始令你感到奇怪的东西，会变得非常令人兴奋、令人熟悉，甚至变得有用。

在这个层面上分析我们的世界，在我们旅程的这个时刻，我们得到了一个观点，对许多人来说起初难以理解，甚至难以获得最初的感觉。因为我们生活在相对较大的物体中（我们的身体，与其他物体、汽车和建筑物等大型的物体相互作用），我们习惯于把包括能量在内的事物看作绝对的实体，而不是概率。如果你有这种感觉，那么你并不孤单，因为其他人也有。事实上，至少在表面上，大型物体的运转是由一组物理原理所决定的，这些物理原理比控制微小物体相互作用的定律更明显。世界上的大型物体有时被称为“宏观状态”，微小物体有时被称为“微观状态”。微观状态包括电子和光子。宏观状态包括我们的身体、汽车和建筑物等。

大型物体世界的运作方式是所谓“经典物理学”的焦点，这是牛顿在300多年前提出的，因此这些支配大型物体的原理有时也被称为“牛顿物理学”。大型物体，也即被称为宏观状态的物体，其实是微观状态的大集合，比如行星和飞机，而关于这些物体的规则，比如加速度和重力定律，在我们充满大物体的生活中是非常有用的，所以我们可以驾驶飞机或汽车，并让机械工程师建造机翼、车轮和刹车系统来驾驶飞机或让汽车停下来，用安全带来缚住我们的身体，以尽可能地保证我们的安全。这些都是基于经典牛顿物理学的工程学。我父亲是一名设计直升飞机和汽车的机械工程师，他的整个职业生涯都建立在这个公认的牛顿经典物理学的基础之上。在宏观状态的相互作用中存在一系列关于能量表现的规则，这些规则决定了一种功能上的确定性，因此，即使在暴风雨中，我们也能待在飞机或直升机上，或者与我们踩刹车时，车能完全停下来。牛顿用至今仍适用的数学公式阐明了这些定律，让我们能够在空中飞行或在遇到红灯时停下来。在宏观世界中，这是一种美妙的感受，通常也是一种可靠的确定性体验。

量子力学进行的是一个更小、更深层次的分析，这在如此大的宏观状态的物体中是不容易看到的。（事实证明量子定律甚至也适用于宏观状态，只是它们的体积更大，更难被发现。）量子力学最初是在大约一个世纪前被提出来的，它探索的是宇宙中概率的本质，而不是牛顿或古典世界观所研究的宏观状态表面的确定性。量子是一种经验单位，是相互作用的基础——因此，从量子的观点来看，生命和现实是一种逐渐展开的相互作用，这种相互作用是基于一系列广泛但基于经验建立起来的发现，这些发现的形式和变化是基于概率的变化。正如物理学家阿特・霍布森（Art Hobson）所说："量子是高度统一的、空间延展的、特定的量或场能量束。这个词来源于'量'（quantity）。在能量场中，每个量子都是一个波—— 一个扰动。比如光子、电子、质子、原子和分子。"[1]

简单地说，关于量子的洞察揭示了基于可能性或概率的现实的动词性质，经典物理学关注的是在世界上相互作用的物体的一种名词般的确定性。我曾经遇到过一些同事，他们问我为什么要借助量子力学来理解心智——为什么不直接研究大脑呢？他们的担忧通常会因为听到演讲者在使用量子术语时，没有太多参考基于实际经验确定的科学发现。他们会说，以量子之谜的名义，可以断言一些疯狂的事情。物理学家甚至也对该领域的某些方面进行了激烈的辩论。以下是霍布森的观点："至少从早期希腊开始，哲学家们就想知道宇宙的终极成分。现实是什么？它是如何运作的？原子和其他一切都是由比原子更基本、更有趣的东西组成的，也就是被捆绑成'量子'的'场'。"他接着引用了该领域两位领军人物之间的互动，即创始人尼尔斯・玻尔（Niels Bohr）在回应同事沃尔夫冈・泡利（Wolfgang

[1] Art Hobson，*Tales of the Quantum*（New York：Oxford University Press，2017），xi.

Pauli）的演讲时表示："'我们都认为你的理论很疯狂。让我们产生分歧的问题是，它是否疯狂到有可能是正确的'。大自然远比人类的想象更有创造力，微观世界也不是尼尔斯·玻尔或其他人所能猜到的。量子力学确实很奇怪，有些人以这种奇怪为理由拒绝了它的某些方面，但仅仅奇怪，并不是拒绝科学理论的令人信服的理由。"[一]

通过仔细和反复的经验研究建立起来的几个量子概念，可能有助于我们探索心智和觉知之轮的机制。我们会尽可能地将这些想法与科学联系起来，但出于必要，我们会把我们的想象力建立在科学的基础之上，为我们自己的觉知之轮体验架起一座桥梁。换句话说，关于能量本质的有用见解（作为我们宇宙中的微观状态过程）可能将有助于阐明我们精神生活的各个方面。

我们并不是要用量子理论来断言一些可能会让事情变得比实际更复杂的未知知识。正如哲学家贾格迪什·哈廷加迪所言："量子力学之所以被援引，并不是因为它具有权威性。这不是玻尔权威的论证。它与研究相关，因为它位于物理学本身所涉及的最低层次。"[二]

让我强调一下经验主义能量科学的四个原理，我们将在余下的旅程中探索和应用它们。量子力学邀请我们来检验：

1. 现实的概率本质；
2. 测量和观察概率的潜在影响；
3. 现实的关系本质、量子纠缠及其非定域性影响；
4. 时间的箭头或变化的方向，可能只在现实的宏观状态层面显现。

[一] Hobson，*Tales of the Quantum*，xiii.

[二] Jagdish Hattiangadi，"The Emergence of Minds in Space and Time，" in *The Mind As a Scientific Object*，C. E. Erneling and D. M. Johnson，eds.（New York：Oxford University Press，2005），86.

如果你担心这一切的发展，那么让我从一个引起很多情绪反应的非常有争议的观点开始。这是我们将在这里简要回顾的四个主题中的第一个——关于观察如何影响能量概率的问题。

值得关注的一点是，某些人提出了一个明确的声明：量子力学已经“证明”意识创造了现实。在物理学家看来，这似乎是一个备受争议的推论，关于如何解释科学中公认的、无争议的发现——通过双缝实验观察电子的行为会改变所探测到的结果。一些人认为，观察行为“瓦解了波函数”，这意味着它使电子变成了一个粒子（一种确定性）而不是一种波，即一组概率。你可能会从高中物理中回忆起这一发现。有争议的不是通过测量发现了一个不同的结果，而是如何理解它——这意味着要解答为什么观察行为会与从一系列概率到单一确定性的变化相关。

一种被称为“正统哥本哈根解释”的观点认为，观察行为改变了这种概率函数，但这只是诸多解释中的一种。还有观点认为，观察结果仅仅是从多元宇宙中的纷繁现实中选择出来的，或者世界上实际并没有波和粒子，只有对量子本质的种种想象。这种选择是如何发生的，或者说现实的基本单位究竟是什么，观察行为又将如何影响现实还不清楚，这些都不甚明了。有人认为这是一个测量问题，与意识的影响无关。量子物理学家亨利·斯塔普（Henry Stapp）是量子理论创始人的学生，他认为除了由意识创造的观察之外，心理的意图状态也可以影响概率函数，从而大致解释了心理活动对我们在物理现实中所观察到的事物的影响，这进一步深化了正统哥本哈根解释。在与斯塔普一起参加量子物理智库时，我被他清晰的思维和坚定的信念所打动。你可以想象，一种将人类意识置于将宇宙中的可能性展现为现实的组织中心的潜在解释，可能会非常吸引人，甚至可能是准确的，但科学界对这一重要问题仍然充满了激烈的争论。我们将尊重争议，探索可能性，而不是断言绝对性。

即使正统哥本哈根解释能站住脚，或者即使斯塔普在此基础上有所发挥，将意图和觉知包括在影响因素中，就我看来，这一发现似乎说明观察行为改变了一个概率函数——并没有创造出电子，它只是“要求”这个电子波的概率分布作为一系列可能性中的一种出现。换句话说，觉知可能会改变微观状态的可能性，但它本身不会创造量子，但即便如此，这也是一个引人入胜的问题。下面是一个“剧透提醒”：我们在这里不会以任何方式解决双缝实验解释之争，但我们会拥抱这场辩论，并尊重在我们的讨论中围绕这些不同观点的科学推理，至少考虑，包括注意、觉知和意图在内的心智如何可能将可能性的展开塑造成现实。

你可能慢慢会明白为什么这种深入量子观点的研究可能与理解我们对觉知之轮的体验非常相关。我们训练集中的注意、开放的觉知和善良的意图这三大支柱。这些心理技能会直接影响可能性如何成为现实，即能量流到底是什么。

在我们未来的旅程中，我们将牢记这个有争议的概念，考虑到心智的注意、觉知和意图可能会改变概率，也可能不会。再次，让我们试着保持一种开放的心态，尊重怀疑和辨别如何解释科学，并小心地将其应用于理解主观体验，因为我们在这些令人费解的科学观点之间架起了一座桥梁，这些观点来自对微观世界的实证研究，以及我们在觉知之轮实践中的体验。

这是我们作为人，栖居于我们庞大、宏观的身体中所面临的巨大挑战之一。我们确实生活在一副躯体里，这很神奇。我们要珍惜、爱护它。我们也有大脑。可能大脑的能量流的某些方面的性质有时是由宏观、身体大小的东西决定的（比如当我们感受到面颊上的微风或沉浸在日落的光辉中时）。这些性质有时又被微观状态的基本因素所支配，如电子和光子等能量场的量子（比如，当我们沉浸在情绪、想法、记忆或想象中，甚至在觉知本身中时）。不受确定性支配的、宏观的、身体层面的存在的约束，我们的头脑可以自由地体验微观概率世界中更广阔、更灵活的现实。正如我们将看到的，将这种可能性转化为现实的潜能作为我们精神生活本质的一个方面，可能有助于我们更直接地观察到觉知体验之下的心智的机制。

量子物理另一个基本且具有挑战性的观点就是，现实的本质是关系。正如物理学家、哲学家兼医生的米歇尔·比博尔（Michel Bitbol）所解释的："只要我们对科学的某些解释必须要从关系出发，而不是从绝对属性出发，那么科学的发展就迈出了意义非凡的一步。玻尔说，的确，所有量子概念看起来很笨拙，但为了让这些概念不那么怪异，我们必须改变理解的概念。玻尔的主张是，我们必须把理解世界的想法转变为理解我们与世界的关系的想法。"[1]

觉知之轮实践让我们在主观感受中直接体验能量流的不同方面。有一个人，曾经有觉知之轮实践经验，经历过宏观的确定感和微观的概率世界之间的区别，特别是在"轮心的中心"实践部分。他邀请我到英国，在艾萨克·牛顿爵士的出生地，他向我们分享了觉知之轮的体验。我们聚集在当年那棵苹果树周围，它曾启发牛顿提出了重力的概念。在那个雾蒙蒙的6月的下午，没有苹果落在我们头上。牛顿在剑桥大学读书时，当地曾发生过一场瘟疫，他只好回到家中。在他家的墙上，写有一句话："我可以计算天体的运动，但不能理解人类的疯狂。"难道心智在某种程度上是通过量子概率函数来运作的吗？牛顿只是不知道这些函数的存在而已。当我们做觉知之轮练习，然后讨论参加者经历了从"轮缘"到"轮心"的主观转变的方式时，我们穿越时间，感谢牛顿的巨大贡献，并邀请他加入我们，从更高层面探索现实的本质。当我们试图理解能量的深层机制时，我们需要接受这两个"层面"的现实，经典的和量子的，这可能是我们心智和觉知体验的核心。

正如物理学家雅各布·比亚蒙特（Jacob Biamonte）在他关于量子复杂

---

[1] Hasenkamp and White，eds.，*The Monastery and the Microscope*，54-55.

网络理论的研究中所说的那样，复杂事物的更高层面（经典层面）可被视为较低层面（量子层面）的新兴现象。所以，这两个层面并不是独立的，而是相互依存的。虽然我们体验到的两种层面的现实不同，并且在日常生活中通常更多地觉察到的是经典层面的现实，但是这两个层面的现实都存在在我们身边，并且它们相互影响。比亚蒙特说："最古老的例子之一，也可以说是最重要的例子，就是为什么经典物理学可以很好地解释周遭的世界，而我们生活的世界实际上却是量子的这一问题。"㊀

记住这个迷人的科学观点，我们明显拥有经典和量子两个层面的现实，或者说存在宏观和微观两种状态，然后我们可以开始讨论现实，我们不断融合的心智的主观体验可能反映出时刻涌现的宏观和微观层面。关于能量的概率性质的第一量子原理和我们觉察它的方式，以及我们的心智如何影响它的第二原理，将是我们如何深入研究轮心本质的主要焦点。

如前所述，量子物理的第三个发现是，纠缠已经被证明是我们世界的一个真实的、由经验证实的方面。这意味着微观状态可以相互耦合，就像两个电子配对一样，它们的配对会对彼此产生相互影响，并且不会受到空间分离的阻碍。例如，如果一个电子顺时针旋转，而另一个电子逆时针旋转，那么当一对电子中的一个电子以一个新的方向旋转时，其纠缠伙伴会相应地以互补和相反的方向旋转。当两个电子在物理上十分接近时，或者当它们被长距离分开时，就会发生自旋的偏移。空间分离不会改变关系耦合、纠缠关系——在这种情况下，它们的自旋方向是互补的。这就是为什么纠缠那奇怪但真实的性质具有非定域性的特征。

在经典牛顿理论中，在空间上分离的宏观状态（就像你的身体和你的一个朋友相隔千里），自然具有分隔那些大型物体影响的空间感。而纠缠研究表明，纠缠微观状态的空间分离并不会阻碍它们之间的相互关系。

㊀ Carinne Piekema，" Six Degrees to the Emergence of Reality，" Fqxi.org，January 1，2015.

是的，当然，亲密的朋友与配对电子不同——纠缠可能不适用于那些朋友的心智，如果他们的心智具有量子的微观状态能量属性，那么纠缠可能适用。

无论相隔距离有多远，配对电子都可以相互影响。我知道，这很奇怪，但这在我们生活的宇宙中已经被证明是真实的。物理学家阿布纳•希莫尼甚至称之为“遥远的激情”。阿尔伯特•爱因斯坦称之为“鬼魅般的超距作用”，他认为纠缠意味着必须有一种令人难以置信的快速的能量移动。无论空间分离多远，纠缠都几乎同时发生，它的移动速度比光速还快，因此，如果它是一种能量移动，它将违反爱因斯坦的一个基本观念，即宇宙中没有任何东西的移动速度比光速更快。光速作为最快的速度仍然是被公认的一条定律。这种量子特性与能量传播无关，它是关于不受物理距离影响的纠缠关系。我知道，这很奇怪，从经典宏观角度来看，这简直太奇怪了，而且看似根本不可能。量子纠缠，作为经典的挑战，需要我们打开脑洞，在宏观层面和微观层面重新审视空间和现实维度的概念。尽管它邀请我们考虑我们可能从未考虑过的事情，但纠缠现在已经被确立为我们世界的一个真实部分，甚至对物质来说——毕竟，它是凝聚能，是被高度压缩的能量微观状态，形成了密实的宏观状态聚集（macrostate accumulation，即质量），正如我们在爱因斯坦著名的公式中所看到的：能量等于质量乘以光速的平方（$E=mc^2$）。

我们只是不知道，微观状态中这种被证实的纠缠方面是不是精神状态的一部分，我们也不会在这段旅程中回答这个问题。正如量子物理学家亚瑟•扎伊翁茨所提示的那样：“在一个非常微妙的层面上，存在一种隐藏的联结，或纠缠或量子整体论。物体显然是离散的，在某种程度上也的确如此，但在更微妙的层面上，它们彼此相互联系……我们可以这样认为，每一个与另一个粒子相互作用的粒子都与那个传播得越来越远的粒子有联系，分支丛生。从逻辑的角度来看，认为宇宙的许多部分在以我们难以想象的方式相联是有道理的。在简单的情况下，我们实际上可以通过做实验来验

证这种联结。”[⊖]

正如我们所讨论的，人们有时会描述他们能准确感知远在异地的密友的精神生活的经历，而且可能是因为我们的心智有时确实揭示了某些关系的量子能量纠缠特性。既然纠缠和非定域性现已被证明是我们世界的真实方面，如果能量是心智的源泉，那么假定纠缠不是某种紧密的、心智与心智之间的关系的体验岂不是很奇怪？

我们将探讨的第四个问题是我们体验时间的方式。对一些人来说，进入轮心的中心练习的部分感觉很不同，在永恒感方面，与关注轮缘时的感觉不同，轮缘对事物的来来往往是有时间的先后顺序的。人们是如此普遍地用觉知之轮来描述这种对比，以至于人们不禁好奇：轮心与轮缘处究竟发生了什么足以让我们洞察这种共同的主观体验下的机制？如何解释我们主观的时间感知的这种转变？量子物理学关于变化方向的观点可能会给我们提供一些见解，帮助我们放眼全局，以一些崭新的、有用的方式把心智和时间结合起来，从而加深我们对觉知之轮体验的理解。

一些物理学家认为，作为流动的东西，时间可能并不存在。然而，真正存在的是时间之箭，一个代表变化方向的术语。我们的宏观身体，生活在一套确定性的牛顿定律中，一个宏观状态的水平，它确实具有箭头所指的性质，即我们如何体验事件展开的过程。如果我们打碎了一个鸡蛋，我们就无法还原它，这就是时间之矢。但是如果你以某种方式旋转电子，它可以自由地向任何方向移动而不依赖于之前的方向，因为在现实的微观层面可能不存在变化方向。

这可能是因为当我们栖息于觉知中时，当我们开始体验轮心的中心时，我们正在经历一个没有变化方向的微观状态的无箭头量子水平。如果我们

⊖ Hasenkamp and White，eds.，*The Monastery and the Microscope*，35.

对时间的心理体验，通常被称为“时间流逝”，实际上是我们对变化的觉知，那么拥有牛顿式、箭头式的精神生活的我们将有一种时间感知，而量子式、无箭头式的精神生活将为我们带来永恒的感觉。通过这种方式，轮心或轮缘的各个方面可以揭示一些微观状态或宏观状态的能量配置，这可以解释为什么心理体验的某些方面感觉没有方向而另一些方面则感觉有方向，一种对永恒的现在或时间流动的主观体验连接了我们所谓的过去、现在和未来。

最后，我们将在后面几页中深入探讨的基本量子发现与能量的一般概率性质有关。正如我们所看到的，能量可以被广泛地描述为从可能性到现实的运动。量子物理学中的这一概念基本上认为，能量来自潜力之海，一个称为量子真空的数学空间。我们不需要解任何数学方程式，也不需要迷失在复杂的数字中，就可以直观地了解能量是如何沿着概率谱移动的，能量沿着一些人所说的概率分布曲线，从开放的、巨大的潜力，到具体的、狭窄的现实。

要从潜力之海中创造出现实，能量必须在量子真空中流动起来。

为了纪念我与我的物理学家同事讨论的一个具体细节，我有必要声明一点，根据其中一些科学家的说法，能量本身可能不存在于这个可能性池中，即量子真空。要把潜力之海中的一个可能性转化为现实，需要能量，所以可以说，能量是从这个数学空间中“产生”的。有时这种能量流可以包含符号意义，我们称之为能量流信息。另一些人则认为宇宙是由信息组成的，而能量则是从信息中产生的。我们可以把这个观点想象成一个潜力之海，包含了我们称为信息的所有可能的符号配置。这个多样性的产生者，这个量子真空，是所有可能存在的信息的来源。这一观点中的能量来自潜力信息之海，它的能量模式的展开让潜在的信息在世界上得以实现。正如我们所看到的，“能量与信息”这个短语既尊重感知能量或信息的首要地位的方法，也尊重它们在我们的现实体验中的终极交汇。

由于我们世界的现实似乎更多地表现出互动过程而不是固定不变的实体，宇宙更像是动词而不是名词，而这种能量流和信息流，不断变化、展开、移动，它是一个不断发展的相互作用的能量场，构成了我们称为现实的持续更新的世界。

此刻，你和我可以用我们宏观的身体做深呼吸。是的，我们生活在一副躯体里，能量在现实的宏观层面流动。这是真的，而且非常重要。当你捏紧自行车的刹车时，你想让它停下来。能量流动也是微观状态，因此研究我们现实的量子性质，最直接地探索这些微观状态的性质，可能是对我们更熟悉的大型物体宏观状态现实的经典观点的一个重要补充。今天我骑着自行车，想着你和我现在如何讨论这些问题，我很感激宏观状态的经典世界带我穿越时空，也感激我们微观状态的量子世界可能产生的想象力和觉知。在这一刻，我邀请你们和我一起做深呼吸，来拥抱这两个层面的现实，让经典的宏观世界和量子的微观世界在我们未来的旅程中都受到尊重和欢迎。

对一些人来说，专注于像能量这样难以捉摸的事物或现实中的量子特性，可能会感觉很不科学。然而，让我向你们保证，除了在宏观状态下，如紧握某人的手或凝视他的眼睛所体验到的强烈的情感能量，以及通过你的宏观感官系统看到或听到这些话的能量之外，还有另一个方面的能量不像你触到、看到或听到的那样具体或熟悉。所以，敞开你的心扉去面对另一个微观层面的现实，肯定会感到有点奇怪。对一些人来说，把能量看作从可能性到现实的运动太抽象了——他们难以认同这个想法，也不能看到它，不能品尝它，或者触摸它，它看起来太奇怪了，太“虚无缥缈”了，以至于看似毫无用处。也许这对他们来说甚至是不科学的。

那些认为对能量和微观状态现实的关注失去了科学基础的人暗指物理不是科学。放心吧，能量是一个科学概念，是我们宇宙公认的现实。在过去的一个世纪里，对宇宙量子本质的研究揭示了我们这个充满能量和信息的世界上令人惊讶但已被经验证明的某些方面。如果心智是宇宙的一部分，是自然的一部分，那么问一个关于心智与能量本质的联系的问题，就是一件很自然的事情。

对一些人来说，将心智的本质作为能量本质的一部分进行探索，变得过于抽象，让人感觉很不自然。这实际上也让我的一些专业同事明显感到不安。为什么不简单地停留在觉知之轮的冥想练习中，或者仅仅讨论意识的神经关联，并研究这些神经模式背后可能存在的机制呢？关于神经整合和神经可塑性借由心智训练改变大脑的能力的迷人发现难道还不够科学吗？为什么要走得更远？

促使我决定和你们一起深入探讨这些能量的科学概念是许多让我很有启发的经历，尽管我们现在正在探索的是一种新的且大多数人并不熟悉的观点，而且它起初听起来甚至让人不太舒服，但最终，通过一点努力和新的学习，这些想法会变得非常容易理解、有用甚至有趣。

在科学领域，正如我们所看到的，路易斯・巴斯德认为，机会是留给有准备的人的。这种对能量机制的深入研究将使你的思想准备好迎接生命中的机会，并且肯定会有。深入研究微观状态能量流的概率性质也将增强觉知之轮练习的力量，以帮助你在生活中培育幸福感。

因此，让我们继续前进，你想多慢就多慢，随着我们向健康的方向发展，会逐步习得这个迷人的和（我希望）有用的思维方式，关于心智，关于觉知之轮，关于觉知和我们的生活。

作为概率的能量

让我举一个例子，我希望这将有助于使这个抽象的能量定义（作为一个从可能性到现实的运动）尽可能容易被理解。现在我要写一个单词。比方说，我们共有的词汇表中大约有一百万个单词。你猜中我要写的这个词的概率有多大？对，是百万分之一。让我们看看这在插图中会是什么样子。

在下面的图片中，你可以看到一张地图，这张图底部的一块区域，描绘了最大可能的一百万个单词。你从所有的可能性中猜中那个单词的概率是最大可能性中的一个，在这个例子中，总的可能性是一百万。

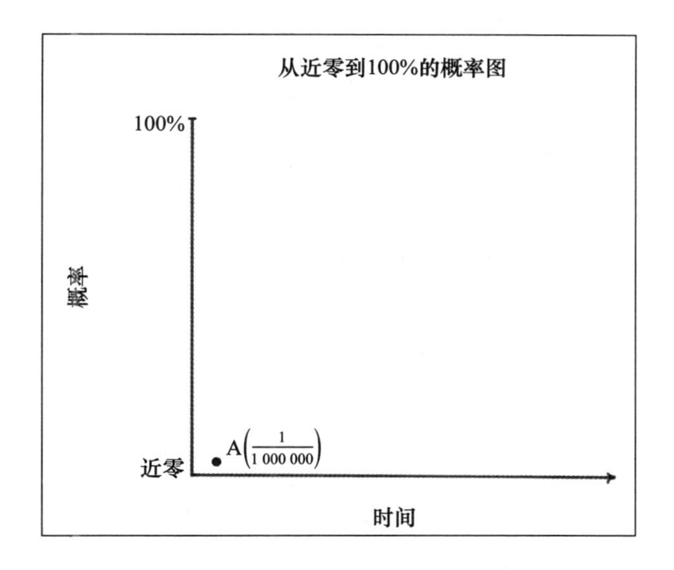

所以你现在猜中这个词的可能性几乎为零，在这张图上，我们可以看到纵轴上的“近零”位置或值，在数学中我们称之为“y 轴”。这条 y 轴可以被称为概率分布曲线，因为它包含了数值分布的概率范围，从零或近零一直到 100% 的概率。注意这条 y 轴的底部是近零或零，顶部是 100%。我们称这个最低点为“近零”，因为虽然你不太可能从这个巨大的范围中知道我会选择哪一个单词，但仍存在比零更大的概率。这一刻，这个你不知道且我什么也没说的特殊时刻，就是我们现在的时钟上的时间，这意味着我们的时间测量指示了“现在”的时间位置。时间上的共享位置在水平的 x 轴上，我们可以把它标记为“时钟时间”，或者简单地称之为“时间”，尽管我们会看到，时间本身也有一个相当迷人的故事，而且时间可能不是我们想象中的那种流动的东西。当你沿着 x 轴从左向右移动时，你在描绘事物如何“随时间发展”——这仅仅表示它们是如何随着时间改变或不改变的。你猜中这个词的概率在这个时间点上的位置在 y 轴上接近于零，这与它在概率分布曲线上的位置或值有关。这个数值接近于零。请注意，我们如何在地图或图上标记这一点（在这里是位置 A），这个时刻对应于最低的概率，“近零”点（因为百万分之一是接近于零，而不是完全为零）。

到目前为止，在这个二维图上，图中的位置（下图中的点的位置）表明了两件事：能量值在时间上的位置（x 轴），能量在概率分布谱上的位置（y 轴）。一个单一的位置（此刻的 A）有两个指标，概率和时间。

现在，让我们假设我在一百万个可能的单词中选择一个单词，我选择的单词是 ocean（海洋）。此时，我们在表示时间的 x 轴上向右移动一点儿，并将这个新位置标记为点 A-1，对应于概率分布曲线上的 100% 的位置——垂直于 y 轴。

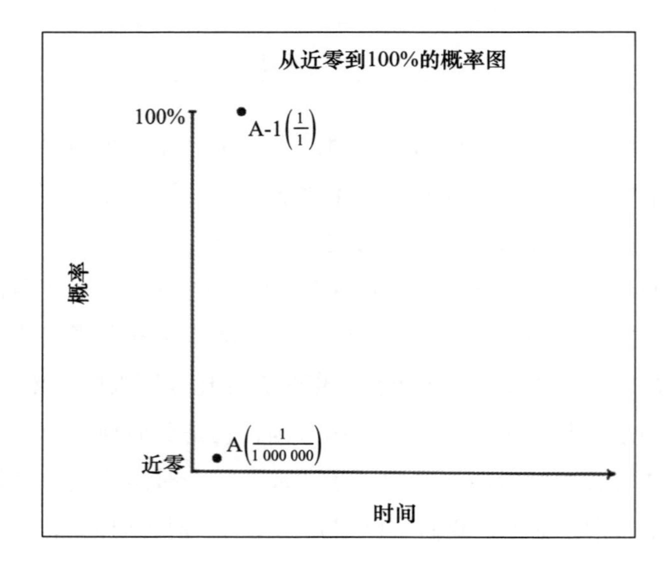

这是 100% 的，因为现在，在这个时刻，最大可能性的池被利用了，其中一个可能性变成了“现实”，在这个例子中，“ocean”这个单词 100% 成为现实。在这个位置——A-1，你有 100% 的把握，你知道这个单词，因为你读过这个单词：“ocean”。

现在，在 y 轴上，你猜中正确单词的概率是 100%。你知道这个单词是什么。

在这里，你可以看到概率和确定性在某种意义上是相同的能量状态。当概率为 100% 时，确定性最大。当概率几乎为零时，确定性最小。如果最多有一百万个单词，而我还没有说出或写过这个单词，那么你此刻是否能猜中正确的单词是最大的不确定性。它并不完全是零，但是百万分之一非常接近于零，所以我们称之为近零。你可能也注意到了，最小的概率和最小的确定性与最大的可能性是一样的。当我尚未选择单词时，既存在最小的确定性，同时在图上相同的位置上，它意味着将有最大、最广的可能性。

从能量的角度来说，如果你是一个旁观者，当你以一种开放的心态观察时，你会感觉到宇宙中发生了一些事情，在你我之间的互动中，这涉及从可能性到现实的一般运动。让你接收我说的或写的一些东西，需要一种流动，一种改变，一种展现。我们宇宙中从可能性到现实的运动叫作能量。从你作为旁观者的角度看，你刚刚感觉到了能量的流动。

让我说出或写下“ocean”这个单词的是能量；让你体验“ocean”这个单词的是能量。能量是从可能性到现实的运动。我们认为，能量也是主观体验的基本性质——我们精神生活的本质。

在这个例子中，你和我共享的是一种由单词组成的语言，用一百万作为可能共享的语言符号的数量的示例。能量在这种互动中流动，从那些蕴含最大可能性的词语（来自我们的文化和关系）到我内心发生的某件事情，而这产生了一种象征海洋的神经放电模式。然后我以头脑里电化学信号的电化学模式表达出来，这些信号从那些语言中枢流向控制表达的神经中枢。接着，那些区域将电化学能量从神经元流向我的声带肌肉，这就产生了张力的动能，以及由于膈肌运动引起空气从我的肺部呼出。空气运动动能经过那些振动声带将这个词转化成空气分子振动声音的频率，然后一个词被说了出来。如果我正在写作，我大脑中的能量流会移动到我手臂的肌肉上，让我的手和手指得以协同工作——打字。然后，你接收到了空气运动的声波，并通过你耳朵的听觉神经将电化学能量信号发送到你的大脑的声音和语言中心，从而产生听觉。或者你的眼睛会接收到从书页或屏幕上的光源反射回来的光子模式，你眼睛后部的视网膜将能量模式和所有 CLIFF 变量转换为大脑中的电化学能量模式，然后将它们传递到视觉解码中心，视觉解码中心再将这些传递到语言区域，最后你就会以某种方式在主观体验中感知到“ ocean ”这个单词。

这就是能量流。我们一起将可能性转化为现实。

我内在的东西是我的内在心智，在你的主观体验中对这个词的感知就是你的内在心智。能量共享（一起将可能性转化为现实）是我们的关系性人际心智。

现在让我们先把注意放到下图上来。

如果我有意只考虑以 o 开头的单词，那么你猜中这个词的概率会高于百万分之一——我们现在就说它可能是万分之一吧。这时，我们将此状态表示为一个比近零点更高的概率位置。当我现在说出或写下 ostrich 这个单词时，我们就已经从较高概率位置 B 移动到了位置 B-1——100% 成为现实。

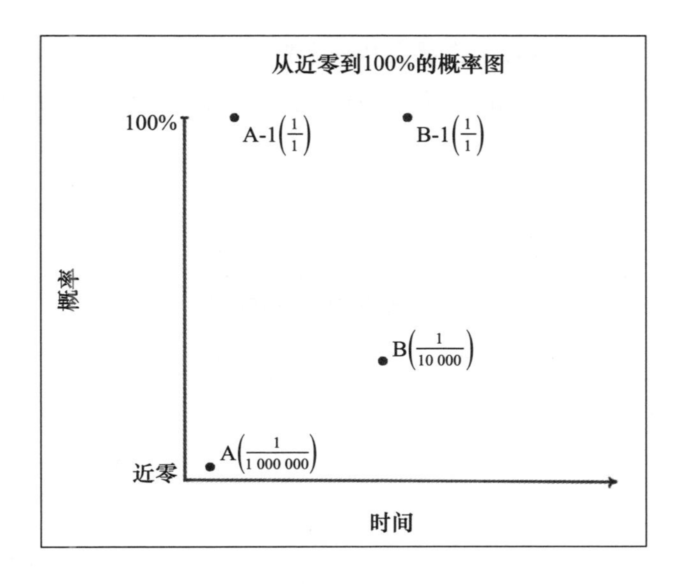

或者说，我只能考虑与水域相关的单词（比如“ocean”“lake”“pond”“pool”“stream”“river”等），并且只有30个这样的单词。现在你猜中的概率会更高，即三十分之一，我们将在y轴上更高的位置表示那个时刻。在这种情况下，当我说出一个单词（比如sea）时，你随即沿着y轴从这个较高的位置移动，这个位置表示的可能性小于我们词汇表中所有单词的最大数量，因此，这个较小的子集更有可能成为现实。换句话说，30个与水域相关的单词只是可能的最大的单词集合的一个子集，其概率位置在y轴上更高，更接近100%。

为了确保我们清楚地了解这一运动，即从代表最大可能性的某个位置开始移动（比如例A），或者像例B那样提升到代表成为现实的高概率位置，让我们再探讨一下另外两个例子。如果我要说出世界上四到五个大洋中的一个，那么你猜中的概率会更高，即四分之一或五分之一[1]。一旦

[1] 究竟是四分之一还是五分之一，这取决于我们是否像有些国家那样将南极洲周围的南冰洋确定为世界第五大洋。本书余下部分示例会选用五分之一这一概率值。

我说出印度洋这个名称，你就会从一个概率较高的位置移动（在这里是五分之一，表示为图中的位置 C，远高于近零位置）到概率为 100% 的位置，即图中标注的 C-1。

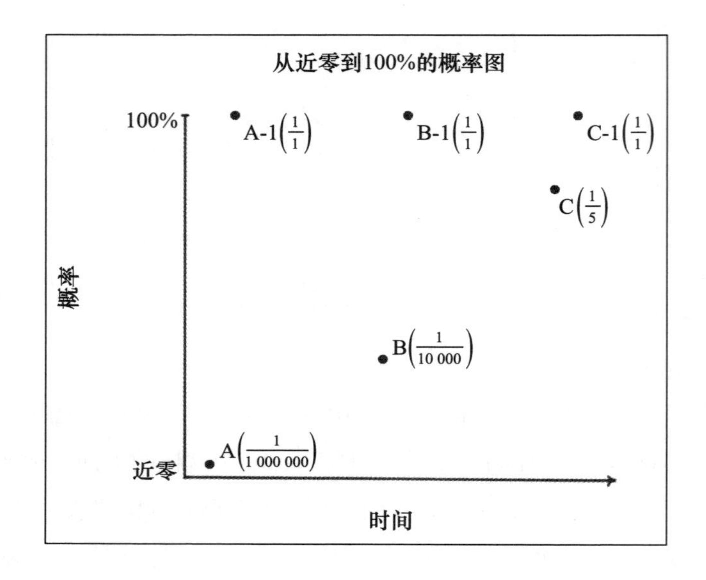

如果我问你是否知道我是否会说出左或右，那么现在可能性的分组将是两个，你猜中的概率将是二分之一或 50%——甚至在 y 轴的概率曲线上更高的位置。这个表示概率更高的位置会高于概率为五分之一时的位置，但不会一直到表示最大确定性的概率为 100% 的位置。一旦我说出或写下左，然后我们再次从网格中概率较高的位置向上移动到我们现在所看到的最大概率的位置，即 100% 确定的位置。

在上图中，你可以看到，当我们沿着 x 轴移动时，能量是如何流动的，以及其概率位置沿 y 轴的移动所发生的变化。随着能量的概率变量通过 y 轴坐标所显示的一系列概率从可能性变为现实，上图直观地描绘了能量沿

x 轴的实时运动。

在上图中，我们标记了每个示例的概率值，因此在每种情况开始的时候，位置 A 的概率值为一百万分之一、B 的概率值为一万分之一、C 的概率值为五分之一。你可以发挥自己的想象力，想象一下，你会把与水（概率值为三十分之一）有关和与方向（比如左或右，概率值为二分之一）有关的单词的情况放在图中的哪个位置。我已经把这两种开放的描述留在了简图上，这样你自己的头脑可以创造视觉定位，你可以真正感受到能量是如何从你读到的东西流到你能想象的东西的，如果你愿意，你可以在书中绘制这个视觉图像。

这些概率的起始位置中的每一个（从 A 的最大值到 B 和 C 的不同程度的减少子集）都可以被看作一种能量转化为实现的平原，如 A-1、B-1 和 C-1 所示。随着我们继续前进并扩展我们的图表，我们将会看到能量从可能性变为现实的起始平原，可能在我们的生活中发挥特殊作用。这些例子揭示了一个重要的概念，它将有助于阐明觉知之轮练习的机制。有时，从可能性移动到现实的能量流从最大的选项来源开始，比如情况 A。在其他时候，该能量流来自可用选择的受限池，比如情况 B 和 C。

我们现在可以提出，能量流可以在我们的图上直观地描绘为从这些最大概率池以近零概率移动，或从受限子集以其各种提升概率范围转变为实现，实现可能到现实中的表现。

如果我们现在采用我们的二维网格，并通过添加第三个轴（一个延伸到页面平原之外的轴）使其成为三维图，我们就有了一个三维图，可以更全面地了解如何设想这些位置。沿着这个表示多样性的新轴，即所谓的 z 轴，表示在给定时刻可能存在的各种事物。沿着多样性的狭窄范围表明很少的事情；沿 z 轴维度广泛延伸的宽范围则表明存在许多事物。

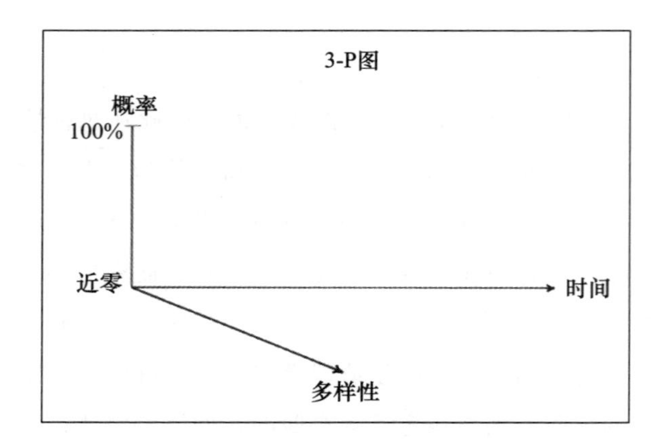

有了这个基本的三维图，我们现在可以看一下 y 轴底部的位置（表示最低的确定性）如何构成平原的几何形状，一边是表示时间的 x 轴，另一边是表示多样性的 z 轴。看一下下图，你可以想象，这种多样性和时间的组合创造了一个看起来有些倾斜的矩形，一个梯形平原。如果我们画出那个平原，你会发现它代表了最大可能性所在的位置。这将是我们在示例 A 中放置一百万个单词的位置。无论探索的是什么类型的东西，如果有最大选项可用，这意味着知道特定的可能性的概率接近于零，即概率最低的位置。再次注意，表示最小概率和最低确定性的位置与表示最大概率和最高确定性的位置相同。在下图中，表示最高可能性的位置被称为可能性平原（plane of possibility）。

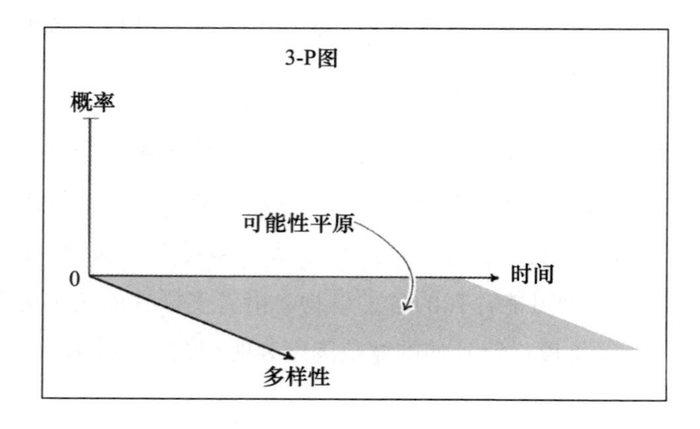

在下图中，我们还可以为我们讨论过的基本概率位置提供其他名称，除了上述的可能性平原。这是一种在我们的三维能量概率剖面图上命名位置的方法。

1. 现实化的最高概率位置是现实的高峰（peak）。这是指一种可能性已经变为现实。
2. 我们可以将概率增加的高地命名为概率增加的现实高原（plateaus），这表示，在可能性平原上，此时的概率状态既不是在现实的高峰位置，也没有接近于零，即概率分布曲线在 y 轴上的最低位置。换言之，高原表示可能转化为高峰的选项的子集，因此高原处的概率位置是一种跳台，在某种意义上，这里可能衍生出高峰。
3. 在可能性平原上，最低概率位置是所有可能转化为现实的选项中具有最大潜力的位置。

为了方便我们理解，现在我们可以从下图中直观地看到，当能量从开放的可能性或高概率位置转向现实时，能量是如何从平原或高原移动到高峰的。这是术语能量流的一种含义，它让我们得以直观地展现可能性和现实之间的运动。换句话说，能量概念是从可能性到现实的移动的基础，这表明能量也可以从一系列概率值开始移动，如下图的高原位置所示。在下图中，我们可以看到高峰有时直接来自平原，有时直接来自高原。

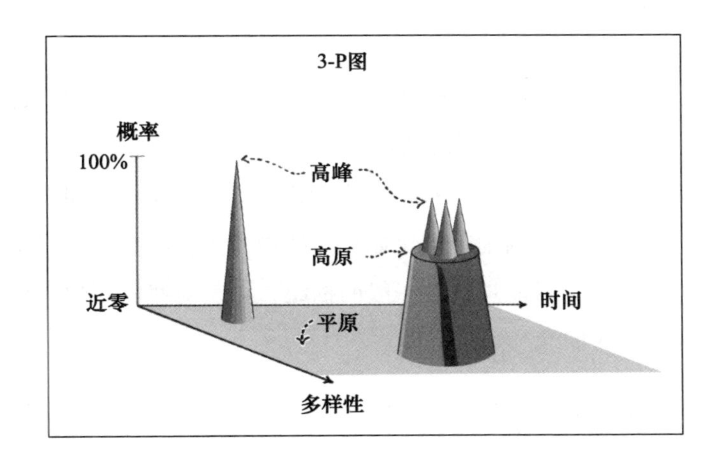

然后，平原、高原和高峰作为三个基本术语，描述了我们想象中能量流可能运动的方式。出于这个原因，我们将这个图和这个整体框架命名为3-P 透视图。

我们试图用这个 3-P 透视图将物理学视角的能量观与我们的新发现（关于人们练习觉知之轮时的主观体验）之间的一致性或共同点可视化。当我第一次听说这种能量观时，我认为，如果这种折中的方法不起作用，也许人们很快就会抛弃心智是能量的一种涌现特性这一观点，或以某种重要的方式修改该观点。但是，如果这种在理解现实和能量本质的各种方式中寻求共同点的方法，确实适用，如果这种折中的方法能够帮助阐明直接观察到的觉知之轮练习背后的机制，那么至少说明它为我们指准了方向。让我们继续前进，更仔细地看看我们是如何找到有效应用 3-P 图的方法的，以帮助我们理解觉知之轮练习的体验。

能量流的 3-P 图

我们现在有一幅可以直观描绘概率变化的 3-P 图。让我们看一看，将能量视为从可能到现实的运动过程与我们的觉知之轮体验和心智之间的直接联系。

3-P 图有三条坐标轴，就像我们可能用来指示空间中某物位置的三维映射。该物是我们现在直接命名的特定能量变量，即概率变量。垂直的 y 轴可以被称为概率分布曲线，指示概率值在近零和 100% 之间。我们可以先搁置一些介绍性示例的细节，比如你能猜中我可能会想到的一个词。现在，我们将该图视为对能量的更一般的描绘，以及对我们很快就会看到的心智和觉知之轮的描绘。

该图用以描绘概率、时间和多样性。概率范围从平原中的最低值近零到最高峰值100%。正如我们所见，时间意味着变化，所以这种变化是用“时钟时间”来衡量的，即事物是如何沿着时间轨迹（我们的时钟）向前发展的。多样性是指在给定位置上存在的潜在事物的数量，范围从零到无穷多。当我们在三维图中定位位置时，这些坐标轴对应指示这三个变量的值。然后，图中的点（某个位置）分别对应于表示概率的y轴，表示时间的x轴以及表示多样性的z轴。当能量变化在某一段时间内展开时，我们的注意将沿x轴移动。在此，我们会强调一个思考能量变化的简单方法。该方法可以在图上显示为某个沿着其中两条坐标轴移动的位置，即表示概率分布值变化的y轴和表示时间的x轴。

图中第三条轴表示在给定时刻可能存在的变异或多样性：从较小的范围到广泛分布。在任何给定的时刻，也许存在多种可能性，图中显示为广度的z轴坐标，因此位置可能不仅仅是一个点，而是一片广阔的区域。故而z轴并非特定事物的直观指示，而是给定能量状态下可能存在的事物的数量。

根据定义，可能性平原处于概率近零点，并且充满了几乎无限的可能性，因此可能性平原上的多样性是最大的。该平原是二维的，而且z轴宽度巨大（一种关于无穷大的视觉描述），它通过z轴定义了平原二维图形的一条边。还需注意的是，可能性平原的另一个维度是表示时间的x轴，它可以无限延伸，直至永恒。这意味着平原的数学空间是无限的、永恒的——可最大限度地沿着多样性和时间维度延伸。正如我们已经注意到的，这个平原上的最低概率值位置等同于具有最高潜力。近零的概率值实际上指代无限的可能性。因此可以称其为开放的可能性平原。请注意，在数学术语中，这种可能性平原代表了无限的永恒状态（最长的时间）、无限性（最丰富的多样性）和开放潜力（最高的概率）。

在这张图中，我们可以看到能量流在平原上的最大可能性与高峰上的最大概率之间移动。

物理学术语中的可能性平原与物理学家亚瑟·扎伊翁茨提出的一个术语相似。当我在一次会议上向他展示这个模型时，他说他喜欢称之为“潜力之海”（sea of potential）。而且他在提出“潜力之海”这个概念之前并不知道我们曾用“ ocean”一词作为示例。更有甚者，亚瑟提出了“潜力之海”的建议，而我的女儿正在从事与海洋健康有关的工作，我的家人和我刚刚在海边举行了生日庆祝活动——所有这些与水相关的经验嵌入在记忆中，它本身就是我们具身化大脑中的一个概率过程，这让我更有可能准备说出或写下“ocean”而不是别的东西。在这种情况下，你可以将我的心智状态想象成有一些启动，或者为我接下来的反应进行的一些准备，或者是个不断攀升的概率（我们现在可能将其命名为高峰），倾向于用一个与大海或海洋相关的词。这种增加的概率，这种更想选择与海洋相关的术语的确定性，是我们创造的高概率值的高峰。因为随着时间的推移，这些不同却又相互联系的经历，在选择单词的那一刻塑造了我心智的能量状态。这可能是我大脑特定的能量状态，或者它可能是我身体的能量状态，或者它也可能是这些经历和我在世界上的关系的能量状态，包括与亚瑟的关系，现在也包括作为读者的你的关系。无论能量状态是否为显性的，我们都认为它包含一个概率位置，现在我们的这幅图表可以直观地说明这一点。

物理学家也提到了一个数学位置的概念，例如可能性平原，包含所有可能性的概率空间。我们称之为“潜力之海”或者“量子真空”。正如我们所提到的，要继续忠于科学，重要的是要记住，对于部分科学家来说，这种真空本身并不是一种能量，它是能量之源。换句话说，潜力之海或者量子真空是我们在图中命名的可能性平原，而不是能量。它只是宇宙的基础，也是能量产生的所有可能性的数学空间。我们试着尽可能小心地使用术语来表明图上平原的概率位置是能量产生的来源，而不是能量本身。当能量流动时，能量在可能性平原上作为某种现实出现。我们认为，它在3-P 图上被描述为高峰，即表示高概率值的高峰。

对于我们的讨论，让我们保持这样一种观念，即能量本身并不在我们脑海中的量子真空或潜力之海中，但我们也不必过度担心平原的这些区别，它不是能量本身，简单来讲，它是能量的来源。我们在这里所做的尝试是为了培养你的科学思维，以便你能科学地认识我们的主观体验。可能性平原与能量有关。当然，即使它不是能量本身，也是能量的来源——它是一个概率空间。

可能是身体中的神经过程控制了这些概率的能量运动。这一过程直接塑造了我们心智的主观体验以及我们体验世界上的关系的方式。我们现在正在探索的基本概念是能量观，即从潜力之海转向现实的运动。

顺便一提，这些关于可能性平原的概念并不表示实际的量子真空不存在。我们用术语"实现"或某些东西"被实现""被激活"来形容"表现为一种来自潜力之海的形式"。即使是"实现"（realization）这个术语，也意味着，当某个东西只是一个想法或潜在的东西时，只有等它变成现实的东西后，它才是真实的。可能性是真实的。换句话说，能量是转化为有形的东西的运动，它源于无形的潜在性、可能性，所有形式都从中出现——它们被实现、激活或变为现实。潜在性显露出来。可能性变成真实性。无形的成为有形的。

这是对世界中的能量如何流动的物理学观点。它看似神秘、富有精神性甚至可能有些神奇，但它确实是一种关于能量和宇宙的物理学观点背后的数学机制。无形的潜力之海、量子真空可能并非能量本身，但它是宇宙真实的一面，所有能量都被认为是从这里产生的。

将心智绘制成高峰、高原和可能性平原

当你走神时，你有没有体验过那种不断地从无形变成有形的感觉？在觉知之轮练习中，当我们经历开放觉知时，我们可能会意识到现实是如何从一个可能性平原上冒出来的。这个平原的空间本身并不是一个物理空间。

正如我们已经讨论过的，它是一个蕴含着可能性的数学空间，任何可能存在的事物都能从这里产生。我知道数学空间的概念可能听起来很陌生甚至有些奇怪，但这是一种方法，我们可以借此尝试阐明我们宇宙的机制，以及能量在我们的世界中产生的真正的过程。人们经常描述的心理活动的主观感受“冒泡”（bubbling up），也许能揭示可能性如何成为现实、无形如何成为有形的基本机制——这正是物理学中能量流动的本质所在。

可能性的潜力是真实的，尽管它是无形的。

从可能性平原上产生的是一种现实。在平原上的可能性或在高原上的可能性并不会使这些未实现的状态变得不真实或不重要，它只是将它们置于能量展开过程中的不同位置。

从可能性到现实的运动，这一理论和 3-P 框架扩展了能量的概念，增加了从平原近零概率位置（蕴含最多的可能性）到 100% 能被实现高峰位置之间的概率范围。如果在对宇宙的严格研究和对心智觉知的仔细观察中都有真理，我们难道不期望在这些通常独立的领域之间找到某种一致性吗？难道在科学与主观性之间没有共同点吗？从可能性到概率再到现实的能量观如何与你的觉知之轮的经验相对应？

如果心智确实是一个能量流动的涌现过程，并且能量不仅会随着包含轮廓、位置、强度、频率和形式这五个要素的 CLIFF 变量（我们在经典牛顿力学、宏观状态、宏观身体经验水平中所熟悉的变量）的变化而变化，还将随其概率值甚至多样性数值的变化而变化（我们可能会在量子、微观状态层面上体验更多），那么我们应该能够从 3-P 的角度描绘心智的方方面面和觉知之轮的体验。让我们回顾一下你的觉知之轮练习，以了解心理体验与 3-P 图的对应关系。

高峰可能只是一个想法。当许多可能的认知过程将能量转化为信息时，其中一个可能会涌现出来，并被觉察为一个具体的想法。可能性的思想会以一个特定的想法出现在现实中。

这片位于高峰之下，高原之上的区域，我们可以称之为次高峰位置，这里可能对应着个体的思考过程。这可以被看作一种认知锥，一种功能性漏斗，通过这个漏斗，被称为思维的能量模式的演变可以流动，变得集中，并被压缩成一种单一的思想。

同样地，一段记忆也是一个高峰，并且是一个次高峰位置。在这里，我们再一次把从次高峰位置到高峰的锥体想象成一个漏斗，通过这个漏斗，复合的记忆将被塑造并转移到一段单一的记忆中，或者，如果多样性很高，一组记忆会同时被激活。

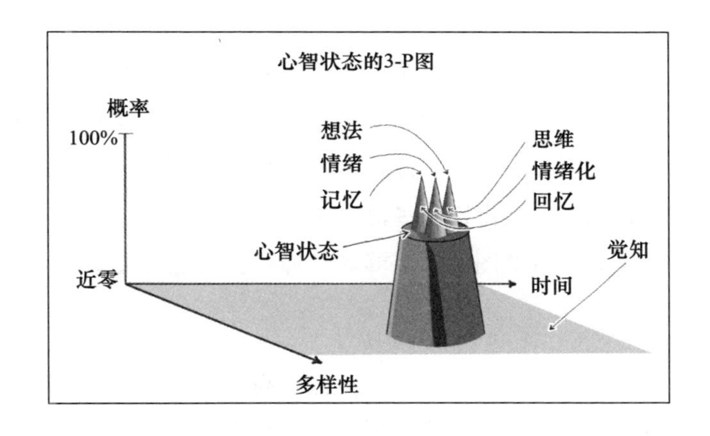

类似地，一种情绪可能是一座高峰；情绪化或情绪化过程可能是一个次高峰位置。

情绪是一组复杂的过程，来自全身的感受与思维和记忆的神经过程相互作用，形成我们在瞬间的情感过程。换句话说，我们拥有描述这些心理体验的术语，这些术语暗示着它们具有各自的性质，而事实上，它们可能像情绪－想法－记忆等一样不可避免地交织在一起。当我们觉察到这种复杂的主观感受状态时，我们可以把这看作是一种可能的感受转化为一种现实的状态，一种情绪、想法、记忆的高峰的涌现，并且更多的是从在我们图中被描绘成高峰下面的一个感受漏斗中冒出来的。

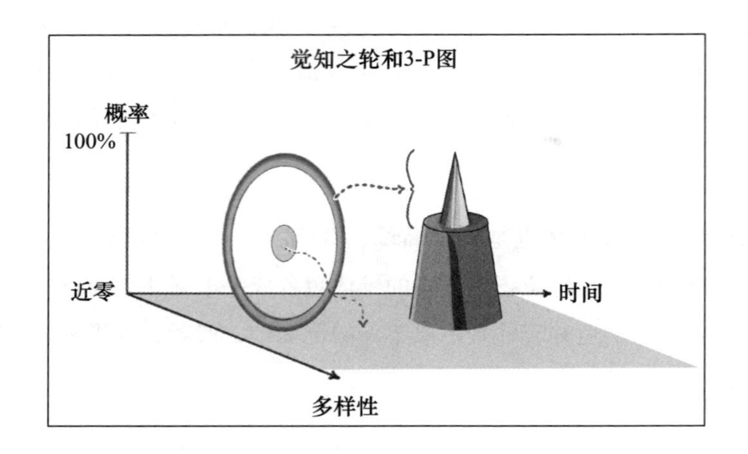

在这里，我们的观点是：在觉知之轮练习中轮缘处的各点可能与高峰和次高峰相关，这些高峰和次高峰形成了认知漏斗，引导着潜力和可能性变为现实。为了便于参考，我们将简单地使用术语高峰来表示想法和思维、记忆和回忆、情绪和情绪化，这些轮缘点是以一种相互交织的方式实现的。换句话说，我们认为 3-P 图的次高峰和高峰位置可能与觉知之轮的轮缘相对应。

在一个高峰之下，存在高于平原但低于高峰的概率值，就像只选择以字母 o 开头的单词或命名世界大洋时的心智状态。这种心智状态包括作为一种心理过程的意图，我们已经讨论过，意图设定了能量流和信息流的方向以及它们被加工的方式。现在我们可以想象这样一种心智状态与高原的关系。从一个给定的高原，一种给定的心智状态，向实现的高峰位置向上移动的锥状物，有助于将许多可能性汇集到最终选定的几个要实现的地方。

心智状态是一个整体的能量流动模式，它将意图、记忆、情绪和行为反应结合在一起，形成了这些心理活动的启动或准备，因此更有可能一起被激活。这就是我们所说的相互交织的心理事件，如情绪、想法和记忆。

一种心智状态和与之相关的情绪或意图的心理体验都可以被映射到我们的图上，作为一个具有高概率值的高原。我可以有心情谈论我刚刚参观过的海洋，现在这个概念出现在记忆中，将注意集中在与水域相关的单词上，然后使我更有可能想到一个单词，比如“ocean”。我们在图中把这些心理过程形象地描述为一个高原，它产生了一组特定的高峰，这个高峰就是说出或写出“ocean”这个单词。

在我们的觉知之轮练习中，3-P 图上的一个高原可能与什么相对应？有时，可能会有一种心智状态进入我们的觉知，然后在这种情况下，高原本身可能与一个轮缘元素相关：当与注意挂钩时，某种事物就能够进入觉知。在其他时候，高原可能很难被发现，作为意识过滤器（尚未进入觉知），只产生特定的圆锥体和它们的高峰。这样的过滤器可能只允许特定的元素进入觉知，通过集中注意来确定哪些轮缘点可以联结轮心。这样，高原就可以作为过滤器，过滤了我们作为觉知对象所经历的实现高峰的一部分。

也有可能，高原作为过滤器塑造了我们无意识的精神生活的一部分，而这会限制和塑造从一个能够成为高峰的非常特定的潜力子集变成现实的东西——即使这些不是意识的一部分。换句话说，可能性也许会在我们不知不觉的情况下成为现实。我们从一系列的研究中得知，许多心理活动（想法、记忆、情绪）主要发生在我们的意识经验之外。结合觉知之轮的隐喻形象，这可能仅仅是一个轮缘元素，并没有经由集中的注意与轮心处的觉知联系起来。在我们的 3-P 图上对于如何看待无意识的精神活动，这可能意味着什么？我们将在稍后的旅程中讨论这个问题，不妨先看看我们在讨论中会提出哪些思考。

在我们的 3-P 图中可能性平原代表了多样性的产生者，是任何可能发生的事情的源头，是潜力之海，是量子真空。从潜在的过程和形式的源头出发，我们的高原和高峰来自无形的潜力之海，即可能性平原。

可能性平原是一个真实的数学概率空间，即使它不在经典的牛顿物理空间（我们的具身心智习惯接触甚至设想的空间）里。认知，即我们思考的方式，据说是具身化的，这意味着我们加工信息的方式是由我们生活在其中的这副身体以及我们在世界上移动的方式决定的。由于身体是一个由微观状态组成的大的宏观状态，它通过我们的五个感官与其他宏观状态相互作用，我们自然都会像艾萨克·牛顿那样，用这些经典的物理概念来思考空间和时间。然而，在微观状态的量子、经验水平上，空间和时间根本不是我们相信经典物理设想的心智所认为的实体——甚至无法感知到。除此之外，我们的认知也被扩展到经典世界中的其他信息加工形式，并嵌入我们共同的文化意义系统中，我们可以看到我们的观点是如何被共同交流的惯例所约束和强化的——共同的现实概念。为了超越这些可理解的嵌入、扩展、实施和具身认知模式，我们可以做一次深呼吸，打开心智，从微观视角看待概率，这与以科学的、量子层面的角度来看待能量流的本质密切相关。我们的 3-P 图描绘了概率的量子概念，现在我们正试图找到这个框架与觉知之轮体验之间的关联。

在图中设置平原、高原和高峰的价值在于，我们可以看到它们的概率位置是如何阐明觉知之轮体验背后的心理机制的。

这个平原代表了各种各样的可能性。高原是一组更有限的潜在激活，从中可以产生更有限的高峰模式。一个又高又窄的高原意味着一种狭隘的心智状态，例如，一个心理过滤器只能催生有限数量的想法、情绪、记忆和图像的高峰，当它们变成现实时。一个更低、更大的高原对应一种更开放的心智状态，但一种特殊的思维框架仍然是一个过滤器，让更广泛但仍然受限的一系列心理活动作为高峰，甚至让心智状态作为产生高峰的特定高原。高原的作用就像过滤器，帮助我们总结学习过去的经验，高效地应对现在，这样我们就可以为即将到来的未来做好准备。能够建构过滤器可以为我们带来很大的生存价值——如果高原具有灵活性和适应性，那么它们将会是大脑的一个有用功能。

一个低洼的高原可能是直观地描绘心智框架的方式，比如自我定义我是谁的心态与世界是分开的，或者与我对某个群体的认同也是分开的，这就嵌入了一种心态，这种心态有一系列特定的心智状态，这些状态被视为特定的高原，而它们各自的思维模式则以高峰的形式出现。

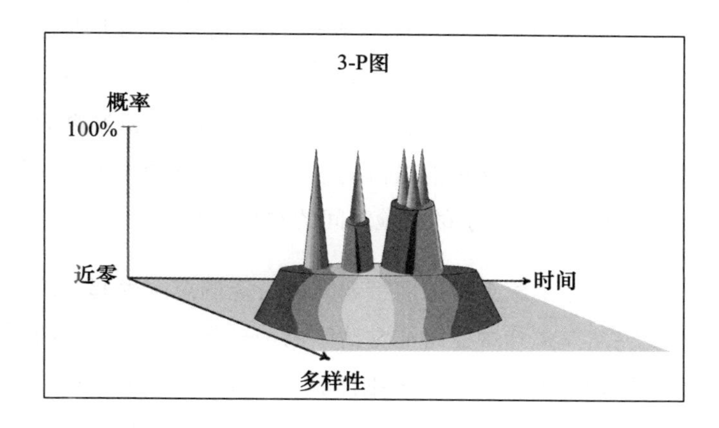

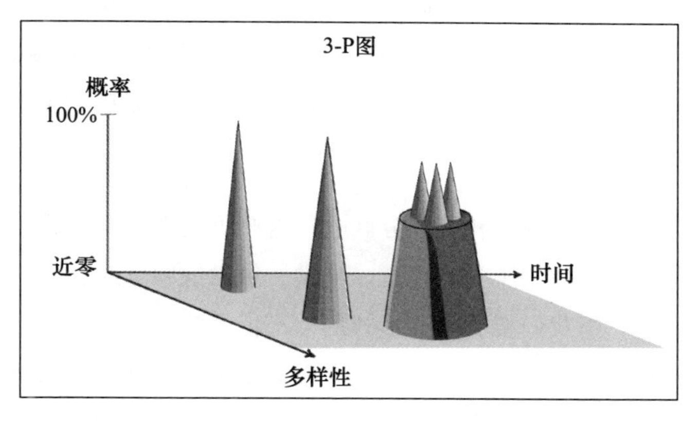

我们甚至可以在3-P图上看到某些高峰是如何直接从平原上出现的，也许这是一种开阔的思维，不受某种特定的思维框架和心智状态的限制，这种思维框架和心智状态过滤掉了从可能性池中能够实现的东西。也许这种直接从可能性平原上升起的高峰体验就是“赤子之心”。有时，拥有一种原生的心智（尚未被过滤的）是件好事。在其他时候，我们需要一个过滤器，例如，如果我们正在开车，我们需要准备好快速踩下刹车，过滤我们的选择，这样我们就可以在需要的时候快速停车。同样要注意的是，驾驶时的过滤是如何在“自动驾驶”模式上进行的，即过滤未被觉察到。有时，快速行动（一个高峰）需要在没有意识反思的情况下实现。

反思一下你对觉知之轮的体验，现在回顾一下 3-P 图上的这些视觉描述，在你的脑海中，觉知之轮和 3-P 图之间还有哪些对应关系？你的心理体验如何与从能量流中浮现的心智相匹配？如果心智的机制真的是一个从能量流中产生的过程，而这种能量流的潜在来源是可能性平原，你能感觉到你的主观经验和 3-P 视角下的经验之间的联系吗？

你能否感受到一个念头是如何带着某种特定的意图生起，以思考的方式前进，然后突然在觉知中变得非常清晰的——作为一座激活的高峰？你能感受到有时区别不那么明显的思维体验（次高峰位置）吗？一种情绪或意图对你来说是什么感觉——高原的感受是什么？位于轮缘第三部分的这些心理活动可能是平原以上的位置，作为高原、次高峰位置或高峰本身。大脑活动，即觉知之轮第三分区的边缘点，现在可以映射到我们的 3-P 图上。

那么轮缘的第一分区和第二分区呢？这些可能也会到达我们的激活高峰。当我们直接专注于听觉、视觉、味觉、触觉或嗅觉时，一种可能性正在转化为现实。当我们接受这些形式的外部能量流时，它们会影响我们的感觉感受器和最终将我们与感官觉知联系起来的下游回路。当我们将一个特定的感官通道与其他通道相结合，并将其与我们称为知觉偏差的先验知识的过滤过程相结合时，我们就会发展出一种更为复杂的感知的觉知，这个过程能够在 3-P 图中显示为过滤可能性的高原变成激活的高峰。这些平原之上的高原和高峰位置也将是我们觉知之轮第一分区的轮缘点。

当我们感觉到身体的能量状态时，身体状态的第二分区输入可以作为从可能性到现实的运动而出现。在身体信号形成和转换的所有方式中，都是能量在流动——这些可能性转化为身体状态的高概率，然后转化为那一时刻的特定行为（现实）。这可能被感知为一般身体状态的平原或特定感觉的高峰，这些都是身体能量状态的表现形式，位于觉知之轮的轮缘第二分区内感受觉知的轮缘点处。这里的轮缘点，同样包括高原和高峰，即沿概率分布曲线的平原上的能量值。当我们心脏和肠道的信号进入觉知时，我们的身体可能体验到一种广泛的、不安的感觉。当我们扫描自己的身体状态时，我们的肠胃和心脏的感觉会变得更清晰，也许会从一个平原移动到一个高峰，然后我们可以以一种特定的方式感知到，我们发自内心和基于本能的直觉可能会引导我们朝着这个方向前进。我们的身体状态可以作为我们整体行动的一个有用的指南，让我们进入心智状态的高原，这样我们就可以以一种整合的方式用一个内在的指南针来调整行动的高峰。

一般来说，能量状态可以被揭示为 CLIFF 变量的任何组合的聚集或轮廓，随着能量的流动（可能性变为现实），这些变量可以尽可能地移动和改变。这组 CLIFF 变量的轮廓非常多样化和复杂。现在我们可以把概率和多样性称为能量的另两个方面，它们也可以被确定为除轮廓、位置、强度、频率和形式这五个变量之外的移动变量。我们先主要关注概率变量。当我们学会对能量在概率分布曲线上的位置变得敏感时，我们可能只能从量子、微观状态、反射的感知方式中瞥见能量的这种概率 - 状态方面。我们通过它在 3-P 图上的垂直位置来表示这个概率变量的特性。

你是否曾经感觉身体里有某种东西正在涌现？你能感觉到一种情绪在形式上不像是一种感受，而像是一种在那一刻形成的模糊但真实的整体框架，一种意向，一种倾向吗？你是否曾经在脑海中有过某事“想要发生”的感觉？每一种感觉都可能是高原位置的能量。高原是一种增加的可能性，一种催化剂，一种倾向。高原通常就像一个过滤器，使某些激活高峰比其他高峰更容易出现。这可能是高原作为启动过滤器（priming filter）的机制。在我们的 3-P 框架中，将简单地使用“过滤器”一词来描述一个高原是如何只选择实现平原上一系列可能性的某些方面的。什么是实现？一种特殊的身体感觉，一种特定的情绪，一个逐渐清晰的内心想法——这些将是我们在那个时刻过滤能量平原的峰值运动。可能当能量模式处于高峰位置时，我们才更容易觉察到它。当能量处于一个较低的概率状态时，比如高原状态，当我们真正直接感受到它时，它的性质可能就不那么突出了。换句话说，与次高峰过程或过滤高原相比，我们更容易觉察到高峰。

在你的身体和大脑中，我们可以想象伴随能量概率的第六个方面的变化的神经机制，它来自我们的神经系统和身体本身的电化学能量状态。例如，一些科学家认为，当我们回忆过去时，神经元的活动模式与过去的事件相关。这就是为什么我们存储由过去事件产生的记忆的方式会影响未来某个时刻神经元放电的概率。这就是记忆存储和检索的含义——根据当时发生的事情，改变当前的触发概率。这就意味着我们存储记忆甚至是思考的方式是作为概率函数被嵌入到神经系统中的。我们的情绪也会在所谓的“状态依赖”过程中影响展开的可能性——我们当下所处的情绪状态直接决定了下一秒的信息加工过程的性质。信息来自能量的模式，我们现在可以看到这种出现是如何被概率塑造的——在我们的大脑和我们的心理体验的感觉中都是如此。我们可以看到，关注概率变量的 3-P 框架实际上与神经科学关于大脑如何运作和心智如何产生的观点非常一致。

我们还有一种叫作“对未来的记忆”的东西，在这种记忆中，我们通过启动自己可能采取的行动来预测接下来会发生什么。研究人员认为，这些启动过程涉及互动中的改变和神经元之间的相互联结。这些塑造了我们未来的思维方式，创造了自我实现预言的体验，我们在这个世界上的自我意识不断增强。我们已经讨论过，这些自我定义的，有时是自我限制的过程（我们心理时间旅行和前瞻性思维的一部分）是 DMN 的功能。

这些神经过程可能是作为意识过滤器的高原的具身机制，能够建构我们的自我意识并塑造我们的心智状态。我们可能有一系列的高原模式来组织我们在不同状态下加工信息的方式，影响我们在觉知中获得想法、情绪或记忆的方式。我们有时能直接感受到我们的高原（有过滤功能），但更多的时候，我们会感受到它们对我们感受到的心智状态以及它们允许出现的特定高峰的影响。

我们的意识过滤器塑造了我们的心智体验，反过来，也塑造了可能出现的现实，这些现实定义且有时限制了我们对活着的感受的体验。

当我们的过滤器变得自由和灵活时，我们才能有胜任感，与世界和谐相处，并拥有一种流动的自我意识，这种自我意识源于一套动态的高原，以适应这个世界和我们内心世界不断变化的需求。这就是活在当下的意义。当一个特定的过滤器死板、僵化或混乱，没有一个连贯的核心结构时，它的这些特点会使我们倾向于僵化和混乱，而这种僵化和混乱是由一组未实现和未整合的自我定义的高原制造的。在这些情况下，活在当下和全身心地投入生活都是一种妥协。

高峰、高原、平原——这些都是连续的概率值，描述了我们的身体和心智是如何基于能量的流动而运作的。

我们已经确定了 3-P 图中位于平原之上的高峰和高原与觉知之轮隐喻中的轮缘点相对应。这是一个有用的基本方式，让我们看到这个 3-P 框架的能量机制是如何与觉知之轮隐喻中的轮缘的视觉图像相关联的。现在，让我们在不断发展的直接经验的基础上进行觉知之轮练习，将注意直接集中在轮心和辐条上，以进一步将这个 3-P 图锚定在我们对觉知的理解中和活在当下的意义中。

第 10 章

觉知、轮心和可能性平原

觉知和可能性平原

当你在做觉知之轮练习时，心理活动之间的空隙的感觉如何？当你弯曲辐条在轮心处停留时，当你察觉到在轮心的中心部分的觉知时，你有什么感觉？在本节中，我们将探讨大脑的觉知机制与 3-P 框架中的能量属性的对应关系。

当我指导某些人完成觉知之轮练习，并进行轮缘第三分区的回顾时，我建议他们允许轮缘上的所有心理活动进入他们的觉知。具有讽刺意味的是，许多人向我报告说，自己的心理活动很少甚至根本没有出现，即使有，它们也没有那么剧烈和频繁了。对这种体验的一种描述是，感觉就像海浪轻轻拍打着觉知的海岸。对一些人来说，这是他们很长一段时间以来第一次感受到心灵的平静——海浪轻轻拍打而不是猛烈冲击。用来描述这种“很少产生”或“什么都没有发生”的状态，以及感觉觉知存在于“心理活动之间的空隙”的词，与用来描述对意识觉知的轮心的中心步骤是相似的。正如我们在第一部分末尾所讨论的，这些描述通常包括开放、广阔、巨大、平和、宁静、清晰、有限、时间静止、自在、爱、欢乐和宽敞等词。其他的描述包括同时感到空虚和充实，一种完整和开放的感觉。这些直接沉浸在轮心和觉知本身的体验阐明了什么可能的心智机制，其中有哪些可能与我们对 3-P 的理解相关？

当我第一次注意到人们对轮心体验的描述有多么相似时，我想这可能是某种偶然，一些有趣但奇怪的发现，特别是对于碰巧和我一起工作的人来说。但是，当我的同事们开始报告他们自己和他们的客户也有相似的描述时，当越来越多的研讨会参与者在不知道这些发现的情况下，也会用几乎相同的词来描述自己对轮心的体验时，尽管他们的背景、受教育程度、文化背景，或者冥想的经验各不相同，我开始想知道这些普遍的经验可能会揭示什么。

有时你可能会有不同的感觉，我也是。我们对觉知之轮的体验可能会因为所处的练习阶段不同而有所不同。然而，这些报告的共性存在于如此众多的个体中，与我们前面讨论过的其他实践中的报告一致，这就要求我们考虑将这些联系在一起的共同机制是什么。

当我们对心理活动之间的空间和轮心本身的主观经验进行觉知之轮的报告时，对这种空间的描述是否与可能性平原相对应？

也许（这可能只是一个假设）意识的能知的来源，觉知的主观经验，是从可能性平原上涌现出来的。

如果这个假设是真的，那么下文是可能的解释。当我们弯曲注意的辐条，觉察到纯粹的觉知时，我们体验到浩瀚的感觉的原因是我们正在经历无限的可能性（潜力之海），那就是平原的数学现实。

这个观点将有助于解释觉知中可能发生的事情，许多人将其描述为同时拥有空虚感和充实感。就像很多人描述的那样，什么事物会让人感到既空又满？平原上没有现实，却充满了可能性。这个平原没有形式，但充满了潜在的无形。平原同时是空的和满的。

现实和形式出现在平原上方的概率位置。能量流动并产生可能性和现实性。平原代表所有可能出现的东西，尽管它还没有出现。这种可能性平原可能只是觉知的来源。如果轮缘的所知对应于高峰和高原，那些在 3-P 图中平原以上的位置，那么平原可能对应于轮心——觉知的能知。

让我们暂停片刻，来考虑一下这个命题。

下面是一个非常简短的概述，以巩固我们在上一节中探讨的内容。想法、情绪和记忆可能是一个高峰。思考、情绪化和回忆也可能是一个次高峰，刚好低于高峰。通向这些高峰的圆锥体将充当漏斗，减少来自特定高原的可能性——某些可能性有时直接来自平原本身。一个意图、情绪或心智状态可能是一个高原。这些高原会限制和定义我们所经历的各种思考、情绪化和回忆，因为它们会产生特定的想法、情绪和记忆。这些高原是意识过滤器，它们决定了我们大脑的所知的展开方式，引导了轮缘要素的性质，塑造了我们在轮心处能够觉察到的东西。

我们在这里介绍的假设的新组成部分是：觉知体验本身来自可能性平原。轮心的能知与平原有关。想法与思考、情绪与情绪化、记忆与回忆、心智状态、意图与心境等方面的所知，将高于平原的概率值，属于我们所说的高峰、次高峰和高原。

大脑与纯粹觉知的关联性

现代神经生物学，包括它的分支冥想神经科学，对冥想等反思性实践的研究表明，对一种浩瀚而广阔的觉知的主观描述可能与大脑中高度整合的神经放电模式相契合。

我们从 3-P 的角度提出的设想是，当能量的概率位置位于可能性平原时——我们所看到的表示近零确定性的概率位置不是能量本身，而是能量产生的来源，当大脑开放、接纳的觉知发生时，这种“广阔、空旷的清晰”就会出现。

将主观经验、经验性的大脑测量和心智的能量概率框架这三种独立的方法结合起来，我们可以提出什么作为可能性平原的神经关联假设呢？

正如我们在前几章中所探讨的，许多以大脑为基础的理论认为意识来自神经活动中信息的整合。脑电图研究支持在觉知过程中神经回路激活的整合概念。我们在这些陈述之前放置了一个能量透镜，将神经整合视为联结不同能量状态的模式。当不同的区域同步放电时，伽马波是一种评估神经整合状态的方法。让我们看看这些整合的观点在某些方面是如何与觉知的可能性平原假设相对应的。

在 3-P 图中，代表可能性平原的潜力之海，能否被认为是潜力的数学空间内无限多样性的联结？换言之，如果平原代表在物理学上被确定的潜力之海的概念，那么量子真空中蕴藏着无限的潜能——这就是它的科学定义。从整合的观点来看，这个空间可以被解释为终极分化水平，因为所有分化和联结都存在于同一个相互联结的概率空间中。这种分化的潜能之间的联结可以看作 3-P 框架中的一种高度整合。

在大脑中，我们如何在一个神经能量状态下测量如此大规模的多样性和联结呢？这是否可能是某种电化学能量分布图，反映了某种形式的整合、终极分化的开放联结？这种大规模整合的状态是大脑调节觉知过程的方式吗？

回想一下，伽马波振荡是脑电图（EEG）发现的模式，它测量大脑中高度整合的电活动。神经科学家理查德·戴维森在对冥想专家的研究中发现："这些伽马波与他们体验的浩瀚、广阔有关，好像他们所有的感官都对完整、丰富的全景体验敞开了大门。"[㊀]回想一下，研究冥想的神经科学新分支的其他研究人员，包括贾德森·布鲁尔和他的同事发现，毫不费力的觉知是由一系列能够接受所有出现的事物的方法创造出来的，它与经验丰富的冥想者大脑中的网络整合有关。

为了在其他基于大脑的意识概念之间寻求一致性，从先前提到的神经科学家托诺尼和科赫的整合信息理论的观点来看，有没有可能当大脑达到整合状态时，随着进入可能性平原的位置，于是，觉知的主观体验就出现了？换言之，这些关于接受性觉知的脑电图发现和大脑在意识过程中的整体放电模式，是否能揭示出大脑能量状态的总体概率位置处于可能性平原？

从格拉齐亚诺在讨论社会脑意识时提出的注意图式理论的角度来看，正如我们之前所讨论的，我们认为，在关注纯粹觉知的经验上，对注意焦点进行建模——绘制一张关于注意的地图，可能会创造出一种广阔的图式，一个关于意识的特定注意状态的广泛的映射。大脑整合的复杂性创造了觉知。放下一个特定的注意对象，简单地把注意集中在注意的建模上——这个观点认为意识最终是什么，然后就会放大一种建模的模型，增强那一刻的神经整合状态。

在通常情况下，这两种理论提供的是一种集中注意的观点——觉察

㊀ Goleman and Davidson，*Altered Traits*，232.

到某事物的体验，而不是对纯粹觉知本身的体验。冥想神经科学关于浩瀚、广阔的接受性觉知的整合观能否与整合和集中注意这两种认知神经科学观点结合起来，或许可以揭示大脑活动不仅涉及觉察到某件事，还涉及觉察到纯粹的觉知本身？

继续关注脑科学这一广阔领域，我们现在可以转向神经科学家鲁道夫·利纳斯（Rodolfo Llinás）的工作，他提出，当一种每秒钟 40 周或 40 赫兹（Hz）的电活动从大脑的深部，丘脑，扫过更高级的皮层区域时，会产生我们觉察到某些东西的体验。换句话说，这种 40 赫兹的能量扫描被认为是意识的基础。我们将很快探索这个神经扫描过程，但这里请再次注意，人们普遍认为在大规模的网络中，不同区域之间的某种联系似乎是大脑如何参与意识的核心。意识的主观体验如何以及为什么会出现在这个观点中，就像所有基于大脑的观点一样，据我所知，我们根本不知道。甚至意识的主观体验是如何产生的，它为什么来自我们提出可能性平原的 3-P 框架——无论这种状态是在大脑里，整个身体里，在我们的关系中，还是（正如一些人所说的）在宇宙中，我们也不知道。

如果这种关于意识起源的可能性平原的观点是正确的，如果它是一个准确但必然不完整的关于心智和意识的机制的描述，那么我们的未来之旅将是一个相对富有成效的尝试——试图将科学与主观体验联系起来，值得我们继续努力探索和应用。

在接下来的章节中，我们将通过探索“生活在轮心”与“被困在轮缘”这两种不同的主观体验来深化我们对这个设想的讨论，即可能性平原对应于觉知之轮的轮心。与轮缘相比，平原（轮心）可能在量子微观状态水平上更容易被感知，而轮缘可能更多地受到牛顿力学、经典物理宏观状态的规则（包括确定性和时间箭头）的支配。这一观点可能有助于我们理解对觉知之轮的直接体验，以及轮心的无限潜力感和没有时间箭头的各种可能性的存在可能会让我们的主观体验充满来自可能性平原的深刻的自由感。这种从广阔的轮心到特定的轮缘，从平原到平原上方的高原和山峰的转变，可能会以这种方式揭示量子能级和我们日常生活中现实的经典能级之间的差异。通过阐明高原的性质，我们可以更全面地理解这种差异，在我们接下来的旅程中，高原将充当我们平原之上的意识过滤器。

第 11 章

意识过滤器

意识过滤器和经验的组织

现在摆在我们面前的一个问题是，我们为什么能觉察到某些能量或信息的碎片，却不能觉察到其他的碎片。换言之，为什么只有一些高峰和高原能进入觉知，而其他的甚至可能是绝大多数的高峰和高原（我们的非意识能量流和信息流模式）却不能？

例如，当我们做梦的时候，我们会有一种意识——我以后可能会忘记自己梦到了什么。然而，当我们从梦中醒来时，我们却可能都很清楚自己刚刚经历的事情。在醒来的那一刻记录下那个梦能帮助你在日后回忆起梦中的世界。神经科学家鲁道夫·利纳斯曾撰文指出，所有的意识状态都可以与做梦相提并论。西格蒙德·弗洛伊德也写了大量关于梦的文章，他认为梦是“通往无意识的捷径”。他把梦视作“初级意识”的一种形式，而我们清醒时的状态则被视作“次级意识”，在这种情况下，我们对真实感受和动机的觉知受到了某种程度的阻碍。利纳斯和弗洛伊德都提到了梦的性质，即在梦中有一种远离严格界定的自我的感觉。这就好像我们同时在以预言者和被看见者的身份看待我们在梦中的行为，从这个意义上说，我们可以通过检查我们的梦来发现很多关于我们自己，也许还有关于现实的东西。如果我们能在醒来时记住它们，我们就可以有意识地运用这些洞察力，但是梦和非意识的精神生活通常会影响我们，即使我们没有觉察到它们的存在。

你可能已经注意到我用的是“非意识”（nonconscious）这个词，而不是“潜意识”（subconscious）或“无意识”（unconscious）。我这样做是因为我发现这些术语在许多领域（包括精神分析领域，甚至在流行文化中）都有其特定的含义，它们倾向于建立这样一种观念，即构成我们思想的是某种统一的结构。恰好相反，这些非意识的过程并不是统一的。在我看来，非意识是一个更合适的术语，因为它传达了这样一个信息：事实上，在任何特定的时刻，大量（甚至绝大多数）不同的心理活动都在发生，而最终它们都没有进入觉知。当我们在早晨醒来时，我们常常不记得自己梦到了什么，尽管有大量的研究表明大脑在睡眠的某些阶段是非常活跃的。我们的大脑在睡眠时做的“工作”是什么，它要求我们在醒来之后“觉察不到”这些神经活动以及它们所产生的能量和信息模式？

在一个类似的梦境体验中，我们有一个定义更加宽泛的自我，他可以从多个角度感知梦境中的行为，在某些致幻剂的影响下，人们也会有扩大意识的体验。也许并不奇怪，科学家们最近研究了在某些药物的影响下大脑的活动，比如裸盖菇素和MDMA，他们将这种神经放电模式与睡梦状态的某些方面进行了比较。在这些大脑状态下，某些高级皮层区域与下边缘系统（包括海马体）整合功能之间的紧密功能联系会弱化。这种将不同区域进行分离的做法可能会让在这些状态下释放的神经放电模式范围更广。这些实证研究结果让我们考虑的可能性是，通常“清醒的大脑状态”事实上可能会将我们限制在一组我们认为是真实的、由神经建构的体验中。这样一来，我们在清醒状态下可能有一套我们称之为意识过滤器的精密装置，这些过滤器精心安排了我们的觉知体验，因此我们相信这是唯一真实的视角。

威廉·詹姆斯在他的经典著作《宗教经验种种》（*Varieties of Religious Experience*）中写道：“我们正常的清醒意识，我们所称的理性意识，只是一种特殊的意识类型，虽然所有关于它的东西，都被一块模糊的屏幕所分离，但其背后可能存在另一种完全不同的意识形式……我们可能从未在生活中怀疑过它们的存在，但只要施加必要的刺激，只要一碰，它们就会完全显露身形，确定的心理类型可能在某些地方有其应用和适应的领域。对宇宙整体的任何描述都不可能是唯一的，这会使其他意识形式完全被无视。”[1]

相关的研究显示，在使用这些初级意识诱导物质进行几次治疗后，患有焦虑和抑郁的医学疾病患者或创伤患者的临床症状会持续改善。这似乎表明，将大脑从习惯性的意识过滤器中释放出来，也许可以缓解某些方面的症状。这些研究结果表明，当下意识的转变，以及从长远来看我们如何体验觉知过程，可以对一个人的生活产生深远的有益影响。对于那些濒临死亡或经历过严重创伤的人来说，如果他们现在正处于一种僵化或混乱的功能障碍中，或无助或恐惧，为他们提供这些新的方法，可能使其大脑感知到更广阔的生活现实，从而帮助他们从先前的痛苦中解脱出来。通过了解大脑如何参与痛苦的体验，以及大脑神经放电模式（隐藏在意识状态和

[1] William James, *Varieties of Religious Experience*（Boston：Harvard University Press original，1895；CreateSpace Independent Publishing Platform，2013），388.

自我体验之下）的变化在疗愈过程中会发生怎样的转变，这些研究启发我们思考心智的可能机制。

神经科学家塞伦·阿塔索伊和他的同事们提出了一种理解扩大意识体验的方法，即通过探索整个大脑中被称为“联结组”的相互联结的回路是如何运作的，他们称之为“联结组谐波”：“换句话说，在意识丧失时，神经活动被锁定在一个狭窄的频率范围内，而在清醒状态下，联结组谐波频谱的宽频率范围构成了神经活动。范围更广的联结组谐波可以激活增加的兴奋，这通常会发生在迷幻状态下（Glennon et al.，1984）。因此，按照音乐的类比，意识可以被比作由管弦乐队演奏的丰富的交响乐，而丧失意识则对应于一个音符被重复演奏的有限曲目。”[⊖]对我们来说，问题是：能否进入觉知之轮的轮心，进入可能性平原，提供一种开放意识的方法，并增加可能出现的高原的多样性？如果没有这样的通道，那么受限的高原可能会成为有约束作用的意识过滤器，并限制我们获得高峰体验。

许多与我交谈过的人都有觉知之轮练习的经验，他们描述了一种意识开放的觉知状态，这可能有类似的机制来释放意识过滤器。他们谈到自己从抑郁、焦虑和创伤中获得了一种新的自由感。减轻慢性疼痛也是一个常见的发现。先前的一套过滤器，将某人限制在某些功能失调的非整合状态（可能是高原，通过痛苦的创伤性侵入、焦虑和恐惧将个体“囚禁”起来，或致使其体验抑郁、无助或者绝望），现在可以通过给予个体更多进入可能性平原的机会，并将他从这些限制性的过滤器所造成的混乱或僵化状态中解放出来来解决这个问题。

正如我们所看到的，如果我们能在可能性平原上生活得更久一点，丢

⊖ Selen Atasoy，Gustavo Deco，Morten L. Kringelback，and Joel Pearson，“ Harmonic Brain Modes：A Unifying Framework for Linking Space and Time in Brain Dynamics，” *The Neuroscientist*，September 1，2017，1- 17，doi：10.1177/ 1073858417728032.

弃或疏远一些出现在生活中的高原（过滤器），那么更大的成长就会发生。为了加强我们的心智，并做好准备迎接生活中的挑战，我们可以更深入地探讨一下这个关于成长的 3-P 观点。让我们先来看看，我们提出的意识过滤器是如何成为一个高于平原的、通常是非意识的机制的，这一机制塑造了我们觉知状态的本质。

现在让我们假设，不管我们处于何种意识状态，轮心就是轮心。在我们的 3-P 术语中，我们在可能性平原上体验到觉知，而平原就是平原。从大脑机制的角度来看，这意味着意识的主观体验，不管它是如何被介导的，实际上并没有转变，尽管我们的意识状态可能改变。梦的共同经验可能揭示的是，觉知的机制并没有改变，觉知状态下的意识过滤器变了。因此，一种特定的意识状态不是觉知本身的变化，而是形成整体意识体验（我们觉察到的东西和觉知状态本身的特征）的变化，这一点我们很快就会探讨。

过滤器决定了我们会觉察到什么，这反过来又影响了信息的进一步流动。信息流有时形似一条小溪，有时像瀑布，力量大到可以把沿途的一切都冲掉。一种特定的意识状态的性质是由平原之上能量模式的性质决定的。

这些建构意识状态和组织我们生活的平原之上的过滤器是什么？我们是否能够深入了解它们的结构和功能，以便我们或许可以从它们对我们体验觉知的方式的持续控制中解放出来？与其在我们非意识的大脑中避开这些过滤器，我们是否可以与它们成为朋友，变得更自由，了解它们是什么以及它们在我们有意识的生活体验中所起的作用，然后通过这种友谊学会更充实地生活呢？

对于通常在我们的觉知表层下运作的心智过程，脑科学能为我们提供哪些启示呢？

自上而下和自下而上如何塑造我们的真实感

有没有可能，这些意识过滤器在某种程度上与一种将意识和自组织联系起来的基本机制有关?

许多神经科学家正在探索如何应用数学原理来理解大脑的复杂功能。卡尔·弗里斯顿回顾了其中一些研究大脑功能的“自由能原理”的方法。下面将详细探讨自由能、内稳态和熵等概念。自由能，是一种信息论的度量，它在给定生成模型下限制（通过大于）某些数据抽样时的意外。内稳态，是一个开放或封闭系统调节其内部环境以保持其状态在限定范围内的过程。熵，被定义为从概率分布或密度中抽样结果的平均惊奇值（average surprise)。低熵密度意味着，平均而言，结果是相对可预测的。因此，熵是不确定性的一种度量。[1]确定性与自组织有关。

正如我们前面所探讨的，复杂系统具有自组织的涌现性，我们可以说，就像我们在第一部分中讨论的整合之河，在秩序与混沌之间和谐流动。这种自组织是约翰·奥多诺休诗意的渴望所反映的一种新的属性：“我愿意像一条河流一样生活，被它自己展开的惊喜所承载。”我们可以让自组织产生、流动，并自行其是。当在一个复杂的系统中被赋予自由时，当它在熟悉与陌生、确定与不确定之间游走时，整体和谐自然就会出现。这种状态的系统视图被称为临界状态（criticality)，指的是介于混沌和僵化之间的状态。正如M. 米歇尔·沃尔德罗普（M. Mitchell Waldrop）所说：“临界状态是停滞和混沌状态不断切换主场的战斗区，在这里，一个复杂系统可以是自发、自适应和有活力的。”[2]临界状态是我们整合之河的数学空间，是一种灵活、适应、连贯、充满活力和稳定的FACES（flexible，adaptive，

---

[1] Karl Friston，“The Free-Energy Principle：A Unified Brain Theory？” *Nature Reviews Neuroscience* 11，no. 2，2010，127- 38.

[2] M. Mitchell Waldrop，*Complexity*：*The Emerging Science at the Edge of Order and Chaos*（New York：Simon and Schuster，1992），12.

coherent，energized，and stable）之流的流动。

可能性平原可能是以最优自组织形式出现的整合和谐之流的源头。

但有时经验构建了我们习得的高原，为和谐制造障碍，阻碍整合，最终通向混乱和僵化的高峰。一个僵化的高峰会在水平的时间轴上停留很长时间——揭示了一个高度可预测的、不变的实现高峰。或者我们可能会出现混沌状态，在这种状态中，表示多样性的 z 轴是非常满的，充斥着在某一时刻出现的很多杂乱无章的东西。

在我们日常生活中惯常出现的意识状态下，通过把 FACES 之流五个方面作为我们大脑工作方式的一部分，大多数人都学会了尽可能好地生活在这个世界上。待在整合之河中和谐的中心之流，让我们变得灵活、适应、连贯、充满活力和稳定。为了实现这种存在方式，我们需要获得知识，学习技能，然后将这些知识和技能应用到日常经验中。如果我们不能获得这些能量模式和信息的符号形式（表现为概念和类别），相反，如果我们永远活得就像一个新手一样，那么一切都将是新鲜和新奇的，是的，我们在完成任务方面将极为低效和无力。我们会停下来闻每一朵玫瑰，就好像这是我们第一次看到如此美丽的花儿一样——但由于这种驻足，我们永远也无法去工作或去健身房了。

现在，我想象你在问自己："丹，这有什么问题吗？"当然，我完全支持你的观点——需要有一颗赤子之心。

然而，生活的故事还有另一面。比如前几天，我在上班的路上看到一条狗在街上。为了能顺利抵达公司（不迟到），我需要留心一下这条狗，也许需要花一点时间欣赏它的可爱，辨识它的类型，如果它有攻击性，要小心保持距离，然后继续赶路。对动物、哺乳动物、驯养犬、狗等实体的熟悉，是将我过去所学作为概念和范畴来过滤我当时的体验的一种方式。伴随高原产生的过滤本身没有什么错。问题是，是我们在为它们服务，还是它们在为我们服务？

描述这种过滤过程的一个有用的术语是自上而下，这与赤子之心的自下而上形成了鲜明的对比。这与这些术语在人体解剖学中的常用用法不同，自上而下的意思是皮层（手指模型）的活动如何影响皮层下结构（你的拇指象征的边缘系统和手掌代表的脑干）。反过来，自下而上，有时被用来描述在解剖学上较低一级的结构如何影响较高一级的结构。这是这些术语的一个很好的用法。但我们将以同样有效但不同的方式使用相同的词。

自下而上意味着能量和信息的流动是新鲜的和崭新的，并且尽可能不受限制，因为我们确实生活在一副身体里。作为感觉流的管道是一种自下而上的体验。

相反，自上而下意味着我们正在经历由先前经验形成的信息表征的建构。在大脑方面，自上而下的“顶部”意味着一些由先前经验形成并存储在记忆中的嵌入式神经联结正在塑造当前的能量流和信息流，并正在为我们的未来做准备。这种自上而下的联结使得大脑当前的放电状态（有时被称为其时空结构）将直接影响当时大脑的整体功能。在能量方面，自上而下的影响可以在任何给定的经验中塑造大脑的整体能量状态。心理建构是我们生活中常见的一种自上而下的体验。

关于先前的经验是如何限制特定时刻产生的大脑状态的，有很多观点。无论最终适用的机制是什么，概念都是相似的：过去的能量模式被存储在记忆中，在给定的背景或经验下被激活，然后这些被重新激活的能量模式，即横跨 CLIFF-PD（PD 代表概率和多样性）变量全谱的能量状态会直接影响传入的感觉流，因此我们所感知的、构思的和行为是由一个自上而下的过滤器塑造的，它自动帮我们为接下来要发生的事情做准备。

这就是高原的作用：过滤能量流和信息流。

一个过滤器将各种可能性汇集到一组特定的能量模式和它们所传递的

特定信息中。甚至我们用视觉感知到的东西，也比我们用眼睛视网膜感受器所感知到的东西更复杂，更受先前经验的影响。简而言之，没有完美的感知。我们可能会凭感觉尽可能地接近自下而上的引导，一旦我们感知到，我们就很容易受到先验概率的压力，过滤我们现在所觉察到的体验。过滤是一个自上而下的过程。

考虑到我们栖居于一副身体里，我们能得到的最纯粹的感觉可能是一种自下而上的流动。通过有时被称为图式或心理模型的自上而下地过滤，感知和概念已经受到了先前经验的影响。这可能意味着，我们人类拥有由复杂的经验塑造的大脑，这对自下而上的感觉输入有很多自上而下的影响。

这也许就是为什么当我们进入青春期以后，生活会变得无趣。我们开始过多地通过先前习得的概念和分类过滤掉某些体验，并且不再体会"赤子之心"的新颖性和看到事物之间的差异的新鲜感。社会心理学家埃伦·兰格（Ellen Langer）在研究一种不同于冥想练习的"正念"时提出："对新奇的差异敞开心扉是幸福和活力的源泉。"此外，兰格的研究表明，欣赏新奇的差异可以增进我们的健康。我们可以看到，这一发现揭示了一种更加重要和综合的生活方式，这得以帮助人类从共同发展的"囚笼"中解放出来，即通过自上而下地控制我们每时每刻的觉知来限制大脑体验生活中的新鲜感。正如我和我的女儿玛德琳·西格尔（Madeleine Siegel，也是这本书的出色插画师）在兰格和她的同事们的正念手册中的一章写道，她的创造性的正念形式，也许还有冥想的形式，是一种学习如何在不确定中茁壮成长的方法。我们用可能性平原作为连接这两种生命存在形式之间的纽带，研究证明，这两种存在形式都是能够增进健康的。

换句话说，随着年龄的增长和经验的积累，我们大脑皮层的学习能力伴随着更强和更精细的意识过滤器的成长。学会从这种自下而上的自上而下的限制中解脱出来，可能是在兰格的观点和正念冥想实践中保持正念的一个积极和共同的结果。我们需要更充分地进入平原，而不是被嵌入我们高原的先验知识或专业知识所限制，只允许某些能量和信息的高峰流出现。

一种自上而下和自下而上的观点可能与DMN有关。这里让我们更深入地探讨这个网络，因为它涉及一个可能的意识过滤过程，它可以更详细地解释觉知之轮体验背后的机制。

高原、“自我”和默认模式网络

回想一下，DMN主要是一组从大脑前部（包括内侧前额叶皮层）到后部的中线回路，后扣带回皮层（PCC）起主要作用。我们已经看到，DMN的一个观点是，它在定义我们的自我意识方面起着主导作用——我们有意识地、主观地感知我们是谁，或者至少我们认为我们是谁。当这组概念化回路被过度分化，并且没有与作为大脑整体整合系统的一部分的其他区域相连时，正如我们所讨论过的，我们可能会产生一种自卑感、孤立感、过度的自我专注感、焦虑感以及其他痛苦成分，如抑郁和绝望。

看待自我、高原和大脑的一种可能的方式是：自上而下的关于我们是谁（我们认为我们是谁以及我们的“自我意识”）的概念，可能来自由DMN互联的信息模式构建的意识过滤器。当我们能够放松这些自上而下的、自我定义的大脑过滤器（这些分类和限制性的高原）时，当我们弱化DMN（能够过滤和塑造这些能量流和信息流模式形成并进入意识的方式）中的神经联结时，我们就可以将生活中具体的、个人的意义转变为更大的目标感和联结感，以及我们如何生活和如何定义自己的更广泛的意义感。

为了试图描绘能量和信息进入我们意识的所有不同方式，从我们自上而下的过滤过程中产生的个人意义感，我们如何体验个人意义，我创建了关于头脑中意义感的ABCDE记忆法。这本身并不是宽泛意义上的如何过上有意义的生活，而是任何特定的能量和信息模式对我们每个人都有独特的、个性化的、个人的意义——属于你我的意义并不同，但我们每个人在那一刻都有一个整体的心智状态，为我们嵌入意义感。觉察到这种个人的意义感，可能会成为一种更有意义的生活（meaningful life）方式，从更广泛的意义上说，即我们如何使用这个术语来表示一种有目标和联结的生活。

意义的 ABCDE 包括以下五个方面。

1. 联想（association）：大脑在空间和时间上相互串联涌现的感觉、图像、情感和想法。当我们在大脑中进行筛选（SIFT，sensation、image、feeling、thought 的首字母缩略词）并思考什么对我们有意义时，上述四点会决定让哪些东西冒出来。
2. 信念（belief）：我们的心智模式和世界观决定了我们所看到的东西，比如“你需要相信它才能看到它”。
3. 认知（cognition）：相互关联的加工信息流，以概念和类别的连锁反应方式展开，同时伴随着雪崩般的事实、想法和感知、思考和推理模式，形成了我们对现实的看法和解决问题的方法。
4. 发展期（developmental period）：在我们生命中有特定事件发生的时期，例如我们的幼儿期、青春期或青年期，这些事件塑造了当时发生的自上而下的影响。
5. 情绪（emotion）：由身体产生的、由人际关系塑造并在大脑中传播的情感，体现了我们生活中的意义和价值，通常涉及整合状态在任何特定时刻的转变，无论是微妙的还是强烈的。

这些关于大脑如何形成和识别意义的 ABCDE，在清醒状态和梦境状态下的过滤方式是不同的。似乎，当我们在梦中体验到一种更开放的觉知，当大脑与清醒状态的紧密联系被弱化时，我们可能会更直接、更自由地获得一套不同意义的 ABCDE。这对我们的觉知之轮体验意味着什么？

可能是通过过滤这些联想、信念、认知的本质，它们如何受到最初出现的发展期的影响，以及在它们的能量流和信息流汇集时刻出现的情绪状态，高原构建了我们生活中的个人意义。

这种自我定义的意识过滤器存在的原因可能是，它们能有助于组织我们的精神生活。高原嵌入了个人意义的ABCDE，以帮助我们塑造个人身份，理解内在世界和人际世界。

高原是意识过滤器，当我们展望未来时，它会以符合我们期望的方式塑造我们的觉知体验，试图让生活变得可预测，看起来是安全的。它们在那一刻创造了一种特殊的心智状态，一种有着自己特殊意义模式的状态。

根据大脑的自由能原理，高原通过减少熵（减少不确定性）来帮助我们实现内稳态。我们也看到，我们的内在意识可能在我们的社会联结中有进化和发展的根源。这种内在和人际的重叠是大脑、心智和我们的人际关系生活的主题。我们的意识过滤器“允许”进入觉知的可能是组织符合我们期望的意识内容的企图。“我们知道发生了什么”将是这个自我强化的意识过滤器循环的主观感觉，它构建了一个我们期望体验的世界。

神经科学家通常称大脑为“预期机器”（anticipation machine）。考虑到生活中存在各种各样的能量流动模式，为接下来发生的事情做好准备，能够预测经验的发展，最好的方法可能是构建一个感知过滤器，根据我们之前的经验来选择和组织我们真正觉察到的东西。甚至我们的感知系统也可以准备好去感知我们设想会发生的事情。换句话说，我们看到了我们所相信的。

DMN也许能让我们塑造我们的自我感知。这种回路的一部分让我们能够在心理上进行时间旅行，理解过去、现在和未来的联系。我们有一个关于我们曾经是谁、我们是谁以及我们认为我们应该成为谁的故事。我们前瞻性思维（prospective mind）的能力，即我们如何预测和规划未来，与预期（anticipation）有点不同。投射到一个想象中的未来也是这些自上而下的过滤器让我们准备好迎接我们认为将在更遥远的未来发生的事情的一种方式。自上而下的 DMN 过程还包括心理理论，我们如何来绘制他人和我们自己的心智地图。这些甚至更持久的表征超越了预期，变成了自我确认的计划，更像是我们讲述的关于彼此的故事——我们对他人和自我的关注根植于我们对世界的叙述中。我们从过去的经验中了解到心智的本质，然后利用这种自上而下的学习来支持和约束我们对当下正在发生的事情的感知方式，在他人和我们自己的头脑中感知正在发生的事情。我们通过这些过滤器自上而下的选择性过程来感知和理解生命。这些也是来自过去经验的习得的高原，将塑造我们当前的意识内容，并为我们体验和建构未来的知觉做好准备。

过滤器帮助我们生存。当你开车的时候，你需要准备好自上而下的知识和技能，如驾驶、启动制动和专注于你的感知和行为。过滤器塑造了我们的信仰，以及我们将感觉塑造成我们的感知的方式，它们不断地强化对自己观点的准确性和完整性的信念。我们甚至可以把这视为证实偏差（confirmation bias）的基础，选择性地只关注那些我们已经相信的东西。如果我们能一直觉察到这些无处不在的过滤器，或者意识到它们的局限性，我们可能会本能地觉得它们的生存价值是经不起推敲的。所以我们常常没有觉察到我们的高原，我们通常甚至不去询问它们是否存在或是否有效。

自上而下的优点是它能帮助我们在一个经常令人困惑、变幻莫测的世界里理解生活并感到安全可靠。一个最初被军方使用，现在也被各种组织使用的短语是我们生活在一个 VUCA（volatility、uncertainty、complexity、ambiguity）的时代——不稳定、不确定、复杂和模糊。一些人为了适应人类历史上这一具有挑战性的时刻而采取的非意识的（nonconscious）策略，我们可以这样来理解：他们强化了自己的过滤器，以使所感知到的世界变得更加确定、可预测且不那么具有威胁性。我们自上而下的意识过滤器，也就是我们的高原，无论它是灵活的还是僵化的，都可能揭示出我们在面对生存挑战时，大脑试图实现某种内稳态的尝试。

这种过滤现实的缺点是，我们的经验变得有限。僵化的高原可能会让你难以做到活在当下。在我们愿意体验他人的体验之前，我们就会对他们进行评判。如果我们已经从次优（suboptimal）经验中习得构建一个高原对我们的茁壮成长来说是次优的选择，那么我们陷入了由自上而下的思维制造的“牢笼”里。现在，自上而下已经囚禁了我们的生活。这就是为什么平衡这些过滤器与自下而上、更乐于接纳的觉知可能是必要的，如果想拥有一个整合的心智。

可能性平原可能是平衡自上而下和自下而上的法门。

来自内部或外部世界的自下而上的感觉流，能够帮助我们弃用建设性的自上而下的过滤器，这些过滤器限制了我们的生活方式和我们的觉知内容。也许这可以被视为直接从平原上升起的高峰。回想一下，留意感觉的流动会激活侧面的感觉回路，它抑制了主要由中线上的 DMN 支配的喋喋不休，我们现在看到的可能是一个自上而下的自我强化循环自我认知回路。摆脱自我意识并不是我们的目标，通过培养一种更流畅、更灵活的自我体验和学会更充分地利用感觉来寻求平衡，可以成为我们生活中的整合之路。我们要学会与来自高原或平原的一系列高峰共存。其理念是把自上而下和自下而上的流动整合起来（而不是破坏自上而下，只保留自下而上），这样就能让我们享有自上而下的好处和自下而上的自由。

个人化的过滤器组合

这些过滤器可能是什么样的？

我们每个人都是独一无二的，每个人都有属于自己的平原之上的高原和高峰，它们使我们成为一个个体。这样，我们在轮缘、高峰和高原上有所不同，但我们可以在轮心和可能性平原上找到共同点。

让我分享一些我自己的高原和高峰，以举一组例子来说明过滤器的感受，以及它们是如何塑造进入觉知的东西的。有些过滤器可能会来来去去，而另一些过滤器可能会反复出现，采用定义我们自我经验的模式。根据我自己的经验，我所了解的一组反复出现的过滤器有四个筛选维度，这些维度（首字母缩略词为SOCK）分别是：感觉（sensation）、观察（observation）、概念化（conceptualization）和能知（knowing）。你可能会有一些我们共同的人性中的固有方面，比如带着认同感去观察，或者对我们周围的世界进行概念化。你也可能会发现你自己独特的一组过滤器，它们对应于你的个人经历和组织现实的方式，你特定的建构模式在你的生活中表现为自上而下的高原。回想一下，我们每个人都是不同的个体，我们特定的过滤器、我们的高原及其特定的生命高峰不仅是引发这些差异的一种方式，还塑造了我们在觉知中的体验。举个例子，让我们用缩略词SOCK来描述一个人，我，作为你在这次旅程中的同伴，感觉到，观察到，设想过，甚至有一种能知的感觉，然后看看大脑是如何调节这种自上而下的过滤过程的。

感觉（sensation）是我们将最初的六种感觉流转化为觉知的方式。其中过滤之流是传导的基本过程。这就是我们把注意集中在觉知之轮前面两个分区时所感受到的。作为一个过滤器，这将带来最小的自上而下的影响——但由于我们生活在一副肉身之躯里，引导这种感觉流的“软管”管道可能会通过过去的经验塑造我们个性化的神经感知能力，然后去感知我们周围的世界和我们的内在世界。正如我们所看到的，这是一条有用的信息流，它可以抵消一种自上而下的喋喋不休的精神生活的支配。

观察（observation）就是如何与我们直接的感觉拉开一定的距离。

由于 DMN 有基于先前经验的大量输入，如果 DMN 能说话，它可能会说："这就是我，这就是我的经验。" DMN 锚定了过去的经验，设定了大脑的放电模式，这种方法可以确保先前的联想、信念、认知、发展期，甚至可能是情绪，也就是 ABCDE 在大脑中的意义，都符合先前的期望。

概念化（conceptualization）是一个过滤层，它通过改变和塑造轮缘成分来约束我们的大脑经验，使之符合信念和对事实信息的分类。这个概念过滤器的作用是使这个世界看起来既可以理解，又可以预测，这对我们的生存来说非常重要。我们按照对事物本质的认识建构的概念将世界划分为不同的群体，例如，哪种动物更吸引人，或者哪种情绪体验是好的或是坏的看法。概念是我们将信息组织成划分世界的类别的一种方式。大脑构建这些概念过滤器的方式很可能涉及复杂的皮层分层结构，因为它在特定区域内输送神经能量模式，然后将这些模式与更遥远的皮层区域相连，所有这些都受到一系列参与评估和内稳态调节的非皮层区域的影响。这样，概念化不仅仅是一个智力过程——它可能涉及一种身体感觉状态，这种状态塑造了我们的信念和信念的基调，以及我们如何应付对那些观点准确性的任何威胁。

虽然概念的意图，在某种意义上是为了帮助我们，但它们过滤我们所觉察到的东西的隐性方式，实际上加固了我们对其准确性的信念，这个过程被称为证实偏差，我们之前讨论过。请注意，与所有过滤层一样，这发生在觉知之外，也发生在觉知之轮的轮心之外。这些自上而下的过程可以被称为内隐心理模型，因为当它们过滤和塑造我们的主观生活体验时，通常我们觉察不到它们的存在或它们对我们的影响。概念过滤器直接塑造了我们对世界的看法，甚至限制了我们对世界的想象。

能知（knowing）不仅仅是拥有概念性的知识，它是一种对某种内在状态或与世界互动的完整性和真实性的深刻感觉。能知可能涉及具身大脑中广泛的区域（包括延伸的神经系统和我们的整个身体）以及它们与整体的整合状态的关系。有些东西可能会让我们感到肠胃不适、心脏不舒服或者头脑不完整。这些可能是能知层过滤感觉、观察和概念的方式，是隐藏在其他过滤层下的一种整体状态的过滤器。

我们先前所描述的那种顿悟体验涉及从高度整合的状态中出现的伽马波，可能揭示了这方面的能知是如何进入觉知的一些神经联结。能知可能是对正在发生的事件的过滤，它既能建构一种对什么是真实的感觉，又能作为一种渠道，让我们在整体整合的状态下清楚地了解（在我们的内在和人际之间的精神生活中）什么是有意义的和连贯的。

纯粹觉知和意识过滤器

这些意识过滤器揭示了先前所学是如何改变进入觉知的轮缘要素的。你将拥有自己的经验过滤器，这决定了在特定的心智状态下（无论是流动的还是建构的）什么能进入觉知。这些过滤器有助于监测和描述，并实时了解你的觉知之轮练习情况。正是这些过滤器（我们都可能拥有，但它们的性质对每个人来说可能又截然不同）塑造了我们在任何特定时刻觉察到的东西和我们现在的意识状态。这些过滤器塑造了我们重复出现的心智状态，塑造了我们自我的某些部分或我们个性的某些方面，而当它们过滤意识的内容时，它们具有的持久的模式将塑造和改变我们对自己是谁的体验，这是一种经常在我们没有觉察或无意识的情况下发生的调节过程。一组过滤器可能支配着我们的生活，就像那些 DMN 自定义过滤器，在我们醒着的时候不断强化自上而下的自我意识。

对于我们每个人来说，这可能都是一次重要的旅程：解放我们的心智，让我们更多地处于一种自下而上的模式，放松那些通常只是试图帮助我们组织并引导我们适应所生活的（或我们以为自己生活在其中的）真实世界的过滤器的控制。变得有趣、对“我们是谁”持有一种幽默感、在轮缘过滤器下培育进入轮心的通道，这些都是解放心智的一部分。在我们的 3-P 观点中，这意味着进入作为意识过滤器的高原之下的可能性平原，这样我们就可以更开放地觉知，并学会更自由地生活。为什么我们不这么做呢？进入另一种存在状态，即广阔的可能性平原，这个孕育自发性的地方，可能是如此陌生，如此不同于我们所经历的自上而下的预测性高原限制的过滤的高峰，以至于我们会不知不觉地回避这个平原。如果我们在寻找确定性，我们当然不会自然而然地进入平原的开放状态。在一个不确定的世界里，我们可以理解保持预测性自我确认的分类、概念和我们过滤高原的感知偏差的动力。问题是，僵化的高原让我们无法活在当下，活在当下的状态来自平原。

令人哭笑不得的是，意识过滤器的自组织作用可能帮助我们生存，但无意中又在限制我们变得整合，整合使我们能更自由地进入平原。这在未解决的创伤、焦虑或抑郁的情况下尤其明显——但它也可能使我们无法感受到生活的意义和联结。在这些情况下，可能需要某种干预措施，帮助放松这些限制性过滤器，这样它们就能够放松并允许向整合方向推进——这是一种自然产生于平原的推力。

当我们生活在平原上时，我们便能活在当下。整合从自由而辽阔的平原上自然产生。简而言之，临在是整合涌现的法门。

在这里，我们将注意集中在这样一个悖论上：过滤器可能存在于我们的生活中，以帮助我们进行自组织，但在我们人类旅程的许多情况下，它们自身可能变得过于僵化或混乱，无法促进自由流动的整合。过滤高原的这种功能失调效应可能是许多因素影响的结果，例如个人经历、基因遗传和社会排斥，这些因素导致了无归属感和孤立的痛苦。

我们人类旅程本身可能很容易受到僵化过滤器的影响。一旦我们成年了（甚至更早，在青春期或童年末期），我们构建的日间自我定义的过滤器就开始生效，因为我们适应了所生活的任何社会世界，以及我们在理解生活和努力生存的过程中一直试图适应的任何个人经历。我们自上而下的过滤器告诉我们自己是谁，有时是以习惯性的模式来强化自己，并在生活经验中构建一种熟悉的关于“我”（me）或“我”（I）的感觉。这些习得的自我过滤器塑造了我们清醒的意识。向我们所能成为的人敞开心扉是心智的觉醒，这样我们就能更充分、更自由地认识到我们的可能性是多么广阔。

振荡的注意扫描：一个 3-P 循环、一根辐条

如果从神经过程中涌现的信息出现了，但仍能保持在觉知之外，那么这些信息进入意识的机制是什么？大脑研究可以从神经科学的角度来想象可能会发生什么，尽管，正如我们所说的，没有人知道是什么创造了意识，但我们可以根据这些设想提出以下过程。

正如我们前面简要提到的，觉察到某些东西意味着让每秒钟 40 周或 40 赫兹的扫描的某个部分将各种神经活动相互联系起来。这与信息整合理论相吻合，许多大脑研究都支持这一点，这些研究检查了与注意、觉知和思维有关的振荡模式。振荡是一个过程的循环，是活动的强化循环。就这个观点而言，意识包括对大脑的某些部分进行一个频率为 40 赫兹的振荡扫描，同时它联结了不同脑区的活动，我们可以假设我们的 3-P 视角中存在类似的过程。这就意味着一个平原上的位置——高原、次高峰或者高峰，会被卷进振荡周期，把这个平原上的能量和平原本身的活动联系起来。这将是一个设想，告诉我们如何不仅从平原上觉察到，而且通过将平原与某物联结起来而觉察到某物。我们的插图揭示了一个循环过程的图像，它象征着这种振荡的注意扫描。

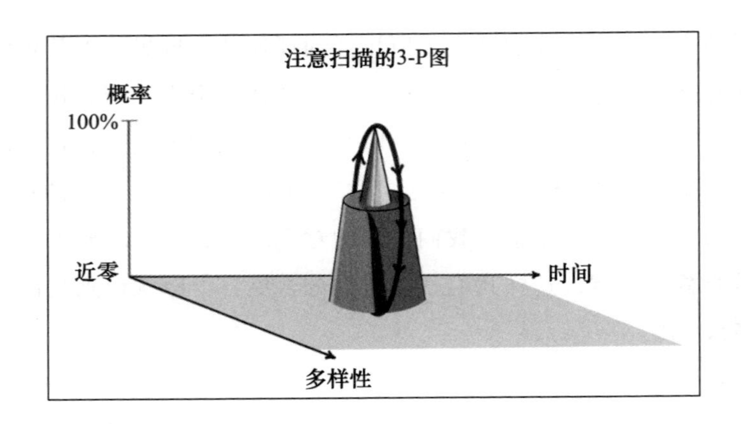

如果那是一种想法、情绪或记忆，这会是一个联结平原和高峰的循环。如果我们觉察到一种情绪、意图或心智状态，以及我们之前讨论过的过滤机制的各个方面，我们就会看到一个联结平原和这些高原的循环。图上的一个循环对应于大脑中的神经扫描。大脑研究已经证明这种扫描频率为 40 赫兹，我们的假设是，这种扫描会有一个相应的循环过程，将“平原”联结到“轮心的中心”的“平原”，或将“平原”联结到“轮心到轮缘”的“平原以上”位置。有时我们的轮心的中心的体验可能只是没有注意的焦点——因为这一步的觉知之轮练习不是通过弯曲辐条或收回辐条来实现的，而是通过不把辐条发送到任何地方，只是停留在平原上。

觉知之轮图像中的辐条将对应于 3-P 图中的循环。下图呈现了此扫描的示意图，该扫描将平原联结到平原上方的位置，并与觉知之轮的辐条相对应。

如果平原没有参与这个注意扫描，那么心理活动虽然可以存在，但不会进入意识。在我们的觉知之轮插图上，它是一个没有辐条的活动轮缘点，在我们的 3-P 图上，它是一个没有循环的平原上方位置的高原或高峰。这些没有辐条或循环的轮缘、高峰和高原的形象描绘了非意识（nonconscious）的心智活动。

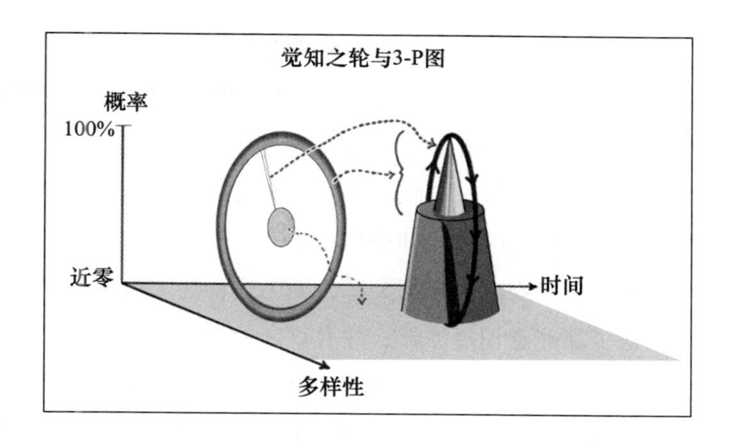

这种由神经振荡组成的扫描过程的一般模式可能在大脑的功能中很常见。我最近有机会与牛津大学教授莫滕·克林格尔巴赫（Morten Kringelbach）交谈，他是一位计算机科学家，现在是大脑研究人员，他在加利福尼亚大学洛杉矶分校做了一次关于创伤与心智的讲座。莫滕和我讨论了他自己所使用的分离和整合的科学和数学术语是如何与我们的人际神经生物学术语“分化和联结”相对应的。很快就清楚了，对于我们来说，一个整合的状态意味着分化和联结的平衡，对于一个数学家和计算机科学家来说，大脑功能的观点可能与他们讨论的一种叫作“亚稳态”的状态相对应，并且可能与我们前面提到的“临界”状态重叠。大脑中的这种复杂系统的特性可以这样理解：“动态系统，比如大脑，当它接近临界状态时，它的状态储备最大化，也就是秩序和混沌之间的过渡，这也被认为是意识清醒的神经机制。”[1]

当我和莫滕穿过加利福尼亚大学洛杉矶分校的植物园时，我们到达了一个靠近竹林的地方，几十年前，我带着几个精神病患者在那里散步治疗时，他们会停下来，经常在我们穿过小溪的时候提出一些新的见解，这些年过去了，小溪仍然潺潺流过。在我看来，我们有意识的大脑可以在特殊的“临界时刻”提供一些新的途径，通过新的顿悟或回忆过去，我们可以

---

[1] Atasoy, et al., “Harmonic Brain Modes,” 7.

更自由地了解“我们是谁”。也许这是大脑意识到的一个启示，可能会出现在一种新的“亚稳态”状态中，莫滕认为这种状态就像是可能性的谷底，一个复杂系统流的“吸引物状态”，吸引着能量模式。我们讨论了一种可能的观点，即当这种亚稳态状态与临界状态重叠时——在刚性和混沌之间流动的分化和联结得以平衡时，觉知就出现了。也许，我边走边想，这种转变可能是令人敬畏的植物园带来的灵感，因为这种与大自然相联系的开放的心理状态放松了那些意识过滤器，并允许新的组合在觉知中出现。也许这就是为什么多年前在竹林里提出了新的见解。正如我们所见，这些顿悟的状态可能是新的整合时刻。当我们理解生活的意义时，可能会出现这种状态。甚至当我在旅途中与你们分享这些想法时，我感觉这些观点变得更加清晰了，因为它们栖居于觉知之中。混沌与僵化之间的临界状态，以及在一种持续但又短暂的激发状态中保持能量模式的亚稳态，或许能让我们在意识中，以新的方式清晰地看待我们的内在世界和周围的世界。在意识中保持新的能量模式使我们有能力获得新的见解，做出新的选择。在我们关于觉知之轮和3-P框架的讨论中，我们需要考虑很多关于联结组谐波特征与它们的亚稳态状态和临界状态的潜在重叠。那是一次美妙的散步、一段和你一起走过的奇妙旅程。

随着脑磁图（MEG）等新技术的出现，我们能够观察到大脑中神经放电的精细过程，在我们对心智和大脑的理解中，振荡的中心作用越来越明显。下面是莫滕和他的同事塞伦·阿塔索伊、古斯塔沃·德科和乔尔·皮尔森所说的，其核心作用不仅在于这些振荡在大脑中的重要性，而且在于整个大脑如何进行振荡扫描，将广泛分化的区域联结成一个联结体，这是大脑活动和心理状态如何共同产生的核心：

> 初级谐波脑模式（elementary harmonic brain modes）的框架提供了一个统一的视角和解释框架，揭示了在意识的神经联结方面各种看似不相关的发现之间的联系。该理论框架将相关神经活动的空间模式联系起来，不仅与哺乳动物大脑活动的时间振荡有

> 关，而且与大脑解剖学和神经生理学有关。因此，这个框架不仅提供了一种新的工具维度，可以将复杂的神经活动模式分解成基本的模块，还提供了一个通过谐波（自然界中普遍存在的现象）将神经动力学中的空间和时间联系起来的基本原理。[1]

依据我们对平原、高原和高峰的看法，以及大脑中这些振荡如何帮助创造各种意识状态，我们可以把扫描看作一种表达方式，用简单的术语来表达大脑联结组的某些谐波在那个时刻的任何特定的心理状态以及伴随而来的意识体验中可能揭示的东西。当谐波的亚稳态，即复杂神经系统的深层吸引物状态与临界状态（在混沌和刚性之间的激活边缘出现的振荡状态）重叠时，或许，正如莫滕和我所讨论的，这是一种促进意识出现的聚合。也许，你和我可以提出，这个振荡的神经过程，就是作为可能性平原的量子观点的潜在神经联结——潜力之海、量子真空。在这个亚稳态状态中，能量模式可以在意识中保持更长的时间。在这个整合的临界状态中，可以获得新的可能性。然后，新兴的能量流和信息流模式可能会在意识中被有意识地体验并转化。这两种观点可能是相当兼容的，一种是在复杂系统及其亚稳态状态和临界状态的水平上，另一种是在量子动力学的概率水平上。能量在现实的宏观和微观两个层面都有体现。像大脑这样的复杂系统可能在宏观层面运作，而量子特性更容易在微观层面显现。在现实的两个层面的分析中，进入可能性平原可能是如何设想开放觉知的方式，以创造出范围更广泛的联结体谐波，并释放一个更不受约束的过滤可能性的高原和现实的高峰。控制轮心，进入平原，可以解放心智。联结组谐波可能是一种令人兴奋的观察可能性平原背后的能量剖面图的神经联结的方式。因为觉知之轮让我们能够驾驭轮心，进入平原，当我们意识到生活提供给我们的无限可能性时（我们可能很少在日常生活中发现这些可能性），这个练习可能会帮助我们更加充分地活在当下。

---

[1] Atasoy, et al., "Harmonic Brain Modes," 14.

扫描比率和心智状态

对于有意识的大脑来说，这个 3-P 模型让我们能够阐明各种各样的有时被称为意识状态（states of consciousness）的东西。在特定的时刻，我们可以把整个概率状态看作一个由联结振荡扫描产生的组合，我们可以简单地把它描述为一个联结平原和平原之上的概率值的循环。换言之，特定时刻下的你可以将对平原概率位置的觉知，也就是能知，和一个将其与平原上方的概率位置即作为可能的所知的高原或高峰联结的循环组合起来。这种注意循环的观点有助于我们解决你可能已经注意到的 3-P 框架中的一个令人困惑的方面：如果某个东西位于可能性平原之上的一个概率位置，但觉知本身也来自平原，我们如何能够觉察到它而且知道自己在觉察？根据神经科学关于振荡的发现，我们可以在频率为 40 赫兹的扫描和联结组谐波中看到大脑中这种循环的共性。在能量场的物理概念中也可以看到类似的振荡，例如，我们可以看到，光在其概率分布中有一个波形，作为一个值的频谱。当光表现为一条波时，它的光谱是存在的。当光子以粒子的形式出现时，从一系列可能性中可以看见一个奇异值。光既可以是一个特定的值—— 一个粒子，也可以是一系列的值，即波。

我们认为，在这个我们简单地称为循环的振荡扫描中，我们可以在 3-P 概率分布中有一系列的参与度。在一端，我们几乎可以扫描整个平原，这可能是一种开放的、接受性的觉知状态，浩瀚而广阔，因为大部分的这种状态都在可能性平原上。从觉知之轮的角度来看，这是一个轮心占主导地位的状态，在我们的 3-P 图中将其描述为一个高比例的循环，这意味着在平原上的循环的百分比占主导地位。

觉察到觉知本身以外的东西意味着拥有一部分能量状态，这个概率值范围从 100% 到近零，包括平原上方的位置，因为它们通过振荡循环与可能性平原相连。在那个时刻，概率状态的一部分在平原内，一部分在平原之上——这就是我们如何觉察到（平原）某事物（平原之上）的。

比如说，你在有意地注意自己的呼吸。在某一时刻，你可以有50%的频率为40赫兹的神经兴奋在平原内扫描（然而大脑可能会表现出这种概率状态），所以你有觉知。另外50%的扫描在平原之上的呼吸（身体感觉的感觉通道）的高峰，所以你觉察到了呼吸。在50/50的概率状态组合中，轮心和轮缘是平衡的。你就是以这种方式知道（平原或轮心）所知（平原以上的位置或轮缘）的。

以下是一些意思相近的术语：①平衡振荡的神经能量状态扫描（sweep）；②对呼吸的正念觉知（mindful awareness）；③联结轮心和轮缘的辐条（spoke）；④联结平原和高峰的循环（loop）。本部分末尾的表格展示了这些不同的术语以及它们之间的对应关系。我们把觉知和你觉察到的事物之间的比例或平衡称为扫描比率（sweep-ratio）或简单地称为扫描。你可以有一个平原主导的扫描或一个高峰主导的扫描，每一个术语都表示了形成意识状态的平原内的能知和在平原之上的所知的比例。

让我们尝试另一种振荡能量状态。比如说分心替代了觉知，你现在把注意焦点放在下周即将召开的会议上。你可能会说你“迷失在轮缘上了”，因为你失去了专注于呼吸的意图，全神贯注于你对会议的关心和担忧。此时，一个开放的轮心或自由进入平原（这能让你有意专注于呼吸觉知的锻炼）不复存在，你现在有99%的扫描在担心会议的高峰上，1%在平原内。对会议的全神贯注占据了你太多的觉知，以至于你忘记了自己的意图（迷失在忧虑中），只能觉察到它们，而忘记了其他问题，比如你此时正在做呼吸练习的事实。听起来很熟悉吧？在这之前，你可能在会议上没有集中注意，反倒对觉知之外即将发生的事件给予重视和无意识的关注。这些关注可以被视为激活的轮缘点，激活了高原和高峰的能量模式，但还没有与平原联结。所以这就是分散的注意的样子，还没有和平原一起被扫描就激活了。

以觉知之轮为隐喻，你在轮缘上迷失了方向，因为你集中的注意被对那次非常重要的会议的忧虑所吸引。这就是集中注意的辐条。从机制上讲，当你的注意被吸引到对会议的担忧上时，就是对会议的高峰之上的振荡扫描及对高峰的扫描。你暂时失去了平衡的空间感，因为你的扫描比率现在已由高峰主导。但是很快，你大脑中负责监控所发生事情的相关部分——你的突显网络，包括脑岛会激活，并且会给你一种感觉，如果它能说话的话，它会说："嘿，你觉察的内容并不在预期的焦点上。你开小差了！"回想一下，这仅仅意味着你是一个有头脑的人。你没有做错什么，你的做法很正常。幸运的是，你的突显网络可以在你不知情的情况下进行监控，因为它就像我们的大脑一样，在觉知之外工作。你对显著性系统的训练越多，尤其是集中注意的训练，它就会变得越强大。你有目的的练习创造了一种重复的状态，它会成为一种特质，可以在没有你的努力或意识能量的情况下继续工作。

动用意识需要消耗能量，在觉知中持续专注于某物不仅需要宝贵的资源，而且在一段特定的时间内可以持续关注的项目数量通常也有限。当忧虑占据集中的注意并填满觉知时，呼吸就会离开集中注意的焦点。

所以现在你有了强大的突显网络，因为你一直在练习觉知之轮，可以说，这是一个"支持你"的回路，它创造了一个"让我们专注于呼吸"的高峰，与会议的担忧的高峰相竞争。这座高峰起初可能与平原无关，在无意识的背景下工作。但很快，它也成了扫描的一部分，将显著性高峰与觉知的平原联系起来。你最终在意识里甚至可以听到两个内在的声音—— 一个声音在担心会议，另一个声音在让你专注于呼吸。这两个高峰，这两种想法，可以看作两个轮缘点，会议和显著性监控输入。所以你提醒自己，让自己想起你在做呼吸练习。现在是时候重新定向了，所以，你也在进一步训练，把注意的转换作为一项重要的修正技能（skill of modifying），它可以加强你调节心智的整体技能，现在呼吸高峰又回到了焦点，你让会议高峰消失，然后你回到 50% 的扫描在呼吸上和 50% 在平原内的平衡状态。

你甚至可以进入“呼吸之流”，现在 99% 的扫描在呼吸高峰，1% 在平原内。你选择了迷失在呼吸的感觉之流中，因为这就是这个任务邀请你去做的——你不会分心，或者迷失在一个不相关的高峰，一个分心的轮缘点上。你正在选择如何安排扫描比率。在指导下集中注意，让你的觉知回到呼吸，让你自己进入呼吸的感觉之流。显著性监控感觉到你在正轨上，因而不会闯入你的觉知领地，当你从意识的幕后观察时，一个高原也许能够过滤出现或不出现的事物，此时此刻不涉及可能性平原的活动或干扰觉知的体验。享受这流动吧！

以这种方式，注意可以从根本上关联高原的过滤作用。当高原引导能量流时，这便是注意正在做的。当高原决定了循环将如何与平原联结，当高原的过滤在激活并组织某些可能性并将它们与平原中的觉知联系起来时，它现在就不仅仅是注意了，它已经成了集中的注意。以这种方式，3-P 图中的循环可能对应于大脑中频率为 40 赫兹的振荡，这些振荡本身与觉察到某些事物（aware of something）有关。这样看来，3-P 图中的一个高原就是一种利用注意选择性地引导能量流和信息流的心智状态，在这种情况下塑造了我们的觉知内容。当这些能量流和信息流进入觉知时，它现在有一个联结平原与平原之上的概率值的循环。在觉知之轮插图中，我们将放置一根辐条来联结轮心和轮缘。

很快，事情发生了变化。假设你的思绪再次飘荡，到了另一个轮缘点——想着今夜的晚餐。这顿晚餐也可能是一个高峰，占据了从平原到高原被频率 40 赫兹扫描过的宝贵而有限的领地。但呼吸仍在继续，这是你可能随意注意到的东西——你仍在呼吸。你注意到了分心，放下对晚餐的关注，重新回到呼吸上。继续练习，加强你引导注意和进入觉知的能力。你做呼吸练习的意图被视为高原的一部分，这有助于你把注意重新集中到呼吸上。

随着在平原和平原之上的觉知对象之间的平衡，在能知和所知之间的循环，我们可以把它想象成循环上 50/50 的指定比率。当专注于所知事物时，比率将是 1/99，当注意主要集中在能知上，只有一点在所知的事物上时，比率将是 99/1。如果扫描只是在平原之上，我们可以把它看成 0/100 的比率，那就是完全没有觉知，零意识。这就是我们无意识的精神生活。在严格的神经扫描术语中，这可能是一种表示分散的注意的方法。但是如果我们让循环表示集中的注意，那么这样的零值在插图中就没有多大意义，因为它基本上意味着没有扫描，那么在这种情况下，为什么还要费心绘制任何循环呢？为了方便起见，如果我们想画出一个特定的无意识过程，那么这个循环上 0/100 的指定比率至少是形象描述觉知之外的这种心理活动的有用方法。

对广阔空间的觉知可能涉及平原上一个很高的比率，甚至会让我们在那一刻觉察不到任何特定的“东西”。这是许多人描述的“轮心的中心”的体验，我们可以把它表示为只停留在平原本身的一个循环，如果我们想描述这个循环的扫描比率，那么其数值可能为 100/0。扫描百分之百在平原内，没有在平原上方的。100/0 等于无穷大——这与许多人在觉知之轮练习时停留在轮心或进入可能性平原时的实际的感觉完全一致。人们对这种状态的描述是一种快乐、平和、清晰的感觉。

这个循环显示了 100/0 的扫描比率，就是轮心的中心状态，感觉有一种广阔浩瀚的觉知，当我们已经学会了如何进入可能性平原时，我们提及的沉浸感（immersion）就会出现，我们就可以享受一种纯粹而开放的觉知体验。

在我自己的生活中，有时我会想迷失在某件事上，比如在我们的第七感研究所附近散步时闻到的玫瑰花的味道。我会停下来，深吸一口气，然后弯下腰来欣赏玫瑰。然后我让空气出来，想象下一次呼吸时我如何让玫瑰的芳香充满我的体验，然后我让这些芳香的感觉流满我的扫描比率，并在那一刻主导觉知。我自觉地、有意地选择这样做，而花香的流动是绝妙的。我有这样一种感觉，在那一刻，没有任何其他的想法，任何其他的感觉，任何其他的顾虑。我只是和玫瑰在一起。如果我睁开眼睛，我可以有意地切换到视觉通道，让视觉成为主导，沉浸在花瓣和茎的鲜艳色彩和微妙纹理中。在那一刻，你可以想象用心流研究者米哈里·契克森米哈赖（Mihaly Csikszentmihalyi）使用的术语“心流”（flow），就像我让自己消失，并尽可能充分地融入我所生活的身体，和玫瑰一起流动。可以毫不夸张地说，在那一刻，在我的觉知中，玫瑰的能量和“我”的能量本质上是混合在一起的。也许现在，我只是在向我们相互联系的基本现实敞开觉知。会不会像很多人在觉知之轮练习后所经历的那样，我们和周围的玫瑰之间真的没有分离？正是在那些进入可能性平原的时刻，我们才能够察觉到现实，在从平原产生的存在状态中，玫瑰和这副肉身之躯是一个流动的能量模式的一部分。这并不是说我需要建构这个概念——更多的是我可以放下关于我的想法和关于玫瑰的想法，向第八感敞开，让我能感受到我们紧密相连的本性。这个现实可以成为我生活方式的一部分，在那一刻，在我的生活方式中，甚至在出现心流以后的时刻。

在其他时候，我会想象如何创造一个更平衡的扫描比率，然后我在一个特定的高峰与平原之间循环，在这个意识状态下有足够的空间留给更多的多样性——去考虑其他的想法，引入其他的事实，让我的大脑漫游到未知的领域。我并没有迷失在经验中，“我”完全活在当下，但又作为一个广泛涉猎的存在，在广阔的意识状态中保持平衡，这种状态包括事物本身（玫瑰）和觉知。我处于一个由轮心和轮缘、平原和高峰组成的 50/50 循环中，觉知中有很多空间，可以容纳所有的东西，也可以反思事物。还记得我们是如何以对一杯水的反思来开始旅程的吗？当我一边散步，一边去闻玫瑰的香味时，我已经把我的水杯的容量扩大了，不管生活往里面放了多少盐，或是为其配备了何种美味的甜点，我都准备好去喝了。

集中的注意的容量据说是有限的——我们一次只能专注于一项活动。也许，学习如何调节我们的扫描比率，可以让我们有意识地将宝贵的注意资源放在我们选择的焦点上，并在任何给定的时刻或环境中充满觉知。下次和朋友或家人吃饭时，你可以自己尝试这个简单的练习。正如我们在第一部分中所讨论的，吃饭是一个练习临在和锻炼你探索觉知的新能力的很好的时间。让你自己和你的同伴知道你要尝试改变扫描比率。让这种体验在你的社交对话中持续一段时间。然后建议你改变这个比率，让你一直在吃的食物（一些只是在背景中的东西）从它在扫描中的较低比率位置，移动到较高的比率位置。让食物的味道、气味、品相和质地的感官流充满觉知，这样它们就变成了 99% 的比率——在平原上的扫描是 1%，在对食物的感觉中的是 99%。这种对食物的关注会将其他元素排除在觉知之外，所以在这种扫描比率的基础上，家人们不太可能继续对话。待在食物的感觉流中，你的身体会吸收这些营养。和食物相处几分钟后，回到你的社交谈话中。你注意到了什么？对很多人来说，当我们把注意集中在谈话上时，我们根本没有空间欣赏食物带来的感官享受。我们通常不会被食物噎住，也不会把叉子叉到脸上。在咀嚼、吞咽和使用餐具的过程中，我们可以有少量的扫描比率，但这让我们几乎不能完全感受到食物本身。我们通常一次只能专注于一个过程，你现在可以看到如何在你的生活中随意改变这个过程。这是你的扫描比率的变化。当你练习觉知之轮的时候，你可能会发现这种有意塑造扫描比率、改变你的意识状态和你专注的对象的能力将不断增强和提升你的体验。一段时间可能对应于很多不同的扫描比率，不同的意识状态，现在你可以拥抱这种进一步将它们整合进入你的生活的技能。

当我们学会更容易地进入可能性平原时，可能性平原的广阔给了我们一种能力，让我们既能更持久地保持集中的注意，又能保持一种自由和灵活的感觉，接受大量涌现的体验。也许这与里奇·戴维森在他的冥想研究中发现的方法相一致，借由这些方法我们能够提高保持专注和觉察的能力，即使我们正在关注的事情发生了变化。在觉知之轮练习中，我个人的主观感觉是，能有一种更广阔的接纳性来体验和欣赏所有发生的一切。

通过改变我们的扫描比率来有意塑造我们的意识状态的旅程的一部分

还包括学习如何识别和放松意识过滤器，意识过滤器能直接影响当前这一刻的觉知中的所知内容。通过练习，我们可以解放这些高原，变得更加灵活，甚至可以体验如何让高峰直接从平原升起。整合你的生活能让你通过这个觉知之源变得更加临在，从而强化你的心智。

进入平原能让我们充满一种选择和改变的感觉，一种宁静和联结的感觉。

第 12 章

敬畏和喜悦

回到许多人报告他们对轮心练习的体验——这种广阔的、被敞开的感觉，让我们现在来思考一下，可能性平原如何能让我们获得如此多的快乐、爱甚至敬畏。

可能性平原可以被认为是通向整合的门户。正如我们所看到的，从概率的角度来看，这个平原可以看作最大积分，它是所有可能存在的微分势的内在联系。当我们进入平原时，当我们把概率位置降到可能性平原时，我们让高峰和高原的细节放松，进入一个更广阔的联结状态，与生活提供给我们的大量潜在经验联系在一起，不需要去控制它们，甚至不需要理解它们。我们如其所是，并顺其自然。当我们在平原上生活时，简单地活着就成了我们在生活中体验活在当下的庄严视角。

结合平原上的主观体验，我们让自己进入一种敬畏的状态，当我们让一种感觉产生时，这种感觉不仅仅是我们个人的、私人的自我意识，而是一种温柔的关怀，是对仅仅存在于平原之上这个美妙礼物的爱，这种喜悦，这种感激，这种敬畏充满了我们的意识。一旦体验到这种感觉，无论是通过觉知之轮的练习，还是非正式练习，即使是在可以接近平原的短暂时刻，我们的大脑也能看到平原的辽阔，感受到平和与幸福，我们体验到了一种如此充实、如此自然的活着的感觉，如此轻松和完整。正如我们在第一部分中提到的，社会神经科学家玛丽·海伦·伊莫尔迪诺－杨发现，这些状态是通过脑干区域的神经放电激活的，这些区域和参与基本生命过程的最深层的神经回路有关。这种敬畏和感激的状态，这种对生命的喜悦，是一种内在的活力感，是一种与我们周围更大世界的内在联结感。我们可以提出，可能性平原是一种概率状态，它自然地带给我们对喜悦、敬畏和平和的主观体验，肯定生命的意义、爱和联结。

最后一个部分将探讨如何在我们的生活中更容易地进入这种状态，首先回到我们在第一部分中遇到的个体的故事，以及他们是如何使用觉知之轮的隐喻作为一种理念和一种实践的，通过驾驭心智的轮心来获得更多进入可能性平原的途径。

扩大我们的觉知可以让我们的大脑自由地体验平原本身的巨大和广阔的潜力。当我们开始花更多的时间在觉知之轮的轮心，我们甚至可以感觉到我们的过滤器是如何限制和建构我们的生命体验、塑造我们的认同感的。当进入可能性平原这个新技能，进入开放的觉知，变得更加临在时，选择和改变就有了新的可能性，因为我们的大脑变得更加整合和富有觉知。

为什么是整合的？当我们发现了更多不同的存在方式时（获取新的潜能的方式，这些潜能被实现为平原之上的概率值），我们与更广泛的状态联系在一起，而不是一组过滤和限制我们生活的特定高原。奇妙的是，可能性平原既是觉知的源泉，也是新的生活选择的源泉。意识给了我们选择和改变的能力，不仅因为它允许我们停下来反思，而且因为它给了我们新选择的来源。

如果这个 3-P 框架符合你自己的经历，你可能会发现，变得更加富有觉知也会变得更加自由。觉知并进入一个开阔的、蕴含新的存在方式的可能性平原，可能来自大脑能量流旅程中完全相同的概率位置。当我们让这些新差异化潜力的自然自组织产生并自动联系起来时，当我们"走出自己的路"并进入对平原的觉知时，利用简单的活在当下的体验和信任觉知的过程，培养更加高度整合的状态的内在动力就可以释放出来。进入可能性平原是产生更加整合的状态的天然门户。

心理体验、隐喻和机制之间的对照表

我们现在已经得出了第二部分的结论，并且可以提供一个表格展示我们在整个旅程中探索的一些想法。下表列出了相关的术语及其概念框架。在第一列中，你会看到我们在日常生活中常用的词语，将心智标记为主观体验。第二列是来自觉知之轮（理念和实践）隐喻的术语。在第三列中，你将看到 3-P 图中的概念，包括平原、高原和高峰。第四列是与意识的神经关联相关的理念，第五列是与我们关于心智的更广泛的讨论有关的术语。

作为主观体验的心智	觉知之轮的隐喻	3-P 图和机制	神经关联 / 大脑活动	其他与精神生活相关的术语
觉知	轮心	平原	高度整合	意识
集中的注意	注意的辐条	扫描循环	从丘脑到皮层的频率为 40 赫兹的扫描	专注

（续）

作为主观体验的心智	觉知之轮的隐喻	3-P 图和机制	神经关联 / 大脑活动	其他与精神生活相关的术语
感觉（前五个是对外部世界的感觉，第六个是对身体的感觉）	轮缘的前两个分区	最小过滤的激活高峰	大脑偏侧化活动区域包括感觉皮层和脑岛	传导
心理活动（第七感）	轮缘第三分区	从高原升起的高峰	皮层区域包括中线上的默认模式网络（DMN）	建构
互联的感觉：关系的联结被认为是一种传导和建构（第八感）	轮缘第四分区	直接从平原或高原升起的高峰	记忆、感觉和 / 或与来自其他人和地球（我们的关系）的能量状态的共振；来自环境的能量输入	联结

第三部分

应用觉知之轮发生转变的故事

在旅程的第三部分中，我们将更深入地探讨“觉知之轮”——作为阐述理念的一个隐喻，以及用以整合意识的一种实践，是如何被应用在我们的生活中的。

让我们回到我在本书第一部分为你介绍的几个例子，以便我们去探索“觉知之轮”在日常生活中支持实际的成长和疗愈的方式。总之，我们将会讨论：比利，一个学会了不打架的 5 岁孩子；乔纳森，16 岁，情绪如同过山车一般起伏不定；特蕾莎，25 岁，经历过发育早期创伤；莫娜，40 岁，3 个孩子的母亲，感到生活无以为继，开始对孩子们失去了耐心；以及 55 岁的商人扎卡里，他习得了一种崭新的生活方式，这让他走上了新的人生道路。

在探索完他们的经历之后，我们将进一步阐述本书第二部分所介绍的3-P视角，并且在我们进入本书的第四部分之前，帮助你为在自己的生活中掌握并实践这些想法做好准备。

向孩子们介绍觉知之轮的理念：比利和轮心的自由，平原的辽阔

无论是在教室里还是在家里，无论是在训练运动队时或在做音乐表演时，教孩子们应用“觉知之轮”，都是支持他们成长的好方法。作为思维方式的视觉指导，它可以帮助孩子更清楚地理解他们有能力选择如何过自己的生活。通过把集中的注意、开放的觉知和善良的意图等理念注入“觉知之轮”的视觉隐喻中，我们为孩子们提供了多种科学方法，它们可以帮助孩子们在生活中创造更多的健康和幸福感。创作“觉知之轮”插图最基本的想法之一是，它能在视觉上让我们清晰地了解轮缘（所知）与轮心（能知）不同，轮缘对应了我们的觉知内容，轮心是我们的觉知体验。这个理念可以对孩子们产生深远的影响，就像对比利一样。

在我写的教材《心智成长之谜》中，你会看到对这项研究的深度回顾，该研究揭示了在生命的前十几年中，在我们的基因和我们的经验，特别是在我们与他人关系的影响下，大脑的调节回路会怎样发展。人际关系是两个人之间的沟通模式，例如，它涉及被看到和理解，关心和联结的感觉。沟通还涉及思想上的交流——这种交流可以改变心智的发展方式。

比利的故事就是一个例子，它说明了一个年轻人的心智是如何被一个能改变个体生活方式的新理念所拓展的。

回想一下，5岁的比利在校园里打了一个同伴后，被转到另一所学校。比利的新幼儿园老师，史密斯女士教给他“觉知之轮”的理念，他可以在一张纸上把它画出来，之后将其应用于他的内在世界和人际关系。有一天，

比利找到史密斯女士，请求她给他一分钟时间，并告诉她，他那时其实可以做到停止自己的行为，并且不去打那个把他的积木带到院子里的孩子。比利向他的老师分享了这些，他说他当时在“轮缘”上迷失了，需要回到自己的“轮心”。

从机制的角度来看，你认为比利身上发生了什么事？

我们现在提出的一个可能的解释是，觉知之轮的隐喻让比利意识到，他想打乔伊的倾向只是觉知之轮上的一个轮缘点，而当他对同学的消极行为产生情绪反应时，这个觉知之轮会为其提供很多其他选择。换句话说，比利没有必要听从这一冲动，他可以回到觉知的轮心，并花时间考虑他真正想要采取的行动步骤。他在转向轮心和其他轮缘点的时候发现了自由。用 3-P 术语解读，他可以进入可能性平原，暂停并在一个拥有其他选项的心理空间中休息。借助在平原上的有力的停顿，他现在可以做出其他选择，而不是在愤怒或者习得的反社会习惯反应的高原上，在那里他就会滞留在自动驾驶状态。

意识能让我们在本能冲动和实际反应之间建立空间。这让我们能更灵活地应对外界事物，而不仅仅是自动反应。“轮心”不仅能够唤醒我们的觉知，帮助我们利用当下大量行为选择的选项源泉。

我们将心智定义为一种新兴的、自组织的、具身的和关系型的调节程序。我们曾提出，能量和信息是组成心智的原材料——所以比利正在学习用一种新的方法来调节这种流动。调节取决于更稳定的监控，这样我们就能更加专注、清晰、深入和细化地观察。回顾一下，心智作为一个自组织的过程，催生了整合的状态，它自由的涌现方式，创造了灵活、适应、连贯、充满活力和稳定的（FACES，flexible，adaptive，coherent，energized and stable）流动。这种“觉知之轮”的新理念让一个 5 岁的小男孩能够了解轮心处的能知与轮缘处的所知的区别。这意味着什么？这意味着觉知之轮的理念和视觉形象可以让比利的心智解放，让他能够整合他的意识并做出新的选择。

当我们回想这个年幼的孩子意识到他用拳头打人的冲动可以被一种更善良和更具同情心的反应所取代时，重要的是要考虑有多少善良和同情实际上是整合的自然结果。如果通过更深入的觉知，我们与某人的消极互动和我们的回应之间的空间被完全打开，我们与他人的互动就会变得更加友好和富有同情心，他人也会变得更加整合。然而，有时事情也会不尽如人意，比如，当我们觉得需求没有被满足，或者所居住的家庭或社区的社交状况问题重重时。尽管整合可能是心智的内在驱动力，但是各种各样的事件，无论是内在的还是人际的，都会阻碍我们去实现这种自然整合——变得善良和富有同情心。整合的阻碍可能源于发展经历，而这些障碍可能会使我们远离灵活的 FACES 整合之流，陷入混乱和僵化的境地。比利在转到史密斯女士的班级之前就处于这样的境地，而现在这个中心之流似乎是比利有能力选择去的地方。

心智既存在于我们内部，也存在于我们之间；它既是内在的，也是人际间的。史密斯女士创造了一个富有情感和社交智慧的课堂氛围，这样她的学生的内在和人际间的心智都可参与其中。她的课堂鼓励反思并促进整合。可以说，史密斯女士培养了一个促进生成性的社会场域。比利的内心现在装有一个理念、一种隐喻和一个能发现联结和接纳的人际心智，他是谁，他能成为谁，这些新的整合经验都加强了他的完整感。

不论是内在还是人际间，我们都被具身的，同时又是人际的心智所塑造。

可以说，通过对觉知之轮的图像和理念的了解，待在一个新环境中，比利现在可以获得比他过去所习得的行为模式更多的可能性。通向这种变化的途径包括反思，对自由平原开放心智。这种接纳性觉知帮助他以一种新的广博的方式，反思他自己的内在及人际心智在那一刻的表现，同时让他敞开心扉，去接触一系列他之前无法企及的可能性。谁知道呢，它甚至可能改变 DMN 里的自我塑造、自我选择的神经活动，使其成为更灵活、更适应的过滤器，这样，一种新的自我意识及存在方式就会涌现。加油，比利。加油，史密斯女士！

我们借此看到了能知的力量，这一潜在的运行机制远远超出那个为了帮助我们理解而做的隐喻。当然，我们只是为比利提供了觉知之轮的隐喻图像，而不是那个我们提出的机制，即可能性平原的图像。而且，很有可能在他那个年纪，那些运行机制似乎过于抽象，他可以用隐喻的形式运用同样的理念。但就算只是用隐喻，比利也将有能力在他的生活中实现深刻而充满希望的内在和人际转变。你可能正琢磨着：我的孩子们说我不可理喻，就用一个玩笑吧，“隐喻与你同在，比利”。

当我们历经童年，进入及度过青春期时，对于可能性平原作为心智的运行机制的了解可以有效帮助我们理解自己的内在和精神生活。但对某些人来说，这种机制并非必要，觉知之轮的隐喻就是帮助他们整合意识所需的一切。对于我自己而言，“意识的广阔”和“意识创造选择与变化”这些短语当然适用于“觉知之轮”的形象和我们生活中的“驾驭轮心”的概念。觉知之轮是一个把心智的关键方面以拟物形态视觉化了的清晰形象。

通过我们的 3-P 框架，以及通过将 3-P 视图和可能性平原的机制视为这种广阔和自由的来源，更微妙的细节得到了阐释。例如，这个框架向我们阐述了（并通过插图让我们看到）为什么意识允许选择和改变——因为意识将我们带入了其他选项所栖息的数学空间。正如学者米歇尔・比博尔所说：“量子真空，它等待激活产生‘粒子’，就像空气一样，一旦太阳和水同时存在，就在等待被观察者或照相机看到彩虹的产生。”[㊀]

虽然在物理学中没有声明，但我们认为觉知本身可能就来自可能性平原，这可能就是量子真空、潜力之海，在量子学中被称为“粒子”的基本

㊀ Hasenkamp and White，eds.，*The Monastery and the Microscope*，67.

能量模式就是从中产生的。3-P 框架有助于我们了解如何从这个可能性平原中选择新的能量流和信息流模式。你和我都明白，适合我们每个人的方式并不同，找到最适合自己的方式，或者找到适合你在不同年龄段的同事、在晚宴上交谈的人的方式邀请我们在隐喻或隐喻加机制层面上做出重要的调整，于是我们开始进行关于心智和意识本质的讨论。

我们曾经提出，觉知，也就是意识的能知，来自可能性平原、潜力之海、多样性发生器以及量子真空。通过拥有这个超越隐喻的 3-P 机制的设想，就能逐渐看清楚意识的觉知力是如何与广阔的可能性密不可分地交织在一起的。正如我们所看到的，让比利获得觉知的扩展，不仅仅是让他有时间反思，也给了他新的应对方式来代替自动反应。意识允许选择和改变，因为对选择的反思和替代反应的资源都来自同一概率位置，即可能性平原。这是一个只有涉及了对机制的讨论才会对我们有所启发的观点——现在我们可以将这个观点应用于我们关于觉知之轮的隐喻的理念和实践。

如果这些对机制的深入讨论对你有帮助，那就太棒了。我希望你至少能对它们感兴趣。当我们在以下叙述中继续讨论其他人的经历时，你自然也可能会反思他们的经历是如何与你自己的实践，以及你怎样驾驭轮心，或怎样进入可能性平原产生关联的。

这些变化源于比利越来越多地进入他的平原，并在可能性平原之上创造了一组新习得的概率。他大脑中的这一新发现很可能改变了新模式下神经放电的概率，正如我们所见，这就是记忆和学习的全部意义，即改变概率。在 3-P 图上，我们将这组变化了的概率模式视作他新设置的高原、次高峰值和高峰值。他的行为实现的高峰现在已经完全不同了，他能“回到自己的轮心”，从他的可能性平原做出新的选择，这样就不会激活殴打另一个男孩的高峰。

甚至比利自定义的意识过滤器，他的自我意识的 DMN 高原也可能因为这种新的存在方式而被调整。其他人现在会以不同于以往的方式应对比利的反应，而且这样的系统会帮助他在史密斯女士的班级里成为一个不同的人。提供给比利觉知之轮的理念，让他有机会在其内在心智和人际心智中变得更整合。随着持续的正强化和赋能，他的自动反应倾向转变成了善于反思、善于接受和反应灵敏的特质，比利将在他的成长过程中得到支持，朝着一种更加整合的生活方式迈进。他正在学习如何从他的轮心进入他的平原，由内而外地生活。

向青少年传授觉知之轮：乔纳森，在高原和高峰之间平静地过山车

青春期是一个人身体、生理、神经系统和社交生活发生巨大变化的时期。在《青春期大脑风暴：青少年是如何思考与行动的》（*Brainstorm*：*The Power and Purpose of the Teenage Brain*）一书中，我为青少年和关心他们的成年人提供了对这一时期的生命的本质的探索。我用首字母缩略词ESSENCE来描述这一本质。

ES代表个体在这一发展阶段的**情绪火花**（emotional spark）。在这一时期，大脑正在进行自我重塑，大脑的边缘系统正在经历巨大的变化，这会让青少年体验到更强烈的情绪和更不可预测的心境状态。从3-P的角度来看，这就像快速转换的高原和高峰，容易引发混乱的想法、情绪和记忆。这种情绪火花的缺点是使人变得情绪化和易怒，优点则是能焕发激情和活力。

SE代表**社会参与**（social engagement）。青少年本来就是为联结和合作而生的，但现代我们的青少年所接受的学校教育往往充斥着竞争和一种匮乏短缺的感觉。这样造成的可悲结果不仅包括笼罩在青少年头上的压力和孤立感，还有尾随而至的让人无助的紧张感和时而出现的绝望感。人际关系是我们能够拥有健康、快乐的长寿人生最重要的因素之一——而且青春

期是我们大量学习社交技能的一段时间。然而，当代文化中许多青少年所经历的睡眠剥夺和紧张，他们本该在青春期建立人际联结的时间通常会被缩短，这对青少年来说很不利。不难想象这些经历是如何影响DMN并强化一种孤立感而非相互联结的自我的。社会参与的缺点是容易让青少年屈服于同伴的压力，并且可能为了成为某个团体的一员而失去道德准则，优点是能促进联结与协作。

中间的N代表**寻求新奇**（novelty seeking）。大脑的评估性边缘回路及其奖赏系统的变化，会驱使一个青少年去追求不熟悉的、不确定的甚至有些危险的事物。大脑边缘系统评估能力的变化可能会催生一种所谓“超理性思维”，拥有这种思维的青少年会认为，选择的积极的方面才是重要的——致使人们会优先考虑决策所得的快乐而非可能的风险。这种情况会把青少年的注意，无论是聚焦还是非聚焦的，都集中在一个选择的那些令人兴奋的方面，心智状态的高原在升起的高峰上创造了某种积极的急转弯。寻求新奇和冒险的缺点是容易诱发伤害和死亡，优点是能赋予青少年活出完满人生的勇气。

最后，CE代表**创造性探索**（creative exploration）。如果说童年是一个浸润在成人的所知中去理解世界的时期，青春期就是一个青少年们开始挑战成人知识的时期，他们不仅开始想象世界可能是怎样的，而且在设想世界应该是怎样的。创造性探索的缺点是容易引发失望感、幻灭感和绝望感，因为不久前才被奉为“万事通”的成人，现在变得“不过如此”或更糟，其优点是能培养想象力。

无论好坏，青春期的ESSENCE都同时为青少年们提供了挑战和机遇。帮助青少年们茁壮成长的关键是帮助他们发展激情、联结、勇气和想象力。

在这一时期，不论是作为父母、导师、教师和教练，还是作为一个社会，我们如何对待青少年不仅会直接影响他们的个人发展，而且会影响我们世界的未来。青春期是一个充满机遇的时期，但我们经常希望这一时期尽快结束。对于青春期的描述通常都带有偏差，这些错误的描述致使我们对这个重要的人生阶段产生误解。世界各地都流传有一些荒诞的说法，比如飙升的性激素是诱发青少年疯狂行为不可避免的原因。好消息是，关于青少年大脑重塑的真相意味着，我们可以让青少年真正参与到自己的心智和生活中来，在这个快速转型的时期优化他们大脑的成长和变化的方式。

我们只能从 3-P 的角度来想象，青少年的过滤性高原不仅与他们童年时期的迥然不同，还与他们成年后的不同，换言之，过滤性高原在持续变化。高原是决定哪些高峰会出现的过滤器，因此我们可以预见这些本质上的转变不仅改变了青少年的行为方式，而且改变了他们内在觉知的体验。高原起到了过滤器的作用，从其选定的可能性子集中形成可能出现的实现高峰。这些过滤器可以塑造我们的无意识信息加工功能，它们可以影响进入意识的因素，作为意识过滤器，建构我们的自我意识。你可以想象，在青春期的高原上的这种转变将帮助我们理解这个重要的人生阶段中经常发生的快速变化的自我意识。

青少年大脑重塑的总体目标是修剪神经联结，以形成更多分化的回路，然后在髓鞘形成之后建立更多的联结。是的，你可能已经看到了：青春期大脑暂时成了一个“建筑工地”，以便最终建构出一个更加整合的大脑。

在本书中，我提出了“觉知之轮”的理念和实践，以便于青少年们可以自己使用。作为一个可以建立洞察力、同理心和整合的心智工具，它是一个更大的工具系列的一部分，该工具系列有助于构建一个内在的罗盘，帮助当代年轻人在这个充满挑战的时期掌控自己的生活，并以更为整合的大脑和更强大的心智武装自己进入成年期。

第 1 章提到的乔纳森，也在《第七感》一书中出现过，他是一个 16 岁的孩子，经历了一系列强烈的几乎摧毁他的生活的情绪风暴。那些远远不只是他本性释放的情绪火花，情绪不稳定被证明是严重精神疾病的早期征兆。我和另外两位获得理事会认证的儿童和青少年精神病学家诊断乔纳森为双相情感障碍。加利福尼亚大学洛杉矶分校和斯坦福大学之后的研究开始探究我和几个同事在个案中的这个发现：提供某种形式的心理训练，如正念和觉知之轮练习，可以改变疾病的走向。

青少年的大脑重塑包括对与情绪调节相关的重要区域的修剪。压力可能会延长修剪过程并导致更严重的调节异常（特别是在具有遗传易感性的人身上，之后他们会体验更多的压力，经历更多修剪，循环反复），这意味着大脑的整合功能受到了损害。你应该还记得，整合被用于调节情感、情绪、注意、想法和行动，是健康调节的基础。这种整合的受损状态，即分化区域间的失联，可能是精神疾病的核心，如躁郁症或双相情感障碍。基因，在很多偶然情况下，会使大脑整合更易于受损，其后果可能仅在青春期重塑阶段变得明显。事实上，大多数精神疾病，包括成瘾、焦虑、情绪和思维障碍，最有可能在这个重要的修剪和髓鞘形成期间首次被诊断出。乔纳森似乎处于早期阶段，其大脑重塑正在被其基因易感性影响。结果证明，觉知之轮成为他的一个重要的心智训练，一种大脑整合练习。

乔纳森的觉知之轮练习最终让他更坚定地留在他的轮心，更清晰地感知他的轮缘。随着他开放的觉知的发展，他学会了进入广阔无垠的可能性平原。在轮心处休整，收获平原上的清晰和宁静，这正是乔纳森所需要的一处避难所，保护他免受不断变化的情绪和心智状态的风暴的影响。这种新掌握的可以更多地生活在他的可能性平原上的能力，得以让乔纳森的高度紧张的心智状态的高原及由此产生的混乱和僵化的高峰，变得更少地控制他的生活。有了这个最新进入的平原（乔纳森称之为他的轮心的动力），他可以拉开距离去感受他摆动的情绪的轮缘，并学会以更多的清晰来平息风暴。他已经掌握了觉知之轮，并对他的生活感受到了新的希望。从许多方面来说，学习如何更多地生活在可能性平原上，让他可以选择对他的情绪反应进行多大程度的注意扫描。他现在意识到的广袤就是被放大了的容器，先前那压倒一切的狂暴情绪之盐，在这个广袤容器中被稀释并变得平静，而且现在可以随时进入觉知之源。学会在平原中活在当下，驾驭轮心，使乔纳森能够安定他的头脑，那些自我强化了的，掌控情绪风暴的个人体验，使其感到可以依赖自己，可以降低无望感，并且让他认识到他最终可以信任自己的心智。

在觉知之轮练习轮缘的第四部分，乔纳森开始进一步地培养善良的意图。我们在这里说“进一步”，是因为正如我们所看到的那样，在练习发展集中的注意时，当我们的大脑变得分心，我们将注意的焦点一次又一次地转回到所知时，我们就开启了这样一种善待自己的过程。第四部分就是建立在这种善良的意图的基础上的。乔纳森对自己所表达的失望，那种甚至不相信自己的大脑能够正常运转的感觉，以及他与同辈和家人之间不够稳定的关系，随着他加速的情绪波动和“崩溃”而自然流出，这让他对自己充满敌意，也对那些与他亲近的人充满敌意。我们见面时他正处在崩溃的边缘。

我们仅从 3-P 的角度想象，这些失控的模式，加之在情绪风暴中度过的几个月，他对自己产生的负面态度，是如何构建了一系列高原，创造了一种对自己敌对的内部对话模式的，这种内部对话很可能只会恶化他处理即将到来的情绪风暴的方式，并增加情绪风暴对他影响的强度。通过这些重复的失控体验来强化这种意识过滤器，乔纳森自己的大脑现在就会形成一个僵化的高原结构——这里只能产生消极、无助、绝望的想法、感受和记忆的高峰。当他第一次来看我时，乔纳森感觉自己被这些体验所囚禁，并想要做出些什么来逃避绝望。他没有任何希望的高原，没有任何想法或情感的高峰，可以让他相信事情会顺利进行。

尽管标准化治疗几乎总是涉及对患者的药物治疗，但由于可理解的家庭病史，乔纳森的父母拒绝了开处方药的建议，相反，我们小心地尝试了当时被认为是非标准化的做法。幸运的是，其效果良好，从短期来看，他变得更加稳定，长期来看也是如此。现在，十五年过去了，他的病情已经稳定下来了，不需要吃药，而且身体健康。

对于一个在整合性成长中挣扎的有遗传性风险的大脑，像觉知之轮这样的整合性实践是自然而然的建议。但是，这种心智训练策略可能并不适用于所有具有整合性挑战的个体，如果使用，应该通过细致的临床评估和监测来完成。一般来说，心智训练会导致大脑的整合度增强，因此，对于神经整合受损的个体来说，使用这种方法可能是有意义的。研究表明，在普通人群中，心智训练在许多方面增强了神经整合度，并促进了以下结构的生长：连接左右半球的胼胝体、联结记忆系统的海马体以及联结广泛分离区域的前额叶皮层。此外，冥想练习增加了联结组的相互联结，这意味着分布在大脑各处的那些更微妙的分化区域的联结。此外，DMN 在其功能上变得不那么紧密和孤立，因此更融入整个神经系统。对于那些伴有过度情绪反应的、杏仁核增大的人来说，心智训练将减少我们情绪生活中过度分化的神经节点。

人类联结组项目已经揭示出：心理和身体健康的最佳预测因素之一是分化的联结组如何相互联系，我们可以看到心智训练能促进神经整合，特别是在大脑重塑期间，这有助于我们的健康。

如果青少年大脑重塑是为了创造一个更加整合的大脑，如果我们知道心智训练通过发展集中的注意、开放的觉知和善良的意图的方式培养更多的神经整合，为什么不在这一形成时期为所有青少年提供这种整合实践呢？答案似乎很简单：我们没有理由不这样做。让我们共同努力，支持下一代的成长，关爱彼此，关爱地球，支持青少年的 ESSENCE，使青少年能够健康发展，过上幸福和富有成效的生活，并为我们的社会做出积极贡献。

如果你现在可以见到乔纳森，你就会感受到那些释放青少年热情、联结、勇气和想象力的自然禀赋整合的力量。现在三十多岁的乔纳森已经不再是青少年了，但他仍然具备这些重要的品质。他的 ESSENCE 显然受到了他的觉知之轮练习的滋养。这个轮心成为一个庇护所，让他可以学习以一种新的、更加规范的方式体验他的心智和内在风暴，而这种能力在他的人生道路上持续支持着他。这些新的体验可以帮助他在生活中创造出一系列拥有更多乐观和希望高峰的新高原。此外，进入可能性平原打开了一扇了解乔纳森激情的窗，这让他能够充分利用自己的兴趣，创造性地将其引导到富有成效的高原，以及他的个人和职业追求的高峰上。在进行这项时常艰辛的复原力建设的过程中，乔纳森给了自己一份礼物，他将在生命的所有旅程中受此礼物的助益。

父母及其他照料者的觉知之轮：莫娜和来自循环的高原和混乱、僵化的高峰的自由

抚养孩子是人们可以选择的最有挑战也最有意义的关系之一。我们在婴儿期、幼儿期、童年和青少年期与照料者（我们的父母和我们生活中的其他人）建立联结的方式，在一定程度上塑造了我们成长和发展的轨迹。被称为“依恋”的研究领域为我们提供了世界通用的儿童与父母或其他照料者之间联结的普遍模式的科学基础。这项研究指出，人类存在四种类型的依恋关系：安全型、回避型、矛盾型和混乱型。主要照料者与孩子之间的安全依恋与孩子成长的许多方面都存在正向相关，包括情绪复原能力、自我觉知以及与他人建立互惠关系的能力的发展。

在人际神经生物学领域，我们结合依恋研究、神经生物学以及其他学科领域的发现，得出以下简单而有力的观点：整合的依恋关系，即儿童因为不同天性被欣赏，以及与他们的照料者之间的紧密联结（安全的亲子关系）等因素会推动儿童神经整合的发展。

我们作为父母为了孩子保持开放和活在当下的能力，既可以帮助他们与父母对他们的期待和愿望相分离，又可以帮助他们通过同情、尊重的沟通与我们建立联系，从而使他们大脑的整合回路得以良好发展。大脑的神

经整合是注意、情感、情绪、思维、记忆、道德以及与他人的关系实现最佳调节的基本机制。

不安全依恋模式，即其他三种包括儿童从自身经历中学到的依恋模式可能会损害儿童的调节能力。依恋是从人际关系的经历中产生的一种关系度量，而不是儿童的天生特征。儿童可能学会切断与他们的回避型父母的情感联结，他们会对具有矛盾型依恋关系的父母感到困惑，他们也可能会被混乱型依恋关系的父母吓得无所适从。这三种不安全依恋模式中的任何一种都可被看作关系整合障碍，回避型被过度分化而没有联结，矛盾型被过度联结而没有分化，混乱型被强烈的恐怖所激发，即一种与依恋的基础相反的，被可怕地抛弃了的感觉。

因为大脑整合是多种形式调节的基础（从注意、记忆到情绪、思维），当关系上的整合被限制时，孩子发展神经整合的能力，及其衍生的调节能力会直接受到影响。这样，各种程度的调节障碍就会在不安全依恋模式中出现，而那些经历了混乱型依恋关系的孩子就会遇到调节上的最大挑战。那些经历了混乱型依恋关系的人在情绪、思维、注意甚至意识等方面的调节中被发现存在严重妥协，这种妥协以一种被称为“解离”的过程的形式存在——通常与意识分裂相关的过程如情绪、思维和记忆变成了“解离”的过程。

本书曾经提到的莫娜是拥有三个孩子的40岁的母亲，她经常会关闭自己，并与孩子们疏远，或者在某些情况下，由于她不时出现的悲伤和愤怒，让孩子们和她自己感到恐惧。此类爆发可能是莫娜在压力下正在经历“解离”的典型情况。正如许多不堪重负的父母可能会经历的那样，有时候我们会怒不可遏，失去对自己的感觉、思维、言语甚至行为的控制。在本书第二部分的大脑手势模型中，我们可以把这看作整合性的前额叶手指区域突然从下肢–拇指和脑干–手掌区域上移开，导致失去平衡和僵化、混乱的交互方式，这就暂时阻碍了整个大脑系统的整合。现在，由于与身体和关系世界失去了平衡，莫娜处于“愤怒”或“情绪失控”的非整合状态，这是一种令人恐惧的状态，暂时破坏了她与她的孩子的联结。莫娜知道这种可怕经历会对他们的成长产生重大的负面影响，因此她急切地寻求帮助。她不想将从上一辈传承下来的恐惧再传给她的孩子们。

我们已经看到，当整合受损时，我们每个人都可能会远离幸福之河，远离那些流淌着 FACES（灵活性、适应性、一致性、活力性和稳定性）的和谐与开放感。远离整合了的和谐之流，我们走向混乱或僵化的河岸。我知道在我自己的生活中有时会发生这种情况，当你被拖入激活状态时，你会觉得很有吸引力，但也会因为感觉失控而感到筋疲力尽又洋相百出。据我个人所知，人们很可能会意识到自己处于一种混沌的暴怒状态，或者一种僵持退缩的状态但又无力改变。有时候，在那些时刻，你甚至可能“感觉良好”，感觉那些行为上的应激是有道理的。但是很快你就会感到筋疲力尽，而在其他层面上，其另一种状态下，你会发现自己当时并不是最明智的。我写的大多数育儿书中都有揭示我们作为父母的这一重要现实。

莫娜就是这样发现自己被所谓的“负担”所压垮的，正如她所经历的，她独自抚养孩子，没有配偶的帮助，也没有家人或社区周围邻居的支持。

正如我们之前讨论的，莫娜开始练习“觉知之轮”，这让她能够建立内部资源，帮助她变得活在当下和富有觉知，并且能够为孩子们提供安全的依恋。为了了解这些是如何发生的，让我们从依恋的角度来看一下莫娜的这一过程。根据依恋理论，父母与孩子之间的牢固纽带涉及让孩子感到被看见、被安抚和安全的模式。当这些模式中的破裂发生时（例如，当日常的生活压力导致我们来去匆匆，甚至对孩子发脾气时），在安全型依恋关系中，破裂后的修复一定会紧接着发生。这样，孩子们就能建立安全感，并了解即使事情不妙，也可以得到修复。当我们在轮心生活时，周围的人也会因为我们的激励在他们的轮心生活。在亲子关系中，这对于维系健康的纽带而言至关重要，而“觉知之轮”可以通过以下方式帮助我们开发这些特定的育儿技能。

1. **被看见（seen）**：一个孩子的心智需要被看到，父母不再只是回应他们的行为，或者透过父母自己的期待来看孩子们。第七感是一种与孩子的内在世界同在，一种和他们的感觉、思维和反应同步的能力，这样这个孩子就会“感觉被感受到”（feel felt）。当一个孩子被看到，他既是分化的，又是有所联结的——他觉得自己属于比自己的内在自我更大的事物。驾驭轮心，进入平原，让莫娜能够更充分、更自由地觉察自己的孩子。
2. **被安抚（soothed）**：当处于困境中时，孩子感觉受到照顾和爱护可以帮助其恢复到较为平静的基线状态。作为父母，我们能够在任何时刻保持和孩子同在，我们能够温柔地安抚我们的孩子，并帮助他们将自己的体验转向更广阔的视野，即在轮心。平原是父母形成临在感和整合感的门户。我们的感知对象和反应方式不再受到僵化的高原过滤器的限制，相反，当我们进入平原时，我们得以扩大自己的感知范围，并以更具联结和抚慰的方式做出回应。

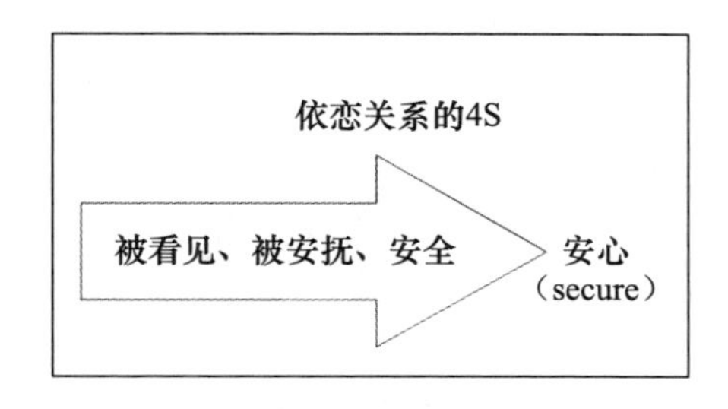

3. **安全（safe）**：作为父母或照料者，我们的作用是保护我们的孩子远离危险——以非常具体的方式确保他们的安全。在安全的依恋关系中，我们还需要使孩子感到安全。反之，如果我们表现出愤怒、不稳定的行为或者陷入混乱状态（孩子们对我们的情绪极为敏感，他们会注意到并深刻回应我们的状态和行为），他们就会感到恐惧，此

> 时我们需要重新定位，并认识到我们必须修复破裂。通过练习觉知之轮，我们可以更平衡地行事，进入轮心以便鸟瞰我们的行为，进而通过调节我们的行为来为孩子创建一种安全的氛围。没有完美的育儿之道，但始终致力于保持我们与孩子的联结，并在联结破裂时进行修复，我们会让他们感到被看见、被安抚、安全和安心。

觉知之轮让莫娜可以驾驭轮心，进入可能性平原，可能性平原成为避难所，帮助她避开了混乱而僵化的，可能因愤怒而爆发，又可能因疲劳而封闭自己的高峰和高原。混乱僵化让她很难全身心地陪伴孩子。借助觉知之轮，莫娜学会了从非整合状态的，高于平原的，混乱僵化的活动中抽离出来的技能。通过学习进入平原，她不仅扩大了觉知范围，也学到了新的来自潜力之海的回应方式。

从 3-P 视角看，莫娜现在可以和她的孩子们更投入地在一起。并不是说临在一直都存在，而是现在更容易出现，并且她的心智也对此更熟悉，因此她在需要时变得更容易进行调整或修复。这种父母临在的状态来自可能性平原。从能量和概率的角度来想象，之前，莫娜反复迷失在她自己严格定义的高原及其混乱和僵化的反应高峰上。她根本没有活在当下。现在进入了平原，莫娜可以栖息于时间和选项的广阔感中，那种在高峰的叨扰和高原的过滤之下，她从未知晓却又一直存在的内在广阔感。作为母亲，莫娜现在心中升起的那些互动的高峰直接来自当下的平原。她能够感受到当下与以往不同，她的孩子们也可以感受到。

世界上不存在完美的父母。在我为家长们所著的所有图书中，我试图指出一点——我也经常搞砸与自己孩子的关系，这有时让孩子们感到沮丧。我还尝试描述过怎样为孩子们尽心——不仅对他们表达友善，也对我们自己表达友善。这种善意的关怀意味着要接受这样一个现实——我们也只是普通人。从可能性平原和觉知之轮的轮心，我们都可以找到那种让我们有能力成为自己最好的朋友和后援团的爱。当然，我们也需要其他人，但是觉知之轮鼓励我们开启将相同的4S（seen、soothed、safe、secure）提供给自己的旅程。在这个更加整合的地方，让轮心连接更多元化的轮缘，让平原连接更灵活的高原和高峰，我们可以更清楚地看待我们的体验，更有效地缓解我们自己的痛苦，并提供内在和人际间的安全。我们可以成为自己的安全依恋对象——与自己成为朋友，可以帮助我们由内而外地获得力量和复原力。

觉知之轮在创伤疗愈中的应用：特蕾莎和她的创伤性意识过滤器的转变

有时，我们在童年时代的依恋经历无法提供被看见、被安抚或安全感的基础，结果我们发展出了一种不安全的依恋。拥有这种依恋类型的人认为活得轻松自在并与他人建立联结是一种挑战。不安全的依恋似乎给我们生活的整合带来了挑战——这种挑战既存在于我们的大脑中，又存在于我们联结他人和自己的方式中。

除了适应会导致回避型和矛盾型的不安全依恋模式的不理想的经历，有时，我们的依恋经历会很极端，例如在儿童期遭受虐待或忽视的情况被称为发展性创伤。可悲的是，发展性创伤实际上在我们人类的家庭中很普遍。一系列研究表明，这些不良经历（甚至不那么严重的不良经历）的后果包括对我们的医疗健康、心理健康以及人际关系的挑战。

在《第七感》这本书中，我提供了许多关于拥有各种不安全型依恋经历（包括发展性创伤）的人如何将自己布满伤害的生活转向健康的生活的故事。首先要强调的是，神经可塑性研究是一项探究大脑如何在整个生命周期中保持成长和变化的研究，它揭示了我们如何能够从先前妨碍大脑健康成长的打击中疗愈。如果受损的整合是不同程度的不安全依恋的结果，那么发展性创伤则是其中的极端情形，如果我们曾有不安全依恋经历，那么可以肯定并值得期待的是，将来我们还是可以发育出一个更加整合的大脑。当然，普遍性地预防不安全的依恋，尤其是防止虐待和忽视，固然重要，但那些经历过不幸童年的人也不必灰心：修复是可能的。修复基于什么？整合。这就是本书和“觉知之轮”一直在论述的。

关于发展性创伤对大脑影响的综合研究表明，生命早期非整合关系的这些极端体验会影响大脑中整合纤维的生长。这是一个简单的等式：整合的关系导致大脑整合；非整合的关系会导致大脑整合发展受损。未来的整合（包括在治疗关系中或与朋友的关系中，自我的反思练习，如日记写作以及觉知之轮练习）可以帮助你在人生的任何年龄段实现更多整合。

如果你能通过观察你的手势模型来绘制我们在第二部分介绍的大脑，那么我们现在就可以直观地回顾这些发现。以下是因发展性创伤而受损的区域的名称：胼胝体、海马体、前额叶皮层和整个大脑的连接体。在手势模型中，连接你手指左右部分的纤维代表胼胝体的大脑皮层，大脑边缘系统的海马体区域则由拇指内侧代表，将彼此分开的记忆系统相互连接，前额叶——指甲区域，就在额头后面，也就是你的模型中指甲所在的地方，它将大脑皮层、边缘系统、脑干、身体本体和社会世界联系在一起。连接体是指大脑的许多分化的区域及其相互联系，因此我们可以说，“这是一个相互连接的连接体”，而在创伤情形下，各区域之间的连接不是那么紧密。

如果你发现这四个因创伤而受损的整合区域，也会因心智训练而成长，那么说明你正在探测一个趋向一致的研究发现。尽管冥想研究相对于依恋和创伤而言是独立的项目，然而，它们关于经验会塑造大脑生长的严谨知识探究揭示了神经回路整合的共同基础。安全依恋和有意识的觉知其实如出一辙，二者在我眼里都是协调的状态。安全依恋是基于人际关系的协调，而有意识的觉知是内在协调的一种形式，即我们如何向内并与内在自我成为朋友。

关于这个一致发现的好消息是，尽管发展性创伤的整合体验受损会阻碍神经整合的发展，但心智训练会支持那些相同整合回路的发展。我们需要的是针对大量个体的集中研究，研究那些经历了发展性创伤的人群如何通过心智训练来实现成长，以便确认正念和依恋的这种趋于一致的推论也可能适用于那些做反思练习的（有创伤经历的）人们的神经可塑性变化。

为什么在发展性创伤中的虐待或忽视揭示了一种非整合的人际关系？让我们回想一下，整合是由分化和联结构成的。当父母的愤怒给孩子带来了身体或情感上的虐待时，孩子的需求独立于父母的需求？当父母把自己的性欲强加给孩子时，孩子的需求独立于父母的需求？这两种情况下的答案都是否定的。这些入侵实际上揭示了分化的缺乏和过度联结。在忽视的情况下，是否存在整合？情感和身体上的忽视使联结严重受损，使孩子被孤立和过度分化，包括亲子之间的关系整合受损。虐待和忽视是关系整合受损的极端例子。

令人惊讶的是，即使不用这种人际关系的视角，研究结果也很清楚：发展性创伤对大脑的主要影响是大脑整合的损害。正如我们已经讨论过的那样，由于所有形式的协调似乎都源于神经整合，因此，我们可以看到，我们需要努力培养个人生活的整合，否则发展性创伤就会为机体和大脑以及未来人际关系失调埋下隐患。因为我们的自我意识源于我们的身体和人际关系，所以我们可以看到，发展性创伤是对我们人生于世的自我意识的攻击。

在某些方面，我们可以把创伤的影响看作是被建构出来的，让人处于各种应激性生存模式的高原上。回顾一下，高原作为意识过滤器，塑造了我们是谁，这样，发展性创伤可能关乎我们怎样被压倒性的经历所直接影响，也关乎我们怎样尽力去适应这些可怕的经历，包括虐待和忽视。

发展性创伤和其他童年不良经历可能会损害整合，并造成社会、心理和生理上的调节障碍——然而，干预措施可能会对这些整合受损的结果起作用，并在未来创造更多的整合。修复是可能的，即使我们还没有从实验上证明这种治疗的确切机制。觉知之轮可能会在这个走向整合的旅程中有所帮助。隐藏在僵化和混乱的，由直接或适应而习得的过滤器的高原，以一种自我延续的方式禁锢着我们，使我们远离整合生活的和谐之流。觉知之轮让我们能够进入可能性平原——掩藏在高原之下的，新的蕴含所有可能性的存在方式。

我们的基本想法是这样：整合是健康的基础。我们在整个生命过程中不断成长。驾驭轮心（进入可能性平原）可能是迈向自由旅程的重要一步。如果像创伤之类的不良经历损害了整合，这种损害也许部分是通过对平原上的新的可能性源泉的阻碍造成的。找到促成疗愈的资源可能涉及新的整合成长，以释放和创造出更健康的生活方式。

这些都是我第一次见到特蕾莎时内心涌动的想法。

让我们再来看看特蕾莎的经历，通过深入了解一个例子来体会通过觉知之轮练习和3-P框架的新视角，一个治愈和成长的过程是如何展开的。特蕾莎的这个事迹关于一个严重的发展性创伤，但是无论我们每个人经历了什么，特蕾莎的经历也为我们提供了一次机会，通过这次机会，不仅可以帮助我们加深对他人的了解，还可以帮助我们找到理解我们自己生活的相关见解。

回顾一下，曾经经历了巨大发展性创伤的特蕾莎在她25岁时来找我治疗。回看特蕾莎的经历，她幼年被忽视，童年又被酗酒母亲的愤怒所惊吓，还被她专横跋扈的继父性侵，而这个继父至今仍与她的母亲保持着婚姻关系。特蕾莎当时是一名研究生，找到一段持续数月以上的有意义的恋爱关系，对她来说是有困难的。她来找我，希望能找到一些方法来理解促成她经历这些的原因，她希望自己有一天可以不再这样孤独地活着。起初，学习“觉知之轮”对她来说是个挑战。事实上，她感到很害怕，就像我观察到的其他人一样，她有一种冲动，想逃离觉知之轮练习。

为什么要逃离？

逃离的冲动有时是脑干介导反应状态的一部分，即战斗 / 逃跑 / 僵住 / 晕倒，这种状态是在大脑中产生的，然后，在应对来自身体外部的威胁，身体内部产生的体验，抑或面对我们自己内在心智的过程中被不断强化。这种反应状态与接受状态相反，后者开启了社会参与系统，并对我们正在做的事情和一起做事情的人产生了信任感。让我们尝试去看看觉知之轮练习是如何以及为何会启动这种反应 - 威胁的心智状态的，并让特蕾莎体验到恐惧感和逃离的冲动。我们可以从她的反应中了解到的教训当然可能只针对于她的创伤经历，但也可能有一些普遍的东西，揭示了对觉知之轮的组成部分的不同层级的反应，并阐明了我们是如何体验自己的心智的，包括记忆、注意和情绪，从 3-P 框架视角，从我们生活中的平原、高原和高峰的角度。

觉知之轮练习的几个组成部分直接将集中的注意（注意将能量流和信息流转化为觉知）放在一个人生活的某个方面，可能与早期的某段创伤经历相似。在大脑中，来自现在的线索可以触发对过去经验的回忆，然后影响当下事情的发展，包括影响我们现在的感觉和行为，以及影响我们如何为未来做准备。换句话说，大脑和对记忆的体验将过去、现在和未来联系起来。

在未解决的创伤中，有一层称为内隐记忆的记忆可能是可怕的经历在大脑中的主要储存形式。内隐记忆涉及身体感觉、情绪、图像、想法和行为冲动。当一个线索出现时，如外部信号或内部状况，内隐记忆的这些元素可能被激活，作为记忆的检索信息。大脑记忆系统中的一个关键问题是，当从存储中检索时，纯粹的内隐记忆不会被标记为来自过去。相反，那感觉好像是在当下正在发生。这实质上意味着，过去并不是有着未解决创伤的过去，这反映了大脑塑造我们精神生活的方式。

以时间为视角，可以帮助澄清这一重要发现。当我们有一种体验时，我们在当下对神经网络的激活进行编码，然后它们以我们之前讨论过的形式改变大脑中的联结——加强突触、改变表观遗传调节、形成相互连接的髓鞘。这些改变了的联结是记忆存储的结构性基础。以后，在某些方面与最初的编码体验相似的内部或外部线索可以触发这些存储的神经联结，然后记忆检索就发生了。

在纯内隐记忆的情况下，研究显示，检索过程使检索到的信息进入意识，但它没有被标记为来自过去。纯粹的内隐记忆在检索时只是塑造了我们现在的体验——所以我们跨上自行车骑行，但并没有感觉到“哦，我正在回忆如何骑自行车”。对于创伤，有这样一种观点：我们只对创伤经历的某些方面进行编码，以纯内隐形式进行存储。因此，对过去创伤的纯内隐记忆的检索可以在当下进入觉知，感觉它正在发生，这可能是一个闪回或未解决的创伤造成的侵入性情绪和感觉的机制。

聚焦于轮缘的第二分区，比如，关注呼吸或胸部，可能会引起窒息的体感，或者当关注生殖器或嘴巴时，可能会引起被性侵的体感。如果这些升起的身体感觉确实是来自过去的未解决的印记，而且现在被嵌入到纯粹的内隐记忆中，那么当从神经存储中检索到潜在的激活模式时，它们就不会被标记为来自过去，或作为我们通常了解的“记忆”，而是作为当下活生生的现实出现。这种过去和现在的杂乱混合是可怕的，因为它混淆了建构和引导，并可能让一个人充满恐惧和无助。在未解决的创伤中，我们可以感受到自己正在感知持续的令人恐惧的体验，而不是在为过去发生的事情拼接记忆的碎片。

在初步体验了觉知之轮后，特蕾莎向我详细地描述了她的反应。她告诉我，轮缘的第二分区带给她压倒性的感觉，但在第三分区回顾中对心理活动之间的空间的关注，以及接下来将辐条弯曲到轮心中的步骤也给她带来了不同的困扰。我们在前面讨论过，在轮心的觉知中停留，在可能性平原上停歇，可能会产生一种不确定的感觉，对于有着未解决的创伤的人来说，会感到非常不安全。

正如我们在先前的依恋研究中所看到的，我们的大脑进化到需要三个S（被看见、被安抚和安全），以发展出安全的整合神经状态。我们每个人都有一个与生俱来的预期，即这种安全感是我们人生于世的目的。在神经科学中，我们称之为经验 - 预期的大脑成长——我们的基因决定了我们会发展出预期某些体验的大脑回路。我们生来能听到声音或看到光就是典型的例子。我认为被爱和被关心也应该被包括在内。换句话说，我们不需要刻意体验安全，大脑对安全感的需求是自然产生的。这些需求是我们社会脑依恋区域的一部分，它们致使我们会本能地期待得到所渴望的爱的关系，在这种关系中，我们的父母、照料者、伙伴和朋友是在场的，同频共振的，并且滋养着我们的信任。

如果不理想的依恋类型主导了我们童年时期的生活，我们需要做两件有点不同的事情。我们需要直接接受生活给予的，我们也需要去适应进化的大脑所期待拥有却又欠缺了的。这种适应就是我们在学习的一种策略，一种应对机制或一些可能被称为防御性结构的方式，它让我们能够尽可能有效地应对这些不安全依恋关系，以帮助我们生存。

当一系列不理想的经历包括发展性创伤的虐待和忽视时，那么不确定性可能是可怕的。这种作为对未知的反应而习得的恐惧感可能会形成我们对可能性平原的不确定性的反应。觉知平原的开放，一种开放的潜力状态，可能被一些人体验为自由，也同时具有不被人们知道的特性，即最低程度的确定性，并有可能被其他人视作某种危险。进入可能性平原可能会唤起一种隐性的记忆检索，深藏的但无意识的信念，即未知的东西是坏的。对这些人来说，这种不可预测的状态可能成为一种提示，去启动一种习得的威胁状态。

发展性创伤可能导致我们不再信赖自己的希望和预期，而是发现自己处在一个没有可靠联系的可怕世界中，这些断裂好像无可修复。早期创伤经历的一个直接影响是：这些经历被编码到了记忆的内隐层。这造成了身体感觉和情绪上的被侵入感，更有可能快速出现被背叛和孤立的感觉。而且，我们通过适应来帮助自己生存。当发展性创伤真正发生时，这样的适应会产生许多后果，包括解离的体验，即通常的意识连续性被中断；羞耻的情绪状态。虽然这两种对创伤的适应性反应在受到虐待和忽视的经历中很常见，但它们也经常不同程度地出现在许多经历过不安全依恋的人身上，而这些不安全依恋并不会被称为发展性创伤。

解离

首先让我们了解一下解离。当我们边缘系统的一个神经冲动和社交回路（手、模型中的拇指）启动一种状态时，如果它可以说话，则会说："当你感到受威胁需要受到保护时，朝着依恋对象，也就是父母走去。"而另一个同样有力但在解剖学上更古老更深的区域，即脑干回路（在手势模型的掌心）说："远离恐惧的根源——快跑！"你正好在同一时间受到边缘系统和脑干的驱使。当依恋对象同时又是恐惧的根源时，只有一副躯体该如何解决这个难题？当照料者同时也是威胁的来源时，一个人如何同时走近又远离他呢？这就是依恋关系研究专家玛丽·曼（Mary Main）和艾瑞克·赫斯（Erik Hesse）所提出的术语"无解恐惧"（fear without solution），这是一种生物学上的悖论，因为人只有一个身体，因此无法解决边缘系统的朝向驱动力和脑干的远离驱动力。更细致的研究发现，这种无解恐惧的结果就是被称为解离的心理反应。

解离可能以多种形式出现，包括感觉不真实或与身体脱节的微妙体验，或者更强烈的体验如记忆丧失，或者感觉自我某些部分各自孤立，以至无法彼此沟通，这种情况被叫作分离性身份识别障碍（dissociative identity disorder）。虽然这被证实是童年时期遭受虐待的结果，但解离本身就会给个体带来创伤，因为它会导致一个人无法相信自己的心智是可靠的。不幸的是，这种持续不断的适应引发的对外部世界和内部世界的创伤性反应可能造成严重的分裂，但幸运的是，这种创伤性反应也容易促成成长和疗愈。解离是对创伤的一种自然反应，人们的心智可以通过疗愈关系来学习应对内在和外在挑战的新技能。

解离可能是应对不可靠世界的高于平原的习得反应。觉知之轮是一种强大的工具，它能帮助人们在解离时仍然拥有一个内在的觉知位点。轮缘点可能是未解决的、内隐记忆层面的解离元素，轮心的开放性可以帮助个体反思并整合到一个更强大的、新兴的、恒久连贯的个人生活叙事中。3-P视角指出，破碎的自我状态可能被视为根深蒂固的高原，这些高原塑造了我们对不断发展的经历的反应方式，并让我们对过去痛苦事件的记忆和了解的程度有所不同。作为过滤器，这些高原通过划分存在方式使个体保持着生存模式的自适应尝试。可能性平原虽然最初令人恐惧，但当这些高原改变了他们限制和定义个体破碎的自我意识的僵化的方式的时候，它也可以成为新的自由和洞察力的源泉。

羞耻

当我们把羞耻加到这个适应的混合体中时，我们可以看到发展性创伤对我们而言是多么大的挑战。羞耻感是一种情绪，可以让胸部感到沉重，使腹部感到恶心，并可能会让我们逃避直视他人眼睛。自我有缺陷的心理信念可能常常伴随着这种羞耻的情绪状态。愧疚和尴尬与羞耻在这方面完全不同，我们感到自己做错了事或者显露太多时，我们感到愧疚和尴尬，但我们是可以在未来纠正那些行为或者暴露的程度的。相反，羞耻则伴随着一种无助的感觉，即好像我有缺陷，我是个废物，我什么都做不到，我无能为力。不仅遭受创伤的人群会感到羞耻，处于不安全依恋关系中的人们也会感到羞耻。

羞耻带来的无助、绝望和受困的感觉（没有补救的可能性）是如此痛苦，以至于人们无法承认它确实存在在一个人的生活中。因此，作为对虐待或不理想关系体验的适应，羞耻可能没有进入觉知领域，它是日常的意识所不能触及的。羞耻也可能浮出水面，影响喜剧演员的表演，就像伍迪•艾伦（Woody Allen）所引用的大名鼎鼎的格劳乔•马克思（Groucho Marx）的台词："我为什么要加入一个会接纳我为会员的俱乐部？"

关于解离和羞耻的好消息是，尽管它们可能让人相当困顿难行，但它们都是可以治疗的。

疗愈

对特蕾莎来说，觉知之轮练习挑战了她对痛苦的过往的每一种习得性适应能力。在她最初的练习中，关于忽视、性虐待和身体虐待的记忆解离导致了她焦虑痛苦的意象。孤立的内隐记忆是解离形式的一个例子。虽然许多人最初可能会有一种避免意识到身体的驱动力，但身体在头脑中的表征是我们认识自己的感受以及认识自己的方式的重要节点。仅仅由于这个原因，我们最好把对轮缘的任何部分（特别是第二分区）感觉到的困难，看作一份邀约——邀约我们去探索正在发生着什么，邀约我们去治愈那些继续禁锢个人的未解决的记忆结构。在觉知之轮练习中出现的想逃离和永远回避不舒服的感觉的冲动，可能与个人的适应模式和其现有的技能、习得的心理模式（能量流和信息流形成的方式）有关，而且它们将继续把人关在过去的牢笼里。与其回避练习，不如想象一下，像特蕾莎这样的人在帮助下是否可以学会进入可能性平原，并对可能进入她的意识中的任何高原和高峰开放。她现在可以学习进入这个平原，在中心地带停留，这样，新的存在方式就会出现，而不是成为那些高原和高峰——她轮缘上的点。这样的邀约将反映出一种"让它来吧"的心态，而这正是解决创伤所需要的。我可以坐在我的觉知之轮的轮心，邀请任何轮缘元素的所知进入觉知的能知。我可以栖息在可能性平原上，打开我的心扉，任由记忆的高原和高峰变为存在。这些高于平原的元素是能量和信息的变换之流，它们不是我身份的全部。有了这种新学到的进入平原的技能，我就会变得开放和接纳，而不总是处在封闭和应激状态。疗愈的过程可能涉及检索任何高峰、任何轮缘的元素，进入平原上的觉知，在轮心的避难所体验，以便反思它们并且建立新的记忆结构。创伤是这样被解决的，它既包括解除对可以理解但不再有用的痛苦过去的适应，也包括重新学习接受和整合自己心灵的技能。记忆检索可以成为记忆修正器，这意味着在适当的条件下，利用对过去事件的觉知可以将人从未解决的过去的困扰中解放出来。解决方案涉及觉知之轮的整合，这样就可以培养出“让它来吧”的心态，并且你可以接受体验中可能产生的任何事。

我们已经探索了大脑中一个皮层巩固的过程。在这个过程中，记忆被存储在大脑的最高级区域。“去除学到的”和重新学习的一个组成部分可能涉及纯内隐记忆进入其更灵活和整合的层面，称为外显记忆。可能需要觉知来激活边缘系统的海马体，它需要将内隐记忆纳入事实式和自传式两种主要形式的外显记忆中。当我们以这两种形式检索外显记忆时，它有一个感觉的标签，即我正在回忆起的感觉作为一个我已经知道的事实，或者是一段从过去来的经历。兴奋痕迹复现（ecphory）就是“检索”的意思，现在，升起的记忆让人觉得它们是正在检索的事情，而不是现在正发生的事情。重新解决解离了的纯内隐记忆需要轮心去接受轮缘的元素，而这些元素可能已经被回避了很久了。

在 3-P 术语中，潜伏的高原（心理模型和信念）和内隐记忆的高峰（特定的感觉或图像）可能没有被激活，或者因为没有与平原相连而被排除在觉知之外。换句话说，以前我们不会知道这些是过去的事件。它们以闪回或其他令人痛苦的内隐检索的形式侵入意识，并没有促成问题的解决——这样只会再次让我们受伤，让我们再次感到无助和难过。这简直就是一个痛苦的循环。

特蕾莎需要与她的心智轮心交好，以促进解决和愈合的过程。从我们的 3-P 视角来看，我们现在能够明白在她成长中的这一步是为让她的能量概率状态进入这个几乎毫无确定性的平原上的位置。是的，这就是意识产生的地方。而这也是需要发生记忆整合的地方。因此，在某一层面上，把这看作轮心或平原机制的隐喻，问题是同样的：觉知，对那些压倒性的事情，是的，压倒性的事情，那些可能以种种方式逃避了的觉知，它们可能以一种方式或另一种方式被回避。它们可能被阻塞，以至于不能被检索，或者它们可能被解离，以至于当它们出现在觉知中时，我们不知道实际上它们是我们在过去经历过的事件。

看到平原的最大不确定性为近零，让我们对这种情况有了新的和更深的洞察。其一，鉴于她过去在不确定情形下的惊吓，特蕾莎对于不确定的害怕是可以理解的。这意味着她对平原的恐惧可能是一种习得的反应，嵌入在一个特定的高原上，过滤了她的体验，并且只允许某些高峰出现——比如那些恐惧。第二个重要的见解是，无论发生在我们身上的是什么（无论是可能产生直接影响还是产生适应性的高原和高峰），没有什么能夺走我们的可能性平原。绝对没有。

因此，当我看着特蕾莎的眼睛时，我可以感觉到与她的可能性平原的联结。你的平原、我的平原和特蕾莎的平原是一样的，无限就是无限。作为多样性的源泉，作为潜力之海，这个可能性平原是所有可能性的源泉。因此，当我对特蕾莎说我相信她，我能感觉到她的某个方面，她体内的某个地方充满了可能性时，这并不是夸大其词，也不是在编造。我体内的每一块骨头和神经元都感觉到了这一点。希望她也能从我身上感受到这一点——或许你也能。

当创伤没有得到解决时，做这些是很难的。令人备受鼓舞的是，可能性平原就在那里，等着新的能量配置组合的出现。这是一种资源，即使一开始并不让人感到舒服，但它已成为特蕾莎的避难所。

在开始时，这种开放性和不确定性有可能是可怕的。我们可以把这种恐惧想象为一个低洼的过滤性高原，在试图保护她免受未知影响的适应状态之下定义了特蕾莎的自我。正如我们讨论过的，在用来维系生存的适应性策略中，我们的DMN很可能产生了让我们能够尽可能地适应的自我认知。成人依恋访谈是一种工具，可以直接揭示出在混乱和无序的叙事方面未解决的创伤和痛失状态，也确认了理解那些自我定义的，我们告诉自己是怎样的人的自传性故事的至关重要性。摆脱束缚性的自我定义和自我界定的高原困境，进入一种更自由的体验，这就是我们需要的旅程——这个过程是我们理解人生和治愈未解决的存在状态的核心所在。

想象一下，避免在可能性平原上停留是如何影响特蕾莎的体验的。感到不知道、不确定激活了她在不知不觉中习得的，需要不惜一切代价去逃避的惊恐状态。她的那些象征着适应性反应的高原和高峰如此频繁地重复，以至于它们在DMN模式的过滤器中变得僵化。随着她的长大，她的生活变得更加受限，让她更容易陷入僵化状态。

当然，特蕾莎还有解离倾向，她的高峰和高原不仅相互隔离，而且会突然出现侵入性情绪或身体感觉，以及未解决的创伤性经历的内隐记忆。这种混乱使她的大脑走向另一个极端，当她在那些高原之间弹来弹去时，她是远离了僵化，也同时远离了带给她更加和谐、整合人生的FACES之流。

在练习中走向轮心，就是学习栖息在可能性平原上的重要技能——学习在不确定性中不仅要忍耐，还要茁壮成长。

当特蕾莎能够学会放下低水平高原的过滤器时，这种过滤器很可能让她对平原的开放和广阔产生恐惧和害怕，一些深刻的东西发生了转变。这种观点表明，她的恐慌并不在平原上，而是对过去构建的适应性高原的反应，界定了她怎样面对平原的开放性和不确定性。我们需要做的不是继续回避或改变她的可能性平原，而是帮助她进入这个平原，支持她去学习开放自己的思想，让她知道她过去的适应性虽然曾经很有用，但现在需要更新。是时候为她的DMN保护性自我意识下载一个更新的版本了。是时候进行一次高原重建了。

在做觉知之轮练习时，特蕾莎开始体验到一种起初是短暂的、放松的和平静的感觉。她曾经常感到失控和无能为力，现在则用这种日常练习来带给自己熟练掌握的感觉。随着她的继续练习，她能感觉到一种快乐、联结和感恩，而起初她不敢承认，因为担心这些感觉会消失。

探索觉知之轮是她重新思考过去的经历，以及探索这些经历如何塑造她迄今为止的成长历程的基础。现在是时候弄清楚这段过去对她的影响是如何让她自由地开始新生活的。对过去的反思与运用觉知之轮练习建立一个更完整的心智是相辅相成的。学习新的整合技能对于更新“自我 - 软件”或“自我零件”至关重要。鉴于心智可能是能量流的一种涌现特性，而这种能量流带动了我们所讨论的概率的转变，特蕾莎重新拥有心智的能力是她学习监测和修正这些概率转变新方法的强大技巧。简单地说，特蕾莎正在修正她的平原、高原和高峰之间的关系。

反思过去对她来说是很重要的，可以帮助她解除对之前不能理解的，来自过去的成长期适应。去理解曾经不理解的过去，即是对感受过去持开放态度，在当下把过去拼接在一起，去了解它们曾如何影响了你，以及你如何解放自己，过你想要的生活。对理解的尝试对整合非常有意义。我们不能改变过去，我们对过去施与我们的影响的解读，以及为了解放未来的自己，我们现在要怎样解放自己，这些我们是可以改变的。过去我们对不确定性持开放态度感到害怕是可以理解的，而现在进入可能性平原，我们已经让对不确定性持开放态度变成了通往自由的途径。

当我们也开始处理特蕾莎的羞耻体验时，我们可以重新构思这种情绪状态是什么——这是一种情绪和信念的高原，让她的大脑产生特定的羞耻高峰以及自己是有缺陷的想法。她一直相信，她的核心，她的本质，是破碎的，是破败的，她是一个糟糕的人。现在，随着在她生活中的觉知之轮的练习以及我们的治疗关系在这些反思性对话中的展开，通过觉知之轮的视觉隐喻，她可以看到，羞耻感只是对她痛苦的过去的一种可以理解的适应。羞耻感是她轮缘上的一个点，而不能代表她的轮心，即她是谁。

当我们还是孩子的时候，我们不能简单地说："哦，我的父母不能很好地照顾我，因为他们正心烦意乱。我知道我那些预期 - 经验的神经联结正在等待着他们的爱，也正在经历沮丧。看来我的父母不能保证我的安全。没问题，我就在其他地方找到被看到、被安抚、安全和安心的需求吧。"如果孩子们会这样推理，他们也可能会觉得没有父母的保护，自己完全有可能会死。这种无休止的恐惧感会让人发疯。然而，孩子们没有发疯，而是倾向于去感到羞愧。如果我在小时候对自己说："哦，我有可靠的父母，他们爱我，关心我——我没有得到我需要的东西，是因为我有缺陷，实际上我也不配去感觉这些需要应该得到满足。"这可能是羞耻感的发育适应性起源。

所有这些习得的情感和信念都是平原之上的高原和高峰。创伤不会破坏可能性平原。即使有身体感觉的直接影响和令人恐惧的互动，以及像解离和羞耻这样的次级适应，平原仍然是平原。至少在这一刻，创伤所做的是塑造定义了我们是谁的高原和高峰。这些高于平原的能量配置的反复激活，随着时间的流逝，强化了我们的信念，即我们在羞耻情绪中感到是有缺陷的，在解离情绪中感到是支离破碎的。在高于平原的概率位置，这些是内在梳理的生存适应，使受创伤的自我感觉持续存在；而在平原的概率位置，那个未实现的潜在存在方式，正等待着被解放出来。

想象一下，特蕾莎现在可以进入她生活中清晰和平静的内在核心。从隐喻水平上说，某种程度上觉知之轮的轮心已经变成了她的疗愈之地。好比说，她那没有解决的创伤像是侵入性的轮缘元素，不再将她困于其中。然而，当我们更深入到其运作机制中，运用我们的 3-P 视角时，我们可以看到创伤是怎样塑造概率功能的，以及疗愈是怎样需要她直面那些直接的和适应性的，使她远离疗愈源头的能量模式的，这个源头是她内在的潜力之海，是任何创伤事件也不能损伤到的。大脑自然地参与了所有这些适应性的神经可塑性变化。注意所到之处，神经放电流动，神经联结增长。特蕾莎年轻时不得不避开那个可能性平原，用 DMN 自我定义的羞耻过滤器的低水平高原取代，现在看对她是有用的，这种适应让来自一个不理智的家庭的她保持理智。

通过深度感知，我们甚至能够理解那些曾经不能理解的事情，也就是在我们身上发生了什么，并且明白它们对我们的影响。为了步入自由的新旅程，在理解的征途上我们需要觉知之轮的轮心避难所，需要可能性平原给我们带来的选择和变化。在理解的过程中，最终升起的情绪是宽恕——宽恕不是去对虐待和忽视的制裁，而是，正如之前提到的，我亲爱的朋友和同事杰克·康菲尔德在他的个人和专业工作中所描述的："原谅是放下拥有一个更好的过去的所有希望。"

特蕾莎可以进入她的可能性平原，在那些埋藏在适应的高原和高峰之下试图保护她但一直困住她的地方发现早已存在的爱。现在她的心智会成为她一直在追寻的源泉。她可以从困境中走出来，并打开她的可能性平原以释放她在生活中体验的盛大的欢愉和感恩。她可以看到自己的头脑现在带着"让它来吧"的开放的觉知状态，带着活在当下的精髓。她可以抚慰她的心智，带着温柔和关爱，为自己提供自己感到值得拥有的联结和关怀。她能够保证自己的安全，对围绕着她的世界中存在的真正的潜在危险保持开放，并且不回避她过往经历中那些没有被解决的内隐记忆。所有这些（被看到、被安抚以及安全）让特蕾莎在生活中获得了一种新的安全感。

觉知之轮、职业生涯和心智觉醒：扎卡里和进入平原

在多年来的觉知之轮练习教学中，我很清楚，整合意识不仅仅是帮助

人们在生活中找到平静和明晰。对于许多人来说，这是一种意义和联结的涌现，有些人将其定义为一种心灵成长的本质，一种心智的觉醒。正如我的一个学生曾经说过的那样："我现在感觉很完整。在某种程度上，我感到自由，我原本不知道这是可能的。"当他和我分享这些简单却深奥的话语时，他脸上的微笑和眼里的光芒显得十分动人。

你应该可以想起来，在本书的开始，扎卡里曾参加了我的一个"觉知之轮"工作坊，他最终与我的这名学生有以上类似的经历。在练习觉知之轮前，扎卡里是一个房地产投资者，他觉得自己的职业缺乏意义。他告诉我，他感觉他的生活哪里"不对劲儿"。与我们在这里讨论过的其他那些有着思维僵化和混乱问题的故事不同，扎卡里的叙述，如同他向我解释的那样，他的生活似乎在按照他认为的方式进行。然而，如果说他的生活中有一个方面需要注意的话，那就是他的工作经历中有些难以言说的无聊。

通过那个周末的觉知之轮练习，扎卡里取得了一些进步。他后来告诉我，尽管他非常喜欢和同事们一起工作，并且对他们非常喜爱和钦佩，但是他觉得自己与所在公司的使命完全脱节。当扎卡里最初练习轮缘的第四分区时，我们深入探索了彼此间的联结，他充满了一种连自己都感到惊讶的兴高采烈。在工作坊结束时，他反思当前生活中的缺失，让他产生了既渴望又失落的感觉。

回想起他的经历，扎卡里告诉我，向同事表达喜爱和钦佩会让他感到难为情，担心他们会觉得自己"过于软弱"。我曾经听过一位政府官员参加另一场觉知之轮周末工作坊后发表过同样的看法。与扎卡里不同的是，这位当选的官员表示，他不会与其他从政者分享自己的体验（这种情况下，轮心的中心就涌现出来了），因为其他人会将他关于爱的体验看作他过于软弱，或者觉得他哪里不对劲儿。当我告诉这位公职人员，尽管我理解他不愿意在同事面前显得软弱，但我想知道他和他的同事们是否会将爱从他们所服务的社区政策规划中抹去。他因为这些反馈而睁大了眼睛，他慢慢朝我挥动手指，表示自己已经理解了，然后开始向他的同事们表达爱。希望凭借他的勇气，他们可以一起将这种联结和喜悦，以及这份爱，带入我们共同的社区工作中。

爱是一个强有力的词。就在我给你打这些字的时候，我的手机上传来短信的嘀嘀声。在输入“共享的社区”后我暂停了一下，这条短信来自我的女儿，本书的插图作者，玛德琳·西格尔，她正在帮朋友照看孩子。女儿发来一张照片，是她为正在照看的孩子创作的一幅画，孩子问她爱是什么：“爱是真正关照他人和他们的福祉，并同时关心自己和自己的福祉。”当我回到电脑前继续打字时，屏幕保护程序很自然地出现了一张照片，我从未见过的一张，我女儿的照片，时间巧合？量子纠缠？谁知道呢？但我喜欢。

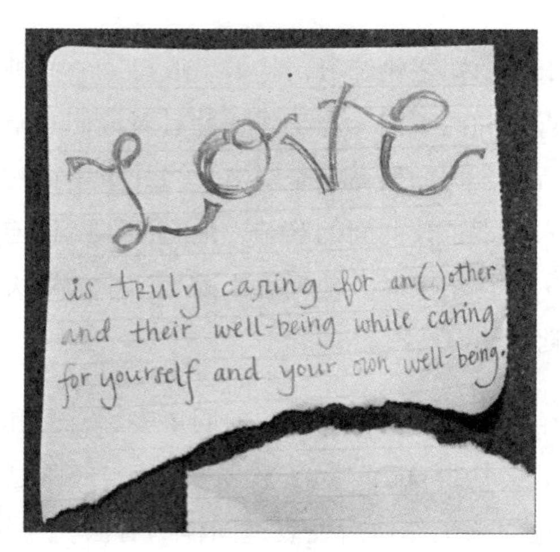

“爱是真正关照他人和他们的福祉，并同时关心自己和自己的福祉。”

扎卡里的经历与政府官员的类似点在于爱这个词，让我思考如何在我们的职业生涯中，就像在我们的整个生活中一样，从这个爱的源头，这个可能性平原来处理我们与他人的关系是如此具有挑战性。我们可能已经被学校教育，也许被朋友或家人，或者被社会传递的信息所熏陶，在这个世界上生活必须强硬而且独立。换句话说，我们已经接收到了这样的信息，即独立中存在力量，因此，在那些平原以上的状态时，我们感觉更加舒服，更熟悉，这样的状态可能让我们无法体会到可能性平原所提供的深度联结。这种相互联结扩展到我们与他人的关系中，也扩展到我们在宇宙中对自己的定义——我们的人生目的和意义上。正如许多人所认为的，意义和联结，就是人们常指的精神（spiritual）这个概念。

心智的意义可能以独特的方式在我们每个人身上涌现。我们可以识别在大脑中所看到的 ABCDE 的含义，即关联、信念、认知、发展期和情感都可以用分化的方式合并，以创建一种整合的意义感。维克多·弗兰克尔（Viktor Frankl）曾写道，在我们的生活中找到意义可以给我们力量和目标。对我来说，作为一名临床医生和科学家，作为父亲和丈夫，作为儿子和朋友，意义随着整合而涌现。也就是说，有意义地生活就是发现一个同时存在和行动的方式，深入我们的联结自由，并把它们和我们最深的信念联结，培养我们称为认知的相关思维洪流。在我们整个生命周期的发展中编织过去、现在和未来，并打开全方位的情感体验。那是一种在整合中的生命——意味着永远不会完成，永远不会是“整合了”那样的结束，而是一种发生中的动词，一种“在整合”的版本，我们简单称之为在整合中或整合地。我们就是这样说出我们的真理，我们这样从内到外地过有意义的人生，我们以诚信、洞察力和同情心追求我们的梦想。当我生活在可能性平原上时，我既生存在关系中，又能在关系中行动。我能够去分化和联结——我可以活得有意义。意义随着存在和行为而涌现。在这个整合的状态中，这种与他人相联的活在当下的状态中，“对”的感觉出现了，一种希望和清晰的感觉，伴随着某种感觉正确、完整、自由、清晰和与生俱来的连贯性。

意义和联结在整合的生命中涌现。

联结涉及深层次的感受，即我们的自我并不像我们在当代学校和社会中所接收到的信息那样独立。我们的自我是内在的也是人际的。随着整合在我们的生命中绽放，意义感就出现了。

我们大部分的学校教育都致力于找到正确的答案。我们不断被鼓励去学习事实，并因在考试中选定正确的选项，或在我们的论文中选定特定的最适合的表述而受到奖励。这些教育经历强化了一种可能性平原之上的生活。我们在考试中选取一次答案就伴随着一个高峰，我们在某种接近知识的高原上，用次高峰思维来写一篇文章，然后用现实的具体的高峰来写那些句子。

这是为了以正确的方式实现目标而进行的大规模建构。却没有对行为中的感觉流给予足够重视。

在平原上，没有现成的正确或错误的答案在体验中被建构；没有关于应该是什么的预先评判，也没有由先前的经验形成的所谓应该。就像鲁米的诗中所描述的那样，他描述的是一个超越对错的领域："当灵魂躺在草地上时，世界如此丰盛，让人无暇说三道四。"是的，正如鲁米写的那样，"我会在那里与你相遇"，在那个超越语言的无形的潜力之场，那个潜力之场，我们现在可以想象的是一个可能性平原，一个觉知产生的场。在平原上生活是我们真正相遇并在人生中找到意义之所在。

如果你曾与同事合作过，你可能知道这种合作的能量，在这种合作中，每个人都因其观点而受到尊重，并且工作的协同效应产生了比任何个人所能创造的大得多的东西。这就是整合的协同作用，整体大于其各部分的总和。这就是爱的协同作用。

没有整合，我们就会倾向于过着与世隔绝的生活，缺乏活力、联结和意义。然而，我们可能只是简单地适应了，不知道活力、联结和意义并没有在我们日常生活和工作中被优化，而是机械地操劳着。55 岁的扎卡里，正值家庭生活殷实，与妻子和孩子的关系和美，房地产生意兴旺之际。在一年前与他的兄弟一起参加了第一次工作坊并体验了觉知之轮之后，他开始感受到他以前无法清楚地体验的感觉。他开始意识到生活中似乎缺少了一些他无法表达的东西。一年后，扎卡里参加了我的第二次觉知之轮工作坊，觉知之轮改变了他的生活的事实让他非常着迷。

这种意义和联结的缺失可能就是在我们的第一次工作坊之前，一直在事业上困扰着扎卡里的。为家人赚钱当然对他们的生存和幸福安康很重要，但是，把钱作为他工作生活的唯一目标，让他在醒着的时光备感空虚。他已经获得了生存的重要财务基础，当前的问题是关于发展的。当我们足够幸运可以自己选择工作的类型时，或者当我们可以反思工作对于我们生而为人的意义时，我们就有机会暂停并考虑如何改变我们的职业生涯。不是每个人都能享有这种奢侈——也许很多人都没有。然而，我们每个人都可以意识到，活在当下并为他人服务是有意义的幸福人生的核心要素，这一点得到了科学研究的证实。即使我们不改变职业或跳槽，我们也可以利用这种对缺失的感觉、对丰富的渴望来唤醒我们的心智，找到一种新的生活方式，一种更加充满意义、联结和活力的生活方式。这是一种我们可以在这个世界创造出来的，更为整合的生活方式。

这种缺失的感觉导致扎卡里开始对他工作生活中的意义和联结提出了一些本源问题。正是这一系列问题激发了他的哥哥邀请扎卡里参加了第一个名为“心灵与突触”的觉知之轮工作坊。可能性平原是我们的潜力之海。通过全然进入，我们受到启发去想象内在和人际之间的联结方式，这可能远远超出我们以前有意识想象的范围。当我们沉浸在觉知之轮中并且变得更加擅长区分轮心和轮缘时，我们逐渐超越了禁锢我们生活的过滤性高原。我们还通过对那些由 DMN 建构的、限制性的自我概念的放松，让大脑激发的新组合得以涌现，进而影响我们大脑的结构。

在觉知之轮工作坊的第一个晚上，扎卡里开始质疑他与他人的关系如何支持他们的幸福。与他人合作是如何帮助他成为一个更大的整体的一部分，一个孤立存在的更大的整体的一部分？专注于工作是怎样让他为所有人以及后代创造一个更美好的世界的？如果整合是临在的自然涌现，而临在本质上是可能性平原，那么这些关于更加整合的生活方式的问题就是从这种更加觉醒的存在状态中自然产生的疑问。

当我们在工作坊的第二天进一步开启更高级的觉知之轮练习并探索轮心本身时，正如你也在这个旅途中体验过的，涌现出了更多的精彩。扎卡里在第三分区的回顾中有过一个心理活动之间的体验，这给了他一种深刻的平静和清晰感，令他感到很惊讶，因为他的思绪通常充满了他所谓的“猴子大脑”内在的喋喋不休。当他随后移动辐条，并体验到对觉知的觉知时，他就拥有了别人曾描述的，一种充分打开而又非常平和的感觉。在这种“轮心的中心”的练习过程中，一种与房间里每个人都有联结的新体验出现了。他可以感觉到其他人在练习，然后感觉与工作坊之外他所认识的人们有联结。这种感觉对他来说也是新的。扎卡里在那一刻有一种永恒的感觉——与其说时间停止了，倒不如说与时间无关，不如说它不存在。他称这是一种“永恒的感觉”，是他最初在工作坊的分享时段无以言表的感觉。

这种联结和永恒感伴随着一种快乐的感觉，这种喜悦在那个周末的练习结束后一直伴随着扎卡里。

正如我们之前讨论过的，随着觉知之轮练习的持续进行，扎卡里髋部的长期疼痛感消失了，慢性疼痛症状在其他心智训练中也有所减轻。每次的经历都以一种强有力的方式影响了扎卡里，促使他在接下来的一年里定期做觉知之轮练习。随着继续的练习，他开始清晰地认识到工作中所缺少的东西，并意识到需要改变自己的职业生涯。他开始更加频繁地与房地产公司的人们谈论心智和人际关系。销售团队的诸多要求，对商务交易的关注，以及创收第一的理念，这些都促使扎卡里考虑改变职业生涯的方向。如果他最想做的是改变，但他的工作环境没有进行转变的空间，那么对他来说要改行的时机到了。

扎卡里开始与他的妻子、兄弟和好朋友讨论工作的意义。幸运的是，他有足够的资金储备去考虑尝试新方向。但是，他的职业探险之旅会是什么样的呢？

你是否也曾体验过这样的感觉：意识到某件事，同时，凭直觉感觉到这件事是你已经知道或感觉到的？正如英国小说家多丽丝·莱辛（Doris Lessing）曾经说过的那样："学习就是这样。你突然明白了一件一生都明白的事情，但是是以一种新的方式。"

通过这种方式，觉知之轮可以让你"跳出自己的老路"。放手意味着让存在的状态从可能性平原中自然涌现。对一些人来说，这是一种释放和轻松，好像他们花了一辈子时间才找到它。

扎卡里在这种开放的觉知状态下的主观体验具有一种巨大的、宽广的品质，一种他和其他人用诸如喜悦和爱之类的词语来描述的品质。我们可以看到，这不仅改变了在练习的当下他是谁的自我意识，而且改变了他的余生他会是谁的自我意识。

扎卡里的思维处于转型状态。如果你曾在工作坊听过这些描述，或者听到他反思在第一次觉知之轮工作坊之后的一年对他生活的影响，你也会用扎卡里哥哥的话来描述扎卡里的变化：扎卡里的心智正在觉醒。

当两兄弟离开工作坊时，扎卡里觉得他想"将这些变化带到家里和工作中"。当他向我提到这一点时，我想到了哈利勒·纪伯伦（Khalil Gibran）的名言："工作就是让爱变得可见。"扎卡里想在新的职业生涯中表达这份爱。

他的哥哥则只感到平静和清晰，没有和他相同的转化体验。当我们开始练习觉知之轮的时候，我们每个人都处于属于自己的人生位置上，我们的每一次体验都是独一无二的。对某些人来说，在正在从事的职业中找到新的意义和联结，可以给他们的工作和生活带来新的自由和活力。我有几个学生一直是心理健康领域的从业者，他们发现觉知之轮加深了他们的责任感，重新唤醒了他们工作中的活力。对于其他人，比如扎卡里，不论是在他的家庭生活中，还是与他的朋友们在一起，找到一种途径来发展更整合的生活方式，能够激励他走向新的职业生涯。他想从事某种可以与他人分享这种涌现的自由的职业。扎卡里此时选择了在心理健康领域从业，他可以通过他大脑中的新的临在感和他人联结，并利用这种新的存在方式去帮助他人在人生中获得意义和联结。

维克多·弗兰克尔的关于意义的著作描述了当一个人以意义和使命指导其行动时，就会感到安逸、平静和完整。这就是扎卡里描述的感觉，他的大脑中有一种清晰的感觉，对他来说，这条新的道路将由意义来指引，当他学会相信这个觉醒的状态并意识到它在生活中的重要性时，这个旅程的方向正在以具体的形式呈现。

本书的最后一部分将通过回顾觉知之轮关于心智的基本理念来反思整合我们生活的多种方式，觉知之轮让我们能够沿着这个错综复杂的旅程继续探索。

第四部分

当下的力量

你还记得我们是如何用一个水容器和盐的类比开始我们的旅程的吗?当我们驾驭了轮心并进入可能性平原时，我们就扩大了那个容器，并沐浴在永恒的美丽和浩瀚中。我们全然活在当下。

在本书中，我们一起探索了活在当下的科学和实践。当你继续前行时，如何利用这些理念和技能继续培养更加活在当下和有觉知的生活，这将取决于你，而不是其他任何人。但请你对自己温柔一点。无论你如何深化你的觉知之轮练习，生活本身有时会阻碍你充分展示自己和活在当下。

在我们旅程的最后一部分，我希望能提供给你一些见解，让你更轻松、更笃定地度过这些时刻。

正如我们所看到的，临在的障碍可能来自后天习得的或先天固有的模式——高原和高峰有时会操控我们的生活，让我们无法体验平原的开阔。通过比利、乔纳森、莫娜、特蕾莎和扎卡里等人的生活经历，我们已经看到了经验和遗传因素是如何阻挠个体进入可能性平原的。让我们继续探索这种阻碍是如何发生的，并探索当阻碍出现时，你可以做些什么。

正如我们所知，通常现在发生在我们大脑中的事情深受以前发生的事情以及我们对接下来可能发生的事情的预期的影响。比如，我的一位同事，心理学研究学者珍妮弗·弗赖德（Jennifer Freyd）做了一项研究，研究中她用弧形模式来展示一连串的圆点。当这一连串的圆点停止时，被试实际上感觉弧线延伸到了最后一个圆点之外。换句话说，这些动态表征通过我们感知过去的模式，预测并将该模式投射到未来，来塑造我们的认知能力。我们当下的认知能力是由过去－未来组合检测及预期而构建的。这意味着，随着过去的突触阴影开始塑造我们现在的体验，习得的反应模式变得根深蒂固。这是什么体验？它涉及感知，是的，但也包括情感、想法、情绪和心智状态，这些都是以生活中的习得性过滤高原的形式出现的。然而，令人兴奋和幸运的现实是，解放我们心智的道路并不在分类，也不是某种令人担心的，多变的使你的生活僵化或陷入混乱的预测的高原。更有觉知地活在当下的秘诀虽然简单但也不易：也就是进入可能性平原。

我们曾经谈到，如果大脑产生了一个新的想法，就不会回归到它原来的状态。就我们的目的而言，你的轮心和轮缘是不同的这个理念（与转化有关），它从一开始就在指导我们的旅程。你可以借助觉知之轮的理念和练习，学习驾驭轮心——进入平原。

但是利用轮心并进入可能性平原真正意味着什么呢？我们如何利用这些技能来改善我们的日常生活体验？这正是我们在余下的旅程里将要继续深入探讨的内容。

在可能性平原上生活就是邀请心智出现，使我们能够区分能知和所知。

在觉知之轮的练习中，短暂体验轮心的广阔可能会对我们的日常生活产生影响。我们可以利用这些进入平原的接纳时刻，更清晰地感知到我们的高原过滤器——而不是被它们创造的高峰所愚弄，误以为这些高峰完整而准确地揭示出了我们是谁，甚至我们能成为谁。在平原上生活不仅意味着我们可以变得更加清醒和有觉知，也意味着我们可以进入潜力之海，从而拥抱新的可能性。它意味着我们在任何时候都可以对发生在我们自己身上的转化和变化（个人成长）保持开放。

这个观点提示了我们经常听到的一个说法：本自具足。可能性平原一直在那里，也许并不显眼，但无论如何，那里都在以善意和接纳的态度等着你。正如诗人德里克·沃尔科特（Derek Walcott）在其题为《爱无止境》（*Love After Love*）的诗中提醒我们："在家门口迎接自己……再次爱上那个曾是自己的陌生人……"平原可能会被高原和高峰所掩盖，但它是好奇和惊喜的源泉，是感恩和敬畏的基础，它就停留在那里，也许，一个陌生人，正等着你进入由平原带来的当下。在此，你可以遵照沃尔科特的建议："坐下，尽情享受你的生活。"

在你的日常生活中应用觉知之轮的关键是增加你进入可能性平原的机会。从你被怀上的那一刻起，那潜力之海就一直伴随着你。有人甚至肯定，从物理学的角度来看，量子真空，潜力之海，即可能性平原，在你被怀上之前就存在了。可能性平原是你与生俱来的权利，它永远与你同在。你不需要创建平原，你只需走进它，并学习在其中生活。

与存在和觉知共存的挑战和机遇

今天早上我去牙医那里，进行了一次强化牙科治疗。我觉得这可能是一个好时机，看看我是否可以沿着觉知之轮走一走，复习你我一直在讨论的所有事情，我选择在牙医做好准备麻醉我的口腔时，开始尝试觉知之轮练习。在第一次注射时，我想象了觉知之轮的轮心和轮缘。我想，无论在觉知中出现多么强烈的疼痛感，都是沿着轮缘的许多可能的点之一。如果我可以利用轮心，如果我可以把可能性平原的庇护所当作内心宁静的源泉，就像我们在第一部分中所讨论的那样，将一汤匙盐放入一个现在可用的非常大的淡水池中——潜力之海，我或许可以在宽阔的空间去感受那个针刺的顶峰。如果这种方法不起作用，那么我的容器将更像一个浓缩咖啡杯。我会被卷入痛苦的顶峰，感到水太咸而无法饮用，我会迷失在那种口腔感觉的轮缘。我准备就此试验一下。

我什么也没有和我的牙医说，现在我的嘴里装满了小玩意儿，我只是竖起大拇指示意他，我已准备好，他可以开始工作了。我在脑海中看到了轮心的形象，想象出可能与之相联结的轮缘点范围。这就是视觉形象作为隐喻的理念力量。其中一个点可能是我嘴里的尖锐感觉，我对此表示欢迎。我可以有一个开放的、欢迎它到来的态度，一旦它来了，不试图推开或者抓住它。我将处于平原的中立空间，欢迎任何事情到来。

我去轮心处等待。在那一刻，我感到非常平静。从远处，我能感觉口腔里的感觉。我想象在其他情况下，我可能会强烈关注针头带来的尖锐、痛苦的感觉，而不去理会所有其他正在发生的事情，然后对针头过度反应。相反，我在平原上保持静止，驾驭轮心，我已做好准备并感觉不错。

随着治疗的推进，我继续缓慢地进行觉知之轮练习。在某些时候，牙医会确认一下，看我有没有晕倒，他说，我看起来太平静了。当我回到家时，我进一步复习了我们一直在本书中探索的理念和练习，在这段时间里，我用冰块捂住我酸痛的嘴，并且在恢复过程中保持不动，我很清楚，觉知之轮有好处——但它也可能有缺点。冰块贴着我的脸颊，确实让我很难打出这些单词，但效果似乎不错。

我们在这个例子中看到的觉知之轮练习的好处就是，我们可以将痛苦置于背景中，找到一种方法来减少焦虑或恐惧，并以清晰和平静的感觉取而代之。我记起了那个有一万人参加的研究，很多人自愿体验觉知之轮练习，并且他们的身体疼痛在练习后消退了。此外，正念相关的研究表明，在主观感觉和大脑本身的记录方面，正念练习具有缓解疼痛的效果。我们讨论过的一系列类似研究也表明，心智训练的其他好处包括增强免疫功能，在炎症减轻状态下增强愈合能力以及优化端粒酶水平以维持和修复对细胞健康至关重要的染色体末端，正如伊丽莎白・布莱克本和艾丽莎・伊帕尔所证明的那样。在牙科手术之后，以及日常生活中，我都受益于觉知之轮练习。冥想老师兼研究者乔恩・卡巴金（Jon Kabat-Zinn）甚至发现，在紫外线治疗期间聆听正念冥想可以使银屑病的痊愈速度加快 4 倍。

所有这些都支持了这样一种观点：心智训练、技能培养，包括培养集中的注意、开放的觉知和善良的意图，真正提高了身体健康。这不是炒作，而是由经验证明的事实。这太棒了。

无论是在身体、心智上，还是在人际关系中，这些健康益处的核心机制可能是进入可能性平原。当艾丽莎和我，以及我的两名实习生苏珊和本试图在一本专业教材的章节中解释临在的科学时，我们发现提供 3-P 视角和存在的可能性平原有助于基于现有研究提出一种机制，即心智可以改变身体里的分子，包括改变端粒酶水平。

分享了这次手术经历后，希望我们正在探索的这些练习，我现在正在做的练习，以及你将要选择做的练习，都能够提升我们身体的愈合能力，帮助我们从所面临的挑战中恢复过来。这就是当下的力量和在可能性平原上生活的希望。进入轮心并学习如何在平原上生活是我们增强体质和培养复原力的有效途径。

活在当下可以提高幸福感，但是，我们也可能面临一些阻碍幸福的挑战。在个体发展过程中，机遇期也是脆弱期。反思练习也存在一些潜在的缺点，虽然这一点不常被提及，但可以通过我在做牙科手术时的沉浸式练习过程来理解。

冥想练习和觉知之轮练习的一个风险是，个体的练习目标是获得精神上的成长，过更有意义、更有联结的生活（这被称为“灵性回避”），但他会逃避那些在真正的成长发生之前需要被观察、被理解、被治愈的痛苦。

如果身体、情绪和社交上的疼痛都是轮缘上的一点，那么试图只在轮心生活就会给人一个逃生口，以逃避令人无法忍受的痛苦。这是可以理解的，但是疗愈疼痛可能需要我们走向它，而不是远离它。

我们可以把这想象成被狗咬住的情况：当狗的牙齿紧紧咬住你的手时，你越试图摆脱它，它咬得越紧，这将给你造成更大的伤害。如果你将手伸向狗的喉咙，它会松开一些，这样你的手就会少受些伤害，从而你的伤口也更容易愈合。

在我的牙科手术中，我意识到轮心的避难所既是一个强大的资源，也是一个潜在的让我失能的逃生舱。如果我不仅有牙齿疼痛，还有来自过去的或来自人际互动产生的情绪及痛苦，我会怎样？我们可以把创伤或失落，背叛或被虐待的经历，视为高原，它们是我们在生活中需要整合而不是回避的某个僵化或混乱的高峰。如果人们已经学习过觉知之轮练习，会不会有人选择回避轮缘的痛苦，而只是停留在轮心处呢？如果有人使用这种方法来逃避而不是整合他们生活中痛苦的高峰和高原，那么学会在可能性平原上生活不就成了一种负担吗？

曾有一位在生活中遇到麻烦的冥想老师来找我寻求治疗，我建议与他进行成人依恋访谈，回顾他家庭早期的经历对他的生活产生了怎样的影响。他对我说，他没有“处理过去”。当我问他那是什么意思时，他说：“我是一名冥想老师。人生就是活在当下。过去是一种幻觉。思考自我，或思考记忆，都只是二元幻觉的一部分。”我能理解他因为尊重我们在这个世界上的真正联结，而选择秉持这种“非二元”的观点。然而，对我来说，整合是让我们活在这样的现实中：事实上我们确实有一个身体，这个身体有一段历史，而这段历史塑造了现在我们具身化的大脑中的联结，当然，这个过程是从过去开始的。我们确实有一个我，我们确实有一个我们；我们确实有一个过去，我们确实有一个未来——所有这些都可以活在觉知中，并且被活在当下所抱持。

我对我的新患者说，如果现在就是存在的一切，那么有些神经联结正在此刻塑造着他的心智和关系，现在，是过去曾经的那个现在的阴影。也许他愿意通过理解那些经历过的现在而活出更自由的现在，就在现在。

当他同意尝试的时候，我们进行了依恋访谈，他回忆起了一段非常痛苦的经历，他曾经历过被虐待和被忽视的发展性创伤，他以前没有与任何人分享过这段经历，他并没有意识到，当他把注意集中在现在时，他不小心忽略了自己的过去。在我们的共同努力下，他了解到当他逃避反思过去的时候，过去禁锢了此刻的他，他也明白了正是他的过去从很多方面促使他成为冥想练习方面的专家。

找到一个提倡“只关注现在”的高原，这曾经帮助他生存下来。唯一被这个意识过滤器允许进入现实的高峰是那些与此时此地有关的，然后他才可以有效地（至少在他的某种经验层面上）阻止自己去觉知过去的痛苦记忆。这种高原也使他无法体验到任何新问题，这些问题可能会让这些记忆感觉像真实的事件。这种自适应但僵化的高原可能使人产生一种思维模式——即使被背叛也无关紧要，这从他拒绝成为“二元思想家”的信仰体系中可见一斑，他曾和我强调说，人际关系和过去都不重要。

就这个患者来讲，那些可能助其进入他的轮心的冥想技术，让他能够从所有痛苦的充满创伤体验的轮缘点中解离出来。我们可以理解一个人想要减少痛苦以及求生存的动力，我们因此也可以理解你将手从狗的嘴里抽出来的本能冲动。

学会从现实的痛苦中解离出来，我们就能够在充满背叛、悲伤、痛苦和恐惧的童年中生存下来，但如果我们总是使用解离这种生存工具，就会付出相应的代价。我们无法选择远离痛苦，我们甚至不可避免地要和活着的喜悦断联。因此，舍弃解离这一自适应技能和学会坦然面对现实的生活都非常重要。

对于我的患者来说，这些年来他所经历的也可以被称为一种“情绪回避”，以此逃避过充实的人生。未经审视的情绪痛苦会带来风险，它会影响我们一整天。投入时间和精力去感受和反思我们生活中的痛苦现实，让我们有机会去理解这些事件，并发现错乱和痛苦背后的意义。是的，我们不能改变过去，但反思过去为我们提供了一种新的可能性，帮助我们理解过去是如何影响我们的毕生发展的。通过觉察这些回忆和经验，我们既可以进入开阔觉知的庇护所，也可以在平原上发现新的可能性。这就是活在当下并允许整合的真正意义——不逃避，欢迎一切都进入觉知。平原让我们能够进入一种全然开放的心智状态，在这种状态下，我能对发生在任何时候的任何事物都敞开心扉，欢迎它们进入觉知。

与活在当下相关的一种障碍可能有其历史根源。艰难的早期生活经历带来的无助和羞耻感，会让人感到恐惧，渴望找到一个像轮心一样能够隔离痛苦的逃生舱。这些情绪上的挑战可能会产生，尤其是当它们被我们所依恋的人激发时，正如在这位冥想老师身上以及我们在特蕾莎成长创伤故事中所看到的那样。我说“像轮心”，是因为这种解离不是去浸润于痛苦之中，而是去逃避痛苦。是的。我们可以通过解离来麻醉自己的身体或情绪上的痛苦，但这里所强调的利用轮心并不是逃避，而是一种接受的拥抱。你不是在逃避盐粒，你是在扩大你的水容器。

无论过去经历怎样的创伤，你的平原都不会被剥夺。正如我们所看到的，对于许多有创伤历史的人来说，他们面临的挑战在于轮心的不确定性可能会引起恐惧的轮缘反应，致使他们无法开启对新的可能性的觉知。这样一来，高原就是一种可能带有对平原的恐惧反应的心智状态。解离可能会加强对不确定性的恐惧感，一种面对压力或纷乱的情绪而产生的自动反射。可悲的是，随之而来的羞耻感让人们对自己的善良失去信心，对自己可能成为什么样的人失去希望，并感到自己有硬核缺陷。当我们意识到这只是羞耻感造成的众多错误信念，这些信念会让我们指责自己，那些不可靠的依恋对象所造成的信念并不是现实时，我们就开启了拥抱轮心（可能性平原）的旅程，这不仅提供了扩展觉知的潜力之海，也帮助我们敞开心扉，接纳我们是完整的个体这一事实，无论曾经囚禁我们的发展信念是什么。我们可以学会减少羞耻感的高原和由此产生的绝望的高峰对我们的控制。这些深植于限制性高原、意识性过滤器和最初保护过我们的适应性心智状态的信念，可能成为我们意想不到的牢笼。现在我们可以潜到那些先前对我们有帮助但禁锢我们的高原的下面，重新解读过去，重新体验自我，拥抱平原，进入新的人生模式。

我避开了被牙医弄得痛苦不堪，但为了我的身体，我并没有逃避所有令人沮丧的牙齿治疗程序，现在整个手术已经结束。为了减轻牙龈炎症，我的脸上还敷着冰块，我牙龈处的疼痛和其他皮肉之苦一样。我可以面对治疗以及由我促成的疗愈，因为这些体验让我更完整。

情绪回避可能是一种心智训练实践，甚至是一种生活方式，用来逃避充实的生活，而不是实现整合。你会发现，对过往和当下生活的反思是有帮助的，活在当下一直充满挑战。冥想或任何其他提供进入可能性平原的练习或生活方式，无论如何都不能触发解离产生。如果我们试图通过生活在纯粹的接收觉知状态中来逃避，解离就是一种潜在的危险，也是所有进入平原的实践的弱点所在。

即使没有创伤史，当高度整合成为首要目标时，对于某些人来说，轮心的安全，即可能性平原的广阔性，也可能会在常规的反思实践中变得过度分化，从而将某些情感、记忆和想法排除在外。有些人会说：“我非常喜欢那里，我就想待在轮心！”我想强调的是，在可能性平原上活在当下，用“觉知之轮”解释，就是对轮缘处的任何事物都持开放的态度，而不是避开它们。在轮心处享受幸福是很棒的，对你而言也很好，但你不需要避开任何事物。“让它来吧”意味着整合——拥抱你可以轻松地在轮心处休息的时刻，也拥抱其他探索轮缘的时刻，这两种时刻虽然不同，但同样重要。这就是我们整合心智的方式——将这些不同的存在方式和轮心或轮缘相联结，联结各种不同的可能性的位置，也即我们心智的高峰、高原和平原。

无论是否经历过创伤，只关注轮心的练习可能收效甚微。有时平原上的平静感十分诱人，并且这种平静感被当作冥想的“目标”。如果只关注轮心，觉知之轮的练习就不再是整合的了，因为轮心比轮缘更受欢迎，轮缘被认为是“不够好的”。相反，整合的方法是，采取二者都很好的立场。轮心和轮缘只是不同，但它们在以各自独特的方式帮助我们。

作为一种实践练习，觉知之轮的美妙之处在于，你甚至可以通过改变扫描比率来学习进入平原，以便更多地将平原带入日常生活。平原永恒的特性让不断展现的每个瞬间变得广阔，即使是在非正式练习中，它也可以丰富你的生活。有时，确保处理好所有遗留问题，处理好所有过去经历的僵化或混乱的高原和高峰，会是帮助你进入平原的一个起点。

从可能性平原的角度来说，抚平创伤或过一种整合的生活意味着，能够在意识层面，将平原的能知与任何高原和高峰上的所知联系起来。“让它来吧”意味着，在可能性平原辽阔的觉知容器中向外喊话：“我对任何可能出现的事物持开放态度——欢迎！”这就是幸福生活的理念的来源。

在可能性平原上学习意味着让一切都成为我们的老师。正如鲁米的诗《客栈》（*The Guest House*）所提醒的那样，我们可以让每一位入住的客人成为帮助我们在生活中学习更多知识的向导。

自由：转化为可能性

在平原上生活意味着承认我们可能出现的许多高原和高峰是自我状态的一部分，这些自我状态定义了我们，也可能限制我们——它们可能限制我们的潜力。成长是可能的，因为我们可以进入平原，这里是产生新结构的源头。

高原和高峰塑造了我们的人格，因为它们会影响出现的概率值。这些又是决定我们思维、感受和行为方式的倾向。研究人员可能将这些特征称为人格，而我们可能只是把它们叫作个性。在平原上生活可以让我们从递归地定义我们的自我意识的人格倾向模式中解脱出来。我们不会失去个性，我们反而会扩大其广度和深度。这种自由不仅仅是一种理想，这是一种让人感觉新鲜和有活力的生活方式。

想象一下。如果感觉、想法和行为是特定的概率值，能够在这个世界上建构自我意识，那么在平原上生活就可以自由地提升觉知力和创造一种新兴的自我意识。高原和高峰的新组合现在可能出现在一个可以自由进入的平原上。不再仅仅由过去持续的高原和高峰定义，平原的存在使得新的高于平原的概率模式出现，为思维、感觉和行为方式赋予了新的生命。进入平原可以让新的高原和高峰出现并解放我们的个性。

正如我们在第三部分的故事中所看到的，无论从理念还是实践中，觉知之轮都可能提供了一种对最初似乎不可改变的习惯性生活方式的缓冲。人格特质可以被视为我们神经系统的特殊倾向，包括尽责、宜人、开放、神经质或情绪激烈的反应的倾向，以及对待世界的外向大方的倾向。“大五”人格特质已经被研究并揭示，在像心理治疗这样的转变过程中，随着时间的推移及内在努力，人格可能发生改变。一种观察我们人格特质的变化的视角是：每一种特质都可能是一种高出平原的模式，而这些被强化的模式成了个人一生中的某些特质。人格并不是固定不变的，这些研究揭示了如何通过努力培养我们更倾向于开放或更尽责。怎么做到？通过设想高原和高峰的变化，或者进入可能性平原，我们可以看到新的组合是如何产生的。这些变化自然会对我们的大脑以及与他人的关系产生影响。

转化使我们摆脱了根深蒂固的人格倾向，因为我们打开了可能性的大门。

人格可以被当作我们与生俱来的气质与我们的经历的相互作用，加之岁月塑造我们的过程。有时候，我们想象中的性格的某些不可改变的特征，实际上是我们习得的人格倾向，一种通常由基因影响的神经模式和由经历塑造的神经联结的结合体。由于终身的神经可塑性，大脑能够改变其结构。这种变化可能会改变我们的行为方式、感受方式以及思维方式——换句话说，改变我们的个性以及我们是谁的体验。

人格模式可以被看作基因和经历相互作用的持久特征，这些特征表现为特定的高原及其显现的思想、情感和行为输出的特定高峰。既然我们的旅程已经抵达此处，你能想象如何解放你自己，开放你的个性倾向，可能仅仅是让新的可能性在你的生活中出现吗？你可以在可能性平原上获得这些新的可能性。从这个基本的角度来说，在平原上生活是一条通往自由的道路。

当你练习觉知之轮时，你即将进入平原，在那里为高原的产生以及高峰的出现提供新的变量。这就是学习在平原上生活支持你在生活中所创造的—— 一种不再根深蒂固的，可以随着你的意图改变的人格模式。在我们的生活中，可以通过设定意图、做练习和拥抱自由来改变僵化且可能具有限制性的高原。

这是你的挑战：你可以用心智来改变人际关系和大脑运作的模式。这就是秘诀。你不是大脑或人际关系的囚徒，尽管这些内在和人际的倾向往往会让你处于旧的模式中。在熟悉的地方迷路是我们所有人天生的弱点，利用你的心智和觉知力是摆脱这些根深蒂固的模式的途径。耐心和坚持将成为你通往自由的平原生活的道路上的朋友。

临在超越方法

> 在冥想和努力变得有觉知的过程中，如果我们优先采用某些特定方法来达到目的，使方法变成了终极目标，而不仅仅是手段而已，我认为这是十分危险的。我认为，活在当下即是在一天中无数的零星时刻慢下来，细细品味欣赏周围的奇迹。我认为，即使是经历长期严格的训练，最终的考验其实是把所有非训练的时刻都投入当下。我想这就是活在当下。
>
> ——约翰•奥多诺休

无论我们发现了什么有用的方法来帮助我们变得富有觉知，许多现代和古老的实践都有一条共同的线索：把心智从那些阻碍我们活在当下的意识过滤器中解放出来。

在本书的旅程中，我们一直在探索一种叫作觉知之轮的独特方法。它是为了整合意识而创造的，因为其对我们已经知道的所知和觉知本身的能知做了区分。如果这个觉知之轮的隐喻作为理念和实践对你而言有用处，那就太棒了。如果你觉得实践很难，甚至可能提不起兴趣，我希望觉知之轮隐喻下的潜在机制理念对你有帮助。理念本身就可以拓展你的心智。你可能正在用这些体验和理念去培养有准备的心智，并通过多种方式在你的生活中达成整合。

既然整合可能是健康和幸福的基础，因此将你的生活与你认为适合自己的任何方法相整合即是你前行的正道。

约翰·奥多诺休的思考可能与我们在本书中关于觉知机制的看法相似——当概率位置落于可能性平原上时，我们体验到的临在状态。我多么希望约翰还活着，我们就可以与他分享这种关于心智的量子观念，看看他是如何回应的，他所提到的临在，“瞥见临在的奇迹”，可能具有平原的机制，遗憾的是，他去世了——或者说他的身体在去年离世了。迈克尔·格拉齐亚诺提出，正如我们在第二部分中所看到的那样，约翰的思想可以在我们这些熟悉他的人身上得以延续。因此，约翰的思想在我心中，如果你曾好好研究他的作品，也许你也会发自内心地赞同和兴奋地笑出声来，对于从精神性到科学的观点的共同前景，消除彼此的界限，在欢笑中分享，并点亮来自两个能知领域的洞察力。

觉察是唤醒心灵和解放生命的基础。

觉知之轮只是为你提供了培养进入可能性平原的许多方法中的一种。基督教传统中的集中祷告，正念冥想的各种版本，瑜伽、太极、关怀练习以及无数其他训练心智的方式都可以让人们进入这个多样性的发生器，即潜力之海。觉知之轮只是提供了一种直接进入平原的方法。在这样的觉知状态中，我们可以发展出在可能性平原上生活的特质。

拥有一些可以规律练习的方法，一种专注的、自律的练习——即使它不是正式的、不是那种传统的“严格形式”，也会让你得到启发和获得自由。经常参与能培养你“活在当下”的能力的反思练习，可以延展你的生活，让你在开放的可能性平原上觉知到临在。对于某些诗人，比如我的朋友约翰和黛安·阿克曼认为，只是带着觉醒的心智在大自然中行走，并密切关注周围的环境，就算是一种常规严格的实践了——即使不是“正式”的。对于其他人来说，那些可以通过集中的注意、开放的觉知和善良的意图来培养心智的特质的正式的冥想，是通往临在的首选途径。

无论你用何种方法来获得临在的力量，来觉察和庆祝你的生活，都是通过在可能性平原上生活的机制来揭示的，都有可能瞥见临在的奇迹。正如阿克曼在她的学校祷告中总结的那样："我将礼赞所有生命（在地球、我的家园和浩瀚的星河），无论它在何处，以何种形式存在。"[⊖]

整合的生活是从整合意识开始的，无论采用哪种对你有用的方法。从我们的 3-P 视角来看，这并不意味着只生活在平原上，它意味着区分并联结平原、高原和高峰。约翰称这种富有觉知的状态并"瞥见存在的奇迹"为临在——我认为对"活在当下"的界定和对可能性平原的界定具有相同的普适性。你的平原和我的平原几乎完全相同。在"你的"平原中的无限即"我的"平原中的无限。在"它可能存在的任何地方和任何形式"中，我们的生活是相联的。我们在高原和高峰中发现了我们本性上的差异，我们共同分担各自独特的身份下的不同特性。我们在共同的可能性平原上发现了彼此的共同点，因为无限是无限的：量子真空，潜力之海是开放可能性的数学空间，是多样性的生成器，是所有这些可能性发生之源泉。

正念觉知和整合

我们一直指出，许多新的和古老的方法可能正在运用这种进入平原的共同机制。

从研究的角度来看，尽管这些方法可能彼此不同，但它们有一个共同的基础，即最终都需要去关注意图和注意，以及在某种程度上敞开心扉，并保持对觉知的察觉，即监控觉知状态下的内容和体验。

我们已经看到，有研究支持的心智训练方法的三大支柱包括培养集中的注意、开放的觉知和善良的意图。尽管觉知之轮的起源不同于其他实践，因为它是从科学理念和临床经验中得来的，以整合意识，并不是来自传统方法，但它确实包含了心智训练的所有三个基本组成部分，这些实践

⊖ Diane Ackerman，*I Praise My Destroyer*（New York：Vintage，1998），3.

已经被经验证明可以提升幸福感。

我们认为，心智的一个侧面是自组织的涌现过程，它调节身体内部和人际关系中的能量流和信息流。心智的这个侧面就在心智之内及心智之间。作为一个调节程序，这个侧面包括两个基本功能：监控和修正。当我们可以稳定监控，然后学习修正整合的技能时，我们便能加强我们的心智能力。心智训练实践，包括觉知之轮，就是通过培育监控和修正能力来强化心智的。

在助力心智整合的正念觉知练习中，当我们不断地将分散的注意带回专注状态时，就在不断增强对能量流和信息流的监控能力。这就是注意集中训练。当我们体验开放的觉知时，我们会通过增强把所知从能知的体验中区分出来的能力（变得有觉知），来进一步发展心智，即我们向着整合去调整。善良的意图通过强化我们的关心和关怀的意识，进一步促进了这种整合，使我们体验到的不是自我的丧失，而是扩展了我们如何体验“自我”的真实面貌，或者至少可以体验到我们能成为怎样的人。正如娜奥米・施哈布・奈（Naomi Shihab Nye）指出的那样：“当我们意识到世界上普遍存在痛苦时，善良是生活中‘最深刻的事物’。当它与你如影随形时，那就只有善良才有意义了。”[㊀]

在我们的人际关系中，稳定的注意可以让我们专注于来自他人的能量流和信息流，并与他们进行更深层次的联结。随着我们更加接纳其他人向我们提出的建议，我们能够更好地与他们产生共鸣，并在联结的关系里享受感到被感受到的体验。然后，当我们增加用以关心和照顾我们每个人的福祉的方法时（包括来自其他身体的自我，以及我们自己身体散发出的自我），我们就会看到我们的同情心和关怀的范围扩大了，善良的意图增强了，这就极大地扩展了我们的关系整合度。我们区分和连接之前对我们是

㊀ Naomi Shihab Nye, *On Kindness*, in *Words Under the Words* : *Selected Poems* (Portland, Oregon: Far Corner Books, 1995).

谁的受限的感觉，进而成为一个更完整的自我，一个我（Me）加一个我们（We），或一个大我（MWe）。

不妨在你的日常生活中试一试——感受觉知之轮的轮心，在与人交流时进入平原——现在，当你放下期望和评判，放下那些固定的高原和高峰时，感受这种不同，就这样简单地瞥一眼存在的奇迹，一个开放的富有觉知的心智的临在。

临在不仅能够创造人际之间善良而富有同情心的联结，我们在精神生活中所感受到的幸福，还能够让我们的具身生活更加健康，包括被我们的皮肤包裹着的身体，也包括我们的大脑。

临在能解放我们的心智并让我们的人际关系和具身大脑变得更健康。

来自平原的联结

随着我们探索之旅的推进，我的一种感觉变得越来越强烈，那就是，仅由皮肤或头颅定义的自我的当代观点，让人们产生了一种孤立和不自在的感觉。自我这个词似乎很自然地被用于定义身体，但是在探索意识和觉知之轮的过程中，也许你还体验到了一种新的认同感。起初，我认为这就是我们可以称为“我们的身份”的一种集体归属感。但是后来，在一个（因我的演讲“从我到我们”而感到困惑的）学生的鼓励下，我意识到我可能在尝试描述另外一种东西。她是对的——我们不需要为了成为我们而丧失自我意识。是的，我们需要爱护身体，了解身体自身的历史，获得良好的睡眠、饮食、锻炼以及享受我们的身体体验。我们本质上的我才是呈现出的现实。归属并不意味着让我的这种分化消失，从而失去整合。在我与这个学生的关系中，在我们的交流中，在她的关心下，在我们的联结过程中，出现了一个整合的概念，即一个自我如何在动词的复数意义上将我和我们合并在一起，整合的自我，即大我（MWe）。我们是谁既是指我，也是指我们，是一个复数。关于我们是谁是不断涌现的——因而是动词，而不是名词。这个自我体验的复数动词可以被看作成为大我（MWe）的一种整合方式。

大约在同一时间，另一个学生向我表达了困惑。她一直在听我的教学录音，却从未看到我的名字拼写。她来自中西部的拉科塔部落，她告诉我，她以为我叫（Dan Siegel）丹·西格尔。我说，这就是我的名字。“不，”她重复说，“我以为是丹·西格尔”。我听见她说。我再次礼貌地重复说这是我的名字。然后，她礼貌地拼出了她以为的我的名字：D-A-N-C-E……E-A-G-L-E（跳舞的雄鹰）。啊！当她告诉我，她在课程中听到了一个关于我想要放弃医学院，考虑成为舞蹈演员的故事时，我可以看到她的思维是如何从她的文化和个人经历中得到启发的，从而以这种创造性的方式来理解我的名字。跳舞的雄鹰（Dance Eagle）这个名字现在是我家人对我的昵称。我希望，随着我内心自上而下的许多过滤器从固有名词和名称中解放出来，关于我是谁将继续得以开放和发展，当我们集体的和相互联结的关系领域展开时，那些高原得以放松和释放，自下而上的自由的开放潜力得以实现。

在向你表达这一点时，我的身体充满了活力和兴奋。我心目中的愿景是，当我们生活在这个开放的临在空间中时，我们的具身大脑可以变得更整合，我们的关系更接纳和联结，我们的心智更觉醒和富有觉知。高原和高峰的固定模式不必像字典中的名词那样来定义我们，自上而下地声明我们是谁或我们认为自己应该是谁。同时，大我可以让我们的生活更加丰富，收获更多的支持和更多的乐趣，这是一个孤立的自我永远无法创造出来的。我也许一生都不会想到将跳舞的雄鹰（Dance Eagle）作为表达我快乐身份的语言标签。

在平原上生活让我们拥有了接受新名字的自由。

在孤立的情况下，我们的自我过滤器会试图向世界投射一种身份，会预设我们和周围的环境应该是怎样的。这些过滤器是高原及其高峰的重复模式，对我们中的某些人来说，它们可能强化了一种隔离的、内在是联结的但人际间是分离的自我意识。当我们更加开放地在可能性平原上生活时，就远离了由旧观念投射性预测的牢狱生活，唤醒了一种完全活在当下的庄严感，我们不再努力控制什么，而是以新的方式在内在和人际之间建立联结。

这是个有趣而令人着迷的旅行入场许可证。

我们彼此塑造，因为我们就是彼此。这就是大我（MWe），它承认我们所能享受的在平原之上的高峰和高原的独特性，同时也拥抱平原的不确定性和不断变化的可能性。将分化的和可识别的高原和高峰与平原那潜力广阔的自由联系起来，在当下生活的整合中，我们出现在熟悉与新奇的平衡中。

当我们潜入内在心智的可能性平原时，我们变得开放并接受内在发生的一切。当我们将这种社会参与和接纳状态带入我们的关系中时，所创建的关系场域具有自发性和“肯定”的姿态，邀请每个人都如其所是并得到尊重。

也许你会感受到这种至关重要的归属感所带来的和谐的感觉与能量。同时，一种深深的喜悦感、归属感，还有欢笑声也会经常涌现。

在平原上欢笑、生活、死去

幽默是件严肃的事情。

有一次我和我的同事兼朋友杰克·康菲尔德一起走着去吃饭。我们两个人刚刚结束了合作授课，在为期两天的工作坊的第一天，我们的共同出版商托妮·伯班克（Toni Burbank），正带我们出去。当我们沿着旧金山的街道向餐厅走去时，托妮在我们之间走来走去，说："哦，现在我想我明白你们两个人之间的区别了。"我们在一起走着，托妮的眼睛在我和杰克两个人之间打转。"你，"她指着杰克说，"你知道怎么讲笑话。"

没错！托妮是对的。不管开玩笑的技能是怎么来的，是遗传的，还是后天习得的，或是二者都有，反正我是一点也没有。这一幕会在我头脑中浮现，让我忍俊不禁，当我的孩子们还小的时候，每当我尝试讲个笑话甚至试图讲述一个有趣的故事时，总是感觉时机不对或者没有笑点。"那真是太好笑了。"我经常听到孩子们说这句话，略带嘲讽，还好像很有道理。相反，杰克是个幽默大师。在我们一起授课时的不同场合中，听他讲同样的笑话，我都会笑破肚皮。为什么？因为杰克能让我们在轮心处开怀大笑。

在轮心处大笑是一种进入可能性平原并在那里相遇的方式。故事或笑话让你对某些共同的可预见的期望高原或特殊的高峰产生共鸣，然后，在完美的时刻，杰克将你高于平原的概率值从天上拉到地上，轰然一声，你落到了可能性平原上，全力应对你从未见过的东西（即使你之前已经听过这个故事十几次）。当你进入可能性平原时，似乎是从同一方向产生的一些新组合（在笑话的妙语或故事的高潮中出现的一种或另一种高原和高峰）突然发生了转变，而你以一种意想不到的方式和杰克及房间里的其他人融为一体。感觉好像自上而下的期望巧遇了自下而上的惊喜。太棒了！

大笑让你感觉良好，对你也有好处。幽默实际上打开了新的学习之门，它可以增强神经可塑性，并使学习持续的时间更长，因为在这种开放状态下大脑会不断发展新的联结，它可以建立信任，并且可以将我们彼此联系在一起。轻声浅笑也不错。

我不确定自己为什么不能讲好一个笑话，但我喜欢笑。几年前，当我因为父亲去世而感到沮丧时，一位朋友邀请我参加针对非演员的即兴课程，这纯粹是为了好玩。标准的即兴表演的态度是"是的，而且"，这意味着当我们的同伴的台词或动作是我们不曾预期的或不想要的时，我们不会在即兴表演中对他们说“不，但是”。

“是的，而且”这是在平原上生活的绝妙方式。

想象一下在可能性平原中的所有组合。我的即兴表演老师会提醒我们不要计划怎样回应自己的同伴，应当为了联结而关注当下。起初，我觉得这很有挑战性。我对控制感和可预测性的自上而下的渴求会让我预想各种情况——有些有趣、有些严肃，但每种情况都是计划好的情节，这阻碍了临场发挥。我满脑子都是故事构思的高原，它们规定的一系列高峰都是为了引起特定的反应。例如，本来剧情设置是进入一个想象中的房间，并根据我同伴散发的信号和感觉，让情节就此展开，而实际上我为了严肃、幽默或只是有趣，可能会想到很多情节的高原，或者达到某些特定目的的高峰。处在高于平原之上的位置，使我无法做到临场发挥。甚至在开场之前，我就迷失在了轮缘上。在轮心中，你可以接触平原的所有多样性。当我从老师那里得到的反馈是我“想得太多”，应该只专注于我的合作伙伴时，我利用觉知之轮的意象以及对轮心的熟悉来重新定制我的方法。向临在的转化让联结的力量得以出现。有时它是严肃而动人的，有时是愚笨而又欢闹的，但始终是联结且真实的。

当一个新出现的场景令人笑破肚皮的时候，有时，我们很难不笑场。幽默似乎正在以一种特别自由的方式沿着我们的3-P图移动，并与我们的身体、我们的心智和我们的人际关系相结合。在可能性平原上发出来的笑声让我们能够拥抱生命的自发性，在期待的高原和高峰之间冲浪，当波浪转向新的方向时，我们感到惊讶、震惊或刺激，然后在回到平原的自由中释放出惊讶的能量，平原是欢笑真正的来源。欢笑代表着从概率的牢笼中获得解放，它创造了我们期望的倾向和思考的倾向，它揭示了在可能性平原上产生的自由。

幽默是件严肃的事情。

当我父亲病重，卧床 18 个月，快要去世的时候，他问我自己是不是快要离开人世了。我查看了他的生命体征，坐在他的床边靠近他，并向他确认是的，他看起来快撑不住了。我握住他的手，我们开始了一场我永远不会忘记的谈话。

“我该怎么办？”他问。我告诉他，如果他确实想在他离开之前对生命中的任何人说些什么，那么这将是一个很好的时机。

“我死后会去哪里？”他问。

我的父亲意志坚强，自称是一个无神论者，他是一名经过培训的工程师并秉承唯物主义的科学世界观。这是他自己的话，而不是我的话。一旦家人提出与他的正确观点（他的话）不同的观点（别人的话），父亲还会对其产生强烈的不满。

因此，你可能会想象出我当时在考虑如何应答他关于生命的存在的问题时有多么紧张，而这可能是我们最后一次谈话。我说我当然不知道每个人死后会发生什么。然后他问道，我猜想可能会发生什么。我告诉了他我的想法。

我答道，我做了 25 年的精神科医生，从来没有任何人在接受我的治疗时说过，他们担心自己在出生前在哪里。

他看起来被吸引住了，所以我继续说。

我告诉他，想象有数万亿的精子和数十亿卵子有可能会塑造你，但是实际上只有一个卵子和一个精子从无限可能性中聚在一起，那么你就是从潜力之海、可能性平原中出现的一个现实。

好吧，他说，并专心地听着。

而你可以在你的躯壳里栖居差不多一个世纪，这个身体躯壳的实现源自无形的潜力之海，即所有可能性的来源。那就是你的生命，那就是你存活在这个身体里的时限。当你过世时，你可能只是回到你来的地方——也就是可能性平原。

他看着我，很长很长时间以来，脸上第一次浮现出平静的表情——也许这是我第一次见到这种表情。然后他说："这让我感到很平静。谢谢你。"在剩下的时间里，他躺在床上，我们只是握着手谈论各种事情。这是我最后一次见到父亲并与他聊天。

在平原上的生活是一种神圣的灵感之舞，让我们得以自由地为了存在的奇迹而感恩欢愉。是的，如果足够幸运，我们就会降生在一个可以在这个地球上生活一百年的身体里。但我们还有心智，它所能触碰到的可能性是有限的，生活在牛顿描述的现实中。这就是我当机械工程师的父亲可以接受的一个简单真理。但是，在某种程度上，我们的生活有各种可能性，因为我们生活在可能性平原的永恒自由中。

在父亲生命的最后几个小时里，看到父亲脸上的宁静，是一份让我到现在想起来仍会微笑的馈赠，甚至是让我生命的各个层面都感愉悦的欢笑。可能性平原可能会带来自发的欢乐，并拥抱现实互不相容的悖论，包括时间的有限与无限，身体的边界与无限，事物的有形与无形。如果没有死亡的现实，我们就可能无法体验生命的快乐。我知道这一切听起来可能并不有趣，但这是一个有趣的现实，是我们精神生活的根本。

你怎么不笑呢？

我曾经与同事黛安·阿克曼、乔恩·卡巴金和我的挚友约翰·奥多诺休一起授课。在那次主题为"心智与此刻"的聚会上，我们谁都不知道肉体的约翰很快就要停止呼吸。在为期三天的聚会即将结束时，一位与会者拼命要求我们解释，为什么在世界充满痛苦和折磨的同时，我们还想要帮助她变得更加开放和有同情心。我们都在她的问题里陷入沉思，我提出了这样的回应：我曾经在一次会议上与某位上师会面，当时有人问他，在世界处于动荡之中时，他怎么还会充满欢笑和快乐。上师的回应敏锐而有见地。他说，不是罔顾这个充满苦难的世界，我们还在日日寻欢作乐，恰恰正是因为这个世界充满苦难，我们才要天天寻找欢乐。如果我们不培养本自具足的喜悦和欢笑的能力，那么这个世界上的苦难就会胜出。

在充分认识到痛苦和危险的广泛存在，以及为我们这个宝贵星球服务的巨大可能性的同时，找到欢乐和笑声就是我们的殊荣和义务。

面对生活中的挑战，如果我们不能在面临的所有事物中找到幽默感，我们将被生活彻底淹没。如果喜悦和欢笑、感激和爱意从平原上浮现出来，那么这就是一条大我（MWe）互相支持、在生活中滋养生命的人生之路。让我们一起寻找这种可能性平原，并借此让大我在集体心智的存在中创造令人愉悦的欢笑和爱。

在平原上引领与爱

在可能性平原上生活会让我们每个人都能成为生活的领导者。量子物理学家，支持冥想科学研究的亚瑟•扎伊翁茨与其他学者一起使用了一个我喜欢的术语：无处不在的领导力（pervasive leadership）。我教授亚瑟觉知之轮，并分享了令人兴奋的心智 3-P 框架。亚瑟则和我们大家分享了关于领导力和爱的强有力的观点。其中的理念是，我们如何引导自己的内在生活，让我们每个人都有责任为世界带来改变。当人人都承担着兼具道德感和同情心的责任和机遇时，我们就可以从内到外，进入一种更加整合的生活方式。

当我们想象带着觉知在平原上生活时，可以感觉到每个人都在学习进入自己觉知之轮的轮心，并在这个可能性平原上找到活在当下的力量的样子。

我们面临着许多共同的挑战。其中之一便是，由于我们继承了划分群体内外以求生存的特质，因此，特别是在受到威胁的情况下，我们不会去关心那些我们认为属于自身群体之外的人。大脑研究揭示了我们是如何关闭自己的同情心回路，限制我们的心智关于反思和共情的知觉技能，并且不再尊重我们个体的差异性，不再用仁慈和慈悲的行动进行联结的。我们会失去整合的能力。好消息是，尽管我们人类大家庭倾向于将关注的圈子限制在“像我们这样的人”身上，但研究表明，正念和同情心的练习可以扩大这种圈子并减少让我们分裂的内在偏见。这是怎么发生的？如果我们进入可能性平原（它位于偏见的高原之下，高原上的我们如果刻意区分内群体和外群体，就会导致我们将彼此非人化），我们就能彼此联结。活在当下，带着正念的觉知，让我们摆脱了这种陈旧的，无视与我们不同的人的方式，转而去拥抱一个更大的现实，即地球上所有众生是彼此联结的。

当学校、社会甚至科学界都声明我们是分离的时候，我们就面临着另一个关于幸福的挑战，因为我们会相信这些信息模式，并将其嵌入我们自己反复出现的高原和同一性的高峰当中。我们已经看到心智比大脑更广阔，自我比我们的身体更大，当我们意识到我们同一性的内在和人际之间的现实时，我们就可以朝着清晰而自由的方向发展。

对于“我们是谁”的更广泛的观点有时很难说清楚，但这又可能是生死攸关的问题。针对曾发生在一所高中的，严重破坏了该社区文化的系列自杀事件，我试图将事件和这种观念联系起来，即一种孤立自我的局限感会给青年人和成年人带来失望甚至绝望。当我们拥抱深层关系的本质时，意义和联结就会出现。孤立地生活可能会导致危及生命的痛苦。这是我在学校聚会时告诉学生、家长和工作人员的。

想象我们是蜡烛。如果我们认为自己仅由一团蜡组成，这些蜡不会被用来照亮黑暗，即不会被点燃，那么我们就会仅仅将自我视为一个身体，而心智只是我们大脑的一个特性。反之，我们每个人都有能力自带火焰——更能够共享彼此的光芒。换言之，如果你的家庭和社区给你传达了一种信息，说你必须是一堆蜡烛中最杰出、最独特的一支，那么任何其他闪闪发光的蜡烛都会威胁到你的独特性。你可能会感到自己发的光在一堆蜡烛中显得不够亮，你甚至可能被驱动着吹灭那些蜡烛，以使你自己的火焰显得最亮。

现在想象另一种世界，我们如果不仅是蜡而且是火焰的光会怎样呢？当我们看到另一根未点燃的蜡烛时，我们俯身去点燃蜡烛的芯——由此我们分享了彼此的光。你会发现，分享我们的能量并不需要付出任何代价。它对世界有什么作用？它使我们生活的世界变得更加光明。

当我们练习整合意识时，当我们利用轮心并进入可能性平原时，我们会更加深刻地意识到彼此相互联结的同一性。是的，我们中有一个我，我们同一性之烛的蜡，但是，我们又不仅仅是蜡——这个大约只有一个世纪左右的存活时间的身体。我们还是火焰，是在大我的世界里共同携手创造的光。

致　　谢

我想先简单地感谢所有为本书的诞生做出贡献的人：我对你们的感激之情超越了这些语言符号所表达的感激之情。

在阅读各个阶段的手稿，或讨论一些与手稿的基本结构有关的想法时，许多人提供了有益的意见，以使本书成为现在的样子，并指导我更深刻地领会哪些是有帮助的，而哪些部分需要更多的扩展或澄清。他们包括埃德·培根（Ed Bacon）、鲁·科佐利诺（Lou Cozolino）、里奇·戴维森（Richie Davidson）、艾丽莎·伊帕尔、邦妮·戈德斯坦（Bonnie Goldstein）、达切尔·凯尔特纳（Dacher Keltner）、杰克·康菲尔德（Jack Kornfield）、玛丽亚·勒罗斯（Maria LeRose）、海伦·梁（Helen Liang）、珍妮·洛兰特（Jenny Lorant）、维罗妮卡·玛格（Veronica Magar）、迪娜·玛格琳（Deena Margolin）、萨利·马斯兰斯基（Sally Maslansky）、黛博拉·皮尔斯－麦考尔（Deborah Pearce-McCall）、玛德琳·韦尔奇·西格尔（Madeleine Welch Siegel）、埃莉·韦斯鲍姆（Elli Weisbaum）、卡洛琳·韦尔奇（Caroline Welch）、埃利谢娃·韦克斯勒（Elisheva Wexler）、巴纳比·威利特（Barnaby Willett）和苏珊·杨（Suzanne Young）。多谢你们抽出时间提供真知灼见。

在第七感研究所，我们经常坐下来开会，这是“觉知之轮”最初的灵感发源地，我很荣幸能邀请到简·戴丽（Jane Daily）、瑞安·麦基森（Ryan McKeithan）、凯拉·纽科默（Kayla Newcomer）、安德鲁·舒尔曼（Andrew

Schulman)、普丽西拉·维加(Priscilla Vega)和我们的首席执行官卡洛琳·韦尔奇。让你们每个人都支持我们的使命，分享人际关系神经生物学的愿景和第七感的方法，促进世界上有更多的洞察力和同理心、同情心和友善，我深感荣幸。我非常感恩与你们进行团队合作，将这些理念推至于世，并实际应用于个体内部和人际之间的整合。

过去这些年，我有幸在临床治疗中照顾到的个体、夫妇和家庭、线上和线下的学生以及所有参加工作坊的人员，那些专注在“觉知之轮”练习中的所有人对“觉知之轮”的创造和发展起着至关重要的作用。我感谢大家勇于尝试新事物，并勇于就如何更好地将意识融入日常生活提供你的反馈。

在 Penguin Random House 的 Tarcher Perigee 出版社，与包括希瑟·布伦南(Heather Brennan)和文字编辑基姆·苏里奇(Kym Surridge)在内的专业高效的工作人员一起工作是一种荣幸。自出版《由内而外的教养》(*Parenting from the Inside Out*)和《青春期头脑风暴》(*Brainstorm*)这两本书以来，与我的出版商和编辑萨拉·卡德(Sara Carder)紧密合作一直是件愉快的事。感谢你敏锐的眼光、令人愉悦的幽默感，以及在我们考虑本书结构并将书中的文字编辑成最终形式的过程中对读者体验的考量。

仅靠语言表达关于意识的主观体验具有一定的挑战性。在本书创作的整个过程中，我有幸与一位杰出的艺术家一起工作，这位艺术家也是位理科生和冥想学生——我的女儿玛德琳·韦尔奇·西格尔，其创造性的思想和对心智的深刻理解，让本书中的插图更有利于将觉知之轮的概念和实践可视化。马蒂(Maddi，玛德琳的昵称)帮助我思考了许多具有挑战性的概念，并探索了如何更清晰地表达它们。当有人告诉我，我最初对书名的建议不太现实时，她提出了《觉知》(*Aware*)这个书名。这个书名和那些图片正是本书所需要的，我感谢你为这些成果所做出的重要贡献。

在本书的写作过程中，我的家人是给予我支持和启发的最深层的源泉。

现在在纽约的马蒂，以及其他在洛杉矶的家庭成员对让我在写作时保持头脑清晰起到了至关重要的作用。很幸运，我的儿子亚历克斯的音乐每天都在激励着我们，他还可以继续与父母携手并进。当我们都在同一座城市时，我们会找到共同喜欢的电影共度美好时光。我的母亲苏珊·西格尔对心智十分着迷，并持续向我提出有关这一切意味着什么的问题。我的弟弟杰森为我提供了令人深思的反馈以及趣闻逸事，说明了第七感在他忙碌的生活中是如何发挥作用的。卡洛琳·韦尔奇，我的生活和工作上的伙伴，是一位有深刻见地的读者以及冥想和正念的通才实践者。我们有过关于利用当下的力量和心智训练来养成更健康的生活方式的讨论，她让我们的讨论充满激情、重点和乐趣。感谢你卡洛琳，作为不可或缺的支持者，帮助我在我们共同的个人和职业生涯中调整自己的优先级和节奏，稳步向前。

静观自我关怀

静观自我关怀专业手册

作者：［美］ 克里斯托弗·杰默（Christopher Germer）克里斯汀·内夫（Kristin Neff）著

ISBN：978-7-111-69771-8

静观自我关怀（八周课）权威著作

静观自我关怀：勇敢爱自己的51项练习

作者：［美］ 克里斯汀·内夫（Kristin Neff）克里斯托弗·杰默（Christopher Germer）著

ISBN：978-7-111-66104-7

静观自我关怀系统入门练习，循序渐进，从此深深地爱上自己

正念

多舛的生命：正念疗愈帮你抚平压力、疼痛和创伤（原书第2版）

作者：（美）乔恩·卡巴金（Jon Kabat-Zinn）著 ISBN：978-7-111-59496-3

正念减压（八周课）权威著作

正念：此刻是一枝花

作者：（美）乔恩·卡巴金（Jon Kabat-Zinn）著 ISBN：978-7-111-49922-0

正念练习入门书